村镇住宅质量通病及治理丛书

村镇混凝土结构住宅质量通病及治理技术

李云贵　何化南　董　伟　编著

中国建筑工业出版社

图书在版编目（CIP）数据

村镇混凝土结构住宅质量通病及治理技术/李云贵等编
著. —北京：中国建筑工业出版社，2012.8
（村镇住宅质量通病及治理丛书）
ISBN 978-7-112-14472-3

Ⅰ. ①村…　Ⅱ. ①李…　Ⅲ. ①乡镇—住宅区—建筑
工程—混凝土结构—工程质量—质量控制　Ⅳ. ①TU712

中国版本图书馆 CIP 数据核字（2012）第 147204 号

　　本书结合当前村镇混凝土工程质量存在的实际问题，系统全面地编写了有
关村镇混凝土结构质量通病及其有关治理措施和技术，内容主要包括村镇混凝
土结构住宅质量通病概述，建筑材料质量控制，地基基础工程质量通病及治理技
术，砌体工程质量通病及治理技术，混凝土工程质量通病及治理技术，装饰装修
工程质量通病及治理技术，楼地面及屋面工程质量通病及治理技术。

　　本书可供村镇住宅的设计、施工技术人员及村镇住宅建设管理人员参考。

责任编辑：赵梦梅　蔡文胜
责任设计：叶延春
责任校对：肖　剑　赵　颖

村镇住宅质量通病及治理丛书
村镇混凝土结构住宅质量通病及治理技术
李云贵　何化南　董　伟　编著
*
中国建筑工业出版社出版、发行（北京西郊百万庄）
各地新华书店、建筑书店经销
北 京 天 成 排 版 公 司 制 版
化 学 工 业 出 版 社 印 刷 厂 印 刷
*
开本：787×960 毫米　1/16　印张：14　字数：275 千字
2012 年 11 月第一版　　2012 年 11 月第一次印刷
定价：**32.00 元**
ISBN 978-7-112-14472-3
（22522）

前　　言

　　村镇住宅工程质量通病是指在一定时期内，一个地区的村镇住宅工程易发生的、普遍存在的工程质量问题。村镇住宅工程质量通病量大面广，对村镇住宅工程的危害很大，影响工程的坚固、使用的功能、使用者的人身安全以及装饰的效果等，是进一步提高村镇住宅工程质量的主要障碍。

　　我国是世界人口大国，人口约占世界总人口的 19%。作为一个拥有世界总人口近 1/5 的发展中国家，我国有着世界上最多的农业人口及数量最多的农村和乡镇。其中，村镇户籍总人口约为 9.3 亿人，而住宅是每位居民的栖身之所，让每一个家庭都拥有一套住宅是人类生存的必要条件，我国的村镇人口总数预示着较高的需求下限。同时，村镇居民经济实力的增长使潜在的住宅需求变为有效需求。

　　现阶段，我国的村镇住宅建设正处于城市化进程中的高速增长时期，在国家十二五规划中，村镇建设是国家发展建设的重点目标。同时，政府积极调整农村经济结构，支持农民向中心村和小城镇迁移，以适应中国经济发展的客观要求。在国家大力建设基础设施和公共设施的同时，我国的村镇住宅建设开始进入一个空前的发展时期，并且我国在加强建筑相关企业管理、提高工程质量等方面已取得了显著的成果。然而，不少地方的村镇住宅工程质量粗糙、低劣的状况还没有得到根本改善，还存在着质量隐患多、住房使用寿命短等问题，这些村镇住宅工程质量问题已成为村镇住宅工程质量通病，有些通病甚至导致住宅工程质量事故频发。为了确保工程质量，创造全优工程，城乡广大建筑企业和基建部门迫切需要一本有助于诊断、预防、治疗村镇住宅工程质量通病的、全面系统而又简明实用的工具书，以此来指导施工和维修，这也是我们编辑本书的目的所在。

　　本书以村镇住宅质量作为主要研究对象，总结了我国村镇住宅建设中常见质量通病的成因、治理技术及防治措施，并包括部分近年来日益广泛应用的新技术、新工艺，并对村镇住宅建设中每一类分项工程的质量通病进行了全面、系统的整理。全书共分 7 章，系统地讲述了建筑材料、地基基础工程、砌体工程、混凝土工程、装饰装修工程和楼地面及屋面工程的质量通病及相应的治理技术，每项质量通病一般介绍了通病的现象（特征），分析了产生的原因，提供了预防措施和治理方法。重点介绍防治措施，以贯彻预防为主的方针。在章节划分及通病项目编排上，以便于读者查找使用为原则，不拘泥于固定的形式。

　　本书在编写时，力求做到通用性强，适用面广；内容完整，简明扼要；概念正确，措施有效。但是由于编写村镇住宅工程质量通病的书在国内还是初次尝试，缺乏经验，受编写人员水平限制，本书错误和遗漏之处还很多，我们热诚希望读者把使用中发现的问题和意见，随时告诉我们，以便今后补充修正。

　　本书在编写过程中，得到了编者所在单位的领导和同志的大力支持和帮助，对此表示衷心感谢。

2012 年 3 月

目　　录

第1章 村镇混凝土结构住宅质量通病概述

1.1 乡镇住宅发展概况

1.1.1 我国村镇住宅发展历程

纵观自新中国成立 60 年以来我国村镇建设发展的整个历程，我国在村镇建设方面取得了显著的成效，不仅有了量的积累，而且在一定程度上有了质的飞跃，根据不同时期的发展战略、建设状况和面临的主要矛盾，现将我国村镇建设的几个阶段概述如下：

在新中国成立初期，我国的综合国力还不强，生产力水平低，经济落后，有限的技术和发展力度使农村住宅建设缓慢。当时的农业还必须为工业发展、城市建设提供积累，因此，在新中国成立后的前 30 年，除农房建设外，农村人居环境的改善相对缓慢。此时，我国大部分农村住宅多为自建住宅，保留着最原始的建筑形式，以一家一户为单元，一村一寨构成系统。受当时建筑面积、建筑标准等控制标准的制约，新建住宅大多为平房，结构简单，部分地区还借鉴了前苏联的住宅模式，风格单调，缺乏多样性。

1978 年国家施行改革开放政策，农村经济迅速发展，乡镇企业开始崛起，群众生活水平不断提高，这使得村镇住宅建设具备了基础，广大村镇居民开始独自建造新住宅，掀起村镇建造住宅的热潮。1978 农民住房建设量为 1 亿 m²[1]，在 1979～1988 年十年间，我国平均每年新建村镇住宅 6～7 亿 m²，村镇住宅人均建筑面积由 10m² 增至 19.4m²，但这时期住宅的标准仍然不高[2]。1989～2001 年，全国农村建房每年都在 500～900 万户[1]，至 1998 年年底，全国村镇实有住房建筑面积 224.8 亿 m²，其中楼房占 34.6%，砖木和混合结构的房屋占实有住房的 87.39%。人均住房建筑面积为 23.15m²，使用面积为 18.85m²，人均居住面积为 13.82m²。60% 的村镇居民住在近 20 年来建成的新居里[2]。据统计，1998～2000 年，平均每年拆除农宅 3.11 亿 m²，约占当年农房建设量的一半[3]。此时的中国社会正进入转型阶段，经济形式也正从计划经济向市场经济转变，人民生活水平由温饱生活向小康生活全面转型，以人为本的设计理念在村镇居住区住宅的开发理念、规划设计、环境设计等得以充分体现，住宅的私密性也开始受到重视，住宅设计开始考虑满足用户隐私和安全的心理需求。在住宅的功能与性能、设备与设施的装备水平等方面也取得明显的进步和提高，同时国家开始实施可持续发展战略，重视节能、节地、节水和住宅功能的可持续性，改变了过去粗放的设计局面，制定并发布了一系列环保节能的相关政策，新的设计理念在村镇住宅建设中逐渐得到体现，住宅的功能及设施水平有明显提高，逐步达到了改善环境质量，延长建筑寿命，使经济效益、社会效益、环境效益得到较好的统一。

现阶段，我国的经济与社会发展正进入城市化的高速增长时期，自从我国加入了世界贸易组织（WTO），面临着更多的机遇与挑战。在国家十二五规划中，国家把村镇列入重点发展目标，同时政府积极调整农村经济结构，支持农民向中心村和小城镇迁移，这适应了中国经济发展的客观要求。在国家大力建设基础设施和公共设施的同时，我国的村镇住宅建设开始进入一个空前的发展时期。据统计，在 2005～2007 年间，我国住宅建设资金投入保持在 2000～3000 亿元/年，而村镇住宅竣工面积仍保持以 5～6 亿 m^2/年的速度不断增加，村镇人均住宅面积从 $26.7 m^2$ 增加至 $29.2 m^2$，农村住宅面积达到了 271.2 亿 m^2，占全国城乡住宅面积总量的 78.1%[4]。2008 年，全国农房建筑面积 235.9 亿 m^2，农民人均住房建筑面积 $29.3 m^2$，比 1980 年增加了 2.1 倍；现有住房建筑中 90% 以上是永久性、半永久性住房建筑结构；砖混及混凝土结构的农房占到 60% 以上；农房安全居住水平有了根本性转变，农村地区住房存量资产大幅度增加。仅 1984～2007 年的 24 年间，农民群众共投入 3.5 万亿元建设各类农村住房，新增建筑面积有 132 亿 m^2，建筑面积存量比城市多出近 90 亿 m^2，取得了令世人瞩目的建设成就[5]。

1.1.2　村镇住宅建设发展的基础

村镇住宅产业是市场经济的产物，因而会受到需求和供应等多方面因素的影响。地区经济与社会发展水平决定住宅产业发展的空间。处于高速发展中的中国市场经济，需求往往比供给更加重要。

1. 村镇人口、户数及其变化对住宅需求的影响

住宅是每位居民的栖身之所，让每一个家庭都拥有一套住宅，是人类生存的必要条件，而乡村的人口和户数决定着存量和增量的下限，是影响住宅需求的基本因素。所以根据预计的人口数，即可推出住宅需求的下限。

中国是世界上人口最多的国家。至 2011 年，中国人口约占世界人口的 19%。作为一个拥有世界总人口近 1/5 的发展中国家，我国有着世界上最多的农业人口和数量最多的农村和乡镇。根据建设部《2007 年城市、县城和村镇建设统计公报》统计结果显示，2007 年末，我国共有建制镇 19249 个，乡 15120 个。据对 16711 个建制镇、14168 个乡、672 个农场、264.7 万个自然村（其中村民委员会

所在地 57.16 万个)的统计,村镇户籍总人口 9.3 亿人,其中建制镇建成区 1.311 亿人,占村镇总人口的 14.1%;乡建成区人口 0.366 亿人,占村镇总人口的 3.6%;农场建成区人口 0.027 亿人,占村镇总人口的 0.3%,村庄人口 7.626 亿人,占村镇总人口的 82%。其中农业人口 8 亿多,有近两亿农户[6]。由此可见,村镇人口在我国人口中占绝大比例,村镇人口对住宅有着很高的需求下限。

中国社会科学院人口研究所吴德清[7]预测:2050 年中国总人口约为 14.23 亿人,叶裕民又进一步估算了人口在各级城镇的分布。今后的趋势是建制镇居民增加,乡村居民减少,村镇合计人口也减少(具体参见表 1.1)。

中国村镇人口与住宅的统计和预估(1990~2050 年)　　表 1.1

年份(年)	1990	1998	2000	2010	2030	2050
建制镇数(个)	11400	19060	20650	23600	32000	33000
全国总人口(亿人)	11.4333	12.481	12.9191	13.9513	15.0813	14.2351
其中:市镇人口(亿人)	3.0191	3.7942	4.4500	6.0900	9.4100	10.5700
建制镇数(亿人)	0.8492	1.2000	1.6500	2.0600	3.2000	3.3600
户数(亿户)	0.2219	0.3000	0.4230	0.5282	0.8205	0.8615
乡村人口(亿人)	8.4142	8.6868	8.4691	7.8613	5.6713	3.6651
户数(亿户)	2.9300	2.2273	2.1715	2.0157	1.4541	0.9397
村镇人口合计(亿人)	9.2634	9.7105	10.1191	9.9213	8.8713	7.0251
住宅面积下限(亿 m²)	159.47	224.7970	234.2570	229.6781	205.3700	162.631

注:1. 资料来源:总人口数引自吴德清、叶裕民著作[7]。
　　2. 户数和住宅面积按 1998 年建设部统计数:乡村人口每户 3.9 人、每人 23.15m²;建制镇每户 3.6 人、每人 21.8m² 计算。
　　3. 乡村人口指村和非建制镇人口。

2. 就业、收入水平和消费结构决定住宅的有效需求

自 1978 年实行的改革开放政策后,促进了乡镇企业的发展和农业生产水平的进步,农民进城务工经商得到允许,使农民的收入增加,让农民有能力改善居住条件。同时,法规确认农民购建住宅的拥有产权,使中国置业传统得以发扬。

从全国的经济发展区域来看,我国东部发达地区(约占农民人口的 35%)有 70% 以上的农民建了住宅,中部欠发达地区(约占农民人口的 41%)有 50% 左右的农民建了住宅,西部不发达地区(约占农民人口的 23%)还有较多农民没有新建住宅[8]。我国村镇正向城市化发展迈进,村镇住宅建设保持着一定的总量,住宅功能和设施水平也将逐步提高,村镇住宅建设将进入全面建设"村镇小康住宅"的新时期。

1.1.3 村镇经济对住宅发展的影响

1. 发展小城镇和中心村需要建设新住宅

我国经济与社会的发展已进入城市化的高速增长期,政府积极引导调整农村经济结构、支持农民向中心村和小城镇迁移。这样既符合经济发展的要求,又有利于基础设施建设,改善村镇居住条件。

在小城镇和中心村发展过程中,人口的增加,源于自然增长和迁入。人口从基层村向中心村或城市镇迁移、从集镇向建制镇或市迁移,有递补现象。这些递补人口需要住宅的数量,大致等于迁走人口的住宅数量,扣除建制镇自身人口增长和分户、集镇升格的那部分,即为迁入建制镇人口,他们中的一部分人口可以购买迁出人口的住宅,但大部分新增加的人口还需要租赁或购建新宅。从人口流动引走的住宅交易和购建新宅两方面看,都有利于住宅产业的发展。

1991 年全国有 3762172 个村庄(其中有中心村 749822 个),每村平均 212 人,1998 年 3557700 个村(其中有中心村 751861 个),每村平均 229 人,8 年间村庄总数减少 204472 个,中心村增加 2039 个。撤村 202433 个,迁居 4291.5796 万人,每年约 536.44 万人。2000 年后,这一过程肯定会加快。按保守的估计,如每年迁居 536.44 万人,按 1998 年水平计算,需建新房 1.24 亿 m^2,投资 348.96 亿元[9]。在这些统计数字中,虽然有行政区变更的影响,然而扩大村镇规模是主原因。迁村并点、积极发展重点镇的政策成为村镇住宅产业发展的动力。

在 1986~1988 年间,出现了全国农民兴建住宅高潮,以后逐步下降,长期稳定在 6~7 亿 m^2 水平(参见表 1.2)。经过 20 年的努力,中国农村大多数家庭有了自己的住房。1994 年以来,全国实施了 "2000 年城乡小康住宅科技产业工程" 政策,有力地推动住宅产业现代化,各地的 "小康宅"、"小康村"、"小康镇" 建设迅速发展。1979~1998 年,村镇住宅建设投资从 64.5 亿元增加到 1797.27 亿元,形成长盛不衰的庞大市场和住宅产业。在扩大住宅面积的建房高潮后,每年新建房数趋于平稳。据建设部统计 1998 年与 1991 年相比,新建住宅户数从 684.79 万户/年(占总户数 2.99%)减至 628.27 万户/年(占总户数 2.51%);新建住宅面积从 6.6 亿 m^2/年减至 6.4 亿 m^2/年(具体参见表 1.3)。根据我国全面实现小康社会的目标,预计到 2020 年,我国城乡居民人均居住面积将达到 $32m^2$,对应的村镇住宅新增建筑面积是 60 亿 m^2 左右,空间和增速都比较大。在此期间,每年将增加城镇人口 1800 余万。以此推算,每年从农村转移人口中需增加就业岗位 800 万个,原城镇人口中每年也需要增加就业岗位 800 多万个,按人均日生活用水量 210 升计,每年新增用水量 14 亿 m^3,按每年每平方米耗电 30kWh 计,每年新增建筑能耗 300 亿 kWh,每年需要城镇建设用地 $1800km^2$,以每平方公里城镇土地开发平均基础设施投资 1.5~2.0 亿元计,每年需资金 2700～3600 亿元(静态)，加上其他设施的建设还要成倍增加。同时，现有 5 亿多城镇人口的生活质量需要改善和提高[10]。

乡村新建住宅与居民居住情况(据《中国统计年鉴 1999》)　　表 1.2

年份	乡村人口 (万人)	新建住宅面积 (亿 m²)	人均建筑面积 (m²/人)	实有住宅面积 (亿 m²)	新增面积 (亿 m²)
1978	79014	1.00	8.1	64.00	—
1980	79565	5.00	9.4	74.79	10.79
1990	84142	6.91	17.8	149.77	74.98
1995	85947	6.99	21.0	180.49	30.72
1998	86868	7.99	23.1	200.66	20.17

注：国家统计局的乡村人口统计口径不同于建设部的村镇人口、不含建制镇人口。

1991～1998 年村镇居民与住宅概况(据建设部年报整理)　　表 1.3

年份	村镇合 计建宅 (万户)	新建 面积 (万 m²)	建设投资 (亿元)	造价 (元/m²)	实有住宅 (亿 m²)	楼房比率 (%)	人均建筑 面积(m²)	村镇住户 (万户)	村镇人口 (万人)
1991	684.8	66052	768.5	116.3	190.1	22.4	20.3	22891.7	93485.5
1992	627.0	60346	815.0	135.1	195.6	24.2	20.9	23226.2	93768.1
1993	592.3	57000		199.5	24.5	21.2	23323.8	94162.2
1994	581.9	56000			202.3	25.2	21.3	23963.9	95138.7
1995	666.5	65223	1526.6	234.1	209.3	26.6	22.2	24171.3	95961.7
1996	660.8	66600	1699.5	255.2	215.1	27.5	22.2	24392.3	96839.0
1997	633.1	62900	1712.5	272.3	220.0	31.1	22.6	24496.96	97254.6
1998	628.3	63899	1797.3	281.3	224.8	34.6	23.15	25067.8	97104.6

2. 改善居住质量使住宅产业持续发展

改善居住质量、增加科技含量，是住宅产业化进展的显著标志。改善居住质量的影响超过村镇居民减少的效果，是村镇住宅产业持续发展的长期动力。村镇住宅从土草房进步到专业化建筑队建造的砖木或砖混结构住宅，一部分还配上了成套的室内外设施，日益注重环境的优美。为了节约用地，提倡建楼房。

20 世纪 90 年代新建住宅中，楼房显著增加，从 1991 年的 24413.28 万 m²(36.96%)，增至 1998 年的 37540.75 万 m²(58.75%)；混合结构从 28180.6 万 m² 增至 42879.02 万 m²；其他结构更少，从 3818.05 万 m² 减少到 1619.4 万 m²。1991 年新建土草房等 2167 万 m²，1998 年只在边远村庄建了 436.19 万 m² 土草房。1998 年全国村镇居民的人均建筑面积、居住面积、人均砖木或混合结构住房面积等指标，已接近小康标准，但是楼房比重只占实有住房总面积的 34.6%，还未达到节约用地的要求。到 2000 年，我国村镇居民中，约有 35% 还没有建设新宅，其中包括 28.35 万 m² 土草房等不良住宅占全国村镇实有住宅的 12.6%，如果在十年内完成这些不良住宅的改造，每年要翻建 2.36 亿 m²，投资 663.86 亿元[9]。

从住宅存量和改造方面看，1998 年，全国村镇实有住宅 224.79 亿 m²，其中楼房 77.9 亿 m²，占实有住房总面积的 34.6%；平房占 66.4%，减去待改造的土草房 12.6%，所余 53.8%、120.94 亿 m² 平房，应大部分改造为楼房。如果其中 1/4 在今后 20 年内实现楼房化，每年要翻建 1.5 亿 m² 平房，投资 600 亿元[9]。

因此，虽然村镇居民总数减少，但每年还会有一定数量的住房翻建新房。土坯草房改为混合结构、平房升格楼房，室内外设施配套和功能更新、环境改善，这依然是今后村镇住宅建设的重要内容。

3. 住宅造价的提高需要加大投资额，同时也促进了住宅及相关行业的发展

1991 年全国村镇住宅造价 116.3 元/m²、每一建房户投资 1.12 万元，1998 年上升为 281.3 元/m²、每户投资 2.86 万元。1991 年全国建制镇住宅造价 157.13 元/m²、每一建房户投资 1.67 万元，1998 年上升为 367.29 元/m²、每户投资 4.32 万元[11]。建制镇的工程造价与中小城市一般多层住宅的单位面积土建造价差不多，我国大多数省区，小城市的普通住宅售价不过六七百元，其中包含各种费用和利润。村镇住宅开发建设中，税费和利润可以少一些，以利于商品化开发。许多村镇富裕户的别墅楼，不比大城市的豪华花园宅邸差，造价高达 10～20 万元。

随着生活水平提高，房龄 30 年以上的住宅可以更新。1979～1998 年全国累计新建的 34.4 亿 m² 住宅中，如每年翻建 1%，约合每年建房 0.344 亿 m²。这一部分住宅的标准较高，按每平方米 600 元计算，将投资 206.4 亿元[9]。在富裕的村镇，常常看到居民出于攀比心理，四五年就翻盖一次住宅，实在是浪费。如果住宅产业走向成熟，应当能够为居民提供有前瞻性的住房。只要村镇体系规划得当，不轻易拆迁，即可逐步形成城乡一体化的理想面貌。

从全国范围看，相当长一段时间里，村镇住宅产业会有每年数亿平方米的工程量和 2000 亿元以上的投资额，对村镇经济以至全国的经济都能起到巨大的带动作用。据测算，中国村镇住宅建设投资带动相关产业的增加值约为每年 4716.24～8322.78 亿元[9]。在人口、质量和城市化等因素的综合影响下，预计我国村镇住宅建设面积和投资额将继续增加。

4. 村镇居民收入和居住消费增加，促进村镇住宅产业的发展

村镇居民经济实力的增长，使潜在的住宅需求变为有效需求。1980～1988 年，农民家庭建造住宅支出费用占每人每年消费支出总数的百分比由 7% 上升到

14.7%，1990 年下降为 11.8%，此后保持在每年 8% 左右。1997 年，中国农村第一产业比重下降到 24.4%，第二产业比重上升到 62.9%，第三产业比重上升到 12.7%。这一年，乡镇企业实现增加值 20740 亿元，占我国国内生产总值的 27.7%。乡镇企业从业人员 1.3 亿人，占农村劳动力总数的 28.4%，净利润 1735 亿元，为村镇居民提供了大量的就业岗位，是最重要的经济收入来源。1998 年，我国居民人均纯收入 2161.98 元、户均收入约 0.86 万元。按 1998 年新建住房每户投资 2.86 万元考虑，已在国际经验的"房价为户年均收入 4～6 倍"的范围内，可以着手推行商品化开发。1998 年，中国农村居民家庭平均每人生活消费支出中，房屋支出 139.72 元，占纯收入 6.7%；生活消费支出的 8.64% 用于新建、维修住房和购买与居住相关的商品和劳务[9]。

据中国社会科学院预测[7]：村镇年人均纯收入将按 5% 递增，2010 年约为 4500 元，按每户 4 人计算，户均收入为 1.8 万元，可承受的房价为此数的 4～6 倍，则是 7.2～10.8 万元。建制镇居民的收入一般都高于农村，按 1998 年的建制镇住房投资水平考虑，2010 年 1.46 亿建制镇居民的住房支出至少有 439.2 亿元。

农村和建制镇合计，2010 年"住"的支出数为 2860.6 亿元，大大超过前面需求估计的年建宅投资 2184 亿元。2001～2010 年，每年的住宅消费可能达到的水平大致见表 1.4、表 1.5。

农村居民家庭人均纯收入与生活消费支出 表 1.4

年份	人均纯收入（元）	人均生活消费支出（元）	人均生活消费支出中的居住支出（元）	居住支出中的房屋支出（元）	全国农民纯收入合计（亿元）	全国农村房屋支出合计（亿元）
1978	133.57	116.06	11.95	3.67	1072.83	—
1980	191.33	162.21	22.46	12.8	1551.61	103.8
1985	397.6	317.42	57.9	39.46	3356.53	333.12
1990	686.31	584.63	101.37	69.23	6148.67	620.23
1995	1577.74	1310.36	182.21	—	14463.87	—
1996	1926.07	1572.08	219.06	135.26	17708.48	1243.59
1997	2090.13	1617.15	233.23	139.72	19129.85	1278.78
1998	2161.98	1590.33	239.62	—	19881.59	—

注：资料来源：国家统计局. 成就辉煌的 20 年. 北京：统计出版社，1998。表内数据不含建制镇。

农民人均纯收入增长目标和房屋消费支出 表 1.5

年份	2000	2010	2030	2050
人均纯收入	2500 元	4500 元	12000 元	28000 元
全国农村房屋支出	1529.5 亿元	2860.6 亿元	7341.8 亿元	17130.9 亿元

注：资料来源：人均纯收入根据社会科学院的预测[7]；预计房屋支出占人均纯收入的 10%。表内数据不含建制镇。

以上分析可以看出，中国的村镇居民对住宅有着广阔的市场需求，村镇住宅产业具有良好的发展前景。扩大村镇规模、迁村并点、积极发展村镇住宅建设是中国村镇发展的必然趋势。同时，住宅产业的关联度高，直接或间接地使用建筑材料、能源、轻纺、化工、机电、电子等行业的产品，需要建筑、房地产、规划与设计、金融、法律、交通运输、商业、餐饮等行业的服务。因此，住宅投资与消费增长，可以带动50多个行业增长。新宅落成入住，连带要购买家具、家用电器、安装电话等等，同时促进了消费的增长。据《2007年城市、县城和村镇建设统计公报》[6]数据统计，2007年全国村镇建设总投入6904亿元。按地域分，建制镇建成区2950亿元、乡建成区352亿元、农场建成区58亿元、村庄3544亿元，分别占总投入42.7%、5.1%、0.8%、51.4%。按用途分，房屋建设投入5584亿元、市政公用设施建设投入1320亿元，分别占总投入的80.9%和19.1%。房屋建设投入5584亿元，其中住宅建设投入3154亿元、公共建筑投入771亿元、生产性建筑投入1659亿元，分别占房屋建设投入的56.5%、13.8%、29.7%。市政公用设施建设投入1320亿元，其中供水177亿元、道路桥梁606亿元、排水114亿元、绿化82亿元、环卫74亿元、分别占市政公用设施投入的13.4%、45.9%、8.6%、6.2%、5.6%。截至2007年，全国村镇房屋竣工建筑面积8.49亿 m^2，其中住宅5.22亿 m^2、公共建筑0.98亿 m^2、生产性建筑2.29亿 m^2。2007年末全国村镇实有房屋建筑面积323.4亿 m^2，其中住宅271.2亿 m^2，占83.9%；公共建筑22亿 m^2，占6.8%；生产性建筑30.2亿 m^2，占9.3%。全国村镇人均住宅建筑面积 $29.2m^2$，其中建制镇建成区人均住宅建筑面积 $29.7m^2$，乡建成区人均住宅建筑面积 $26.9m^2$，农场建成区人均住宅建筑面积 $24m^2$，村庄人均住宅建筑面积 $29.2m^2$。

根据日本的测算和1994年世界银行的资料，每增加100亿元住宅投资，可创造170~220亿元的需求；住宅建设带动相关产业发展的比率为1:1.7~1:3。由此推算，未来每年村镇住宅建设可创造3712~4804.8亿元的社会需求；村镇住宅建设投资带动相关产业的增加值约为每年3712.8~6552亿元。另有学者经测算得出，1996年，我国的国内生产总值增长幅度为9.6%，其中2.1个百分点来自住房投资和销售创造的需求。该年度的城乡住宅竣工面积中，乡村住宅约占2/3。虽然乡村住宅的造价低于城市住宅，对于经济增长的贡献不如城市，但在未来的国民经济发展中，村镇住宅建设必将有巨大的贡献。

1.1.4　村镇住宅发展中应注意的问题

自改革开放以来，农村面貌发生了历史性巨大变化，我国的村镇住宅从土草房过渡到专业化建筑队建造的砖木或砖混结构住宅，独立式小住宅、双户住宅与联排住宅成为我国当前村镇住宅建设中的主要住宅类型。村镇建设正处于建设高峰时期。现在，新阶段的农村工作，对村镇住宅建设有着新的任务和要求，推进村镇住宅产业现代化，提高住宅质量是村镇经济和社会发展的关键，增加科技含量，是村镇住宅产业持续发展的长期动力。因此，在村镇住宅发展中有很多问题值得关注。

1. 我国村镇住宅建设中的一个突出问题是国家对村镇住宅建设缺乏管理，村镇规划理论体系没有形成

尽管建设部村镇司［1997］90 号文件明令加强村镇建设工程质量管理，但目前很多地方的村镇建筑质量管理机构仍不健全，懂工程技术的管理人员少，难以全面开展工作。部分地方至今还没有成立相应的村镇建设管理机构，更没有质量监督人员，结果使村镇住宅建设质量管理形成"盲区"和"死角"。对此，各地村镇可根据本地实际情况，建立建全村镇管理机构，以便组织人员对各项村镇建设工作进行管理。

2. 村镇规划技术规范、标准缺乏

1997 年，为提高我国建筑工程(包括住宅房屋)的工程质量，全国人大常委会通过了《中华人民共和国建筑法》。2000 年，国务院颁布实施《建设工程质量管理条例》。针对住宅的工程质量，国内各省市已编制大量住宅工程质量通病防治规程、规范和标准。这些规范和标准主要有：《住宅设计规范》GB 50096—2011、《住宅工程质量技术规程》(2004 年)、上海市的《控制住宅工程钢筋混凝土现浇楼板裂缝的技术导则》(2002 年)、《广东省住宅工程质量通病防治技术措施二十条》(2005 年)、《福建省住宅工程质量通病控制技术导则》(2007 年)、《湖北省住宅工程质量通病防治导则》(2007 年)、江苏省的《住宅工程质量通病控制标准》DGJ 32J16—2005、《南京市住宅工程质量通病防治导则》(2004 年)、《宁夏住宅工程质量通病防治导则》(2006 年)、《山西省住宅工程质量通病防治细则》(2004 年)、《青岛市住宅工程质量通病防治技术措施二十条》(2006 年)等。这些规范和标准的出台和实施有力地促进了我国住宅工程质量总体水平的提高，并取得了良好的效果。2002 年建设部住宅产业化促进中心针对目前住宅质量存在的问题，组织研究人员开展了住宅质量通病的攻关研究，并将成果编制成《住宅设计与施工质量通病提示》。该书分别按住宅设计、建筑工程施工、设备安装施工(包括暖卫、燃气、空调等)、电气工程施工四个方面，从设计、施工、材料、管理等角度分析住宅使用功能、安全、寿命、美观等方面通病产生的原因，对提高住宅质量，减少和消除住宅质量通病具有重要的指导意义。2004 年建设部工程质量安全监督与行业发展组织，建设部住宅产业促进中心和中国建筑科学院等单位编制了《住宅工程质量技术导则》[13]。该导则分别按住宅地基、住宅结构工程、地面和楼面工程、门窗工程和屋面工程等诸多方面，从一般规定、设计要点、材料要求、施工要点和质量要求五方面对住宅工程质量要求进行了系统的

阐述，对参与住宅建设的勘察、设计和施工等单位提出了更高的要求。然而，针对村镇地区，至今还缺少一本符合村镇实际的村镇住宅工程通病防治控制标准。因此，应不断进行科学研究，及时更新、修订规范。

3. 村镇住宅建设要注意节能，避免资源的浪费

在广大村镇，采暖及炊事用燃料主要依靠煤及薪材秸秆等生物能源，一年要烧掉薪材秸秆折合标准煤 2.6 亿 t，约占农业能耗的 60%。致使水土流失加剧，秸秆不能还田，土壤肥力下降，生态环境遭到破坏。新建村镇住宅绝大多数采用自家的小型锅炉或土锅炉，不仅空气污染日益严重，有害人体健康，还加大"温室效应"的负面影响。对成片开发的村镇住宅应采取集中采暖的方式。在采暖系统上，发达国家热水采暖均为双管系统，设有多种动态变流量自动调节控制设备及热量计量仪表，用户可按需要设定室温。村镇住宅建设集中供热起步较晚，但应提高起点，改善目前单管循环系统，做到可调控可计量，并要设散热器、恒温阀等调控装置。村镇中，建筑及家庭固体垃圾是两种产量最大的垃圾。从环境观点看，"废弃物"正越来越被认为是二次资源而加以利用。一方面，住宅在建造、维护和拆除的各个阶段都会产生垃圾，应采用对环境更为有利的施工管理方式和现场操作方式；在设计中注重尺度的推敲和符合模数，并选择"有效率"的材料（如使用高效精良的产品及考虑材料的维护和更换周期），以减少建筑垃圾的产生。另一方面，村镇住宅中应在适当位置提供垃圾再生处理所需的储藏空间，有效的循环方式需要一定的空间进行分类，需要相应的管理措施和广大居民的参与。可在门厅旁设置一间通风良好的专用空间或一简便装置，以收集指定的再生垃圾。村镇中可以混合的有机废料更为大量，应有适宜的位置混合这些有机废料，建立垃圾处理站，以便废料的再生利用。与发达国家相比，我国建筑节能起步晚、进步缓慢，高能耗的建筑越来越多。建筑用能效率低，单位建筑面积采暖能耗高达气候条件相近的发达国家新建建筑的 3 倍左右。外墙热损失是北半球国家同类建筑的 3~5 倍，窗热损失在 2 倍以上。我国与同纬度许多发达国家相比，冬天气候更冷，夏天气候更热。在这种气候环境下，我国房屋的保温隔热性能却要比发达国家差得多。资源的极大浪费，未考虑到未来家庭生活的发展变化，缺乏可变性、适应性与持续性，不适合长远的经济发展需要。村镇住宅建设在总体布局和规划中，应考虑为未来留有足够的弹性空间和预留用地。土地利用上应更加集中，以使村镇空间环境更为紧凑合理。有条件的地区尽可能促成村镇住宅连片集中，以减少土地的浪费，加强土地的控制和有效使用。在村镇住宅设计和建设中，应充分考虑空间的合理性以及各种设备的耐久性和维修的便利性；考虑到建筑空间的发展要求具有可改和发展的可能，减少因设计使用空间的不合理缩短建设的周期。调查表明，目前村镇住宅的建设周期大约为 10 年，这是一种极大的浪费。改变目前的状况，还应考虑住宅建设区域的公共建筑布局、空间、功能

的循环性、多功能性及可转换性，目的是加强已有建筑的有效再利用，使村镇住宅能够可持续的更新改造。因此要注意提高建造技术，突显科学性，提高能源的利用率和村镇住宅的舒适度，改善环境。

我国是世界上生产黏土砖最多的国家，每年生产 7000 亿块砖(约占世界总产量的 1/2)。生产砖的代价是每年毁农田约 15 万亩，消耗标准煤 7000 万 t。严重的资源耗费加剧了我国人多地少的矛盾，给子孙后代带来严峻的资源危机。而新型建材发展又受到制约，主要原因是：(1)村镇住宅的建造模式根深蒂固，生产黏土砖的小砖窑可就地取材，自给自足；(2)各种新型建材价格偏高，施工工艺不易掌握；(3)村镇住宅缺乏科学的标准和规范，限制生产、使用黏土砖的政策法规尚未严格确立，可持续发展战略的宣传十分薄弱，只重数量，忽视质量，只顾眼前，不管长远的实用主义。因此，村镇住宅建设中，应加大建筑节能与环保意识的宣传，加强村镇住宅的规划、用地、用材的统一管理，使村镇住宅建设逐步进入法制化、规范化的轨道。节能墙体材料是以轻质、高强、保温、隔热的新型材料替代黏土砖。村镇住宅不同于城市的高楼大厦，一般以一层的庭园式或双层的小康别墅住宅为主，所应用的墙体材料也应体现低层建筑的特色。新型材料应用可根据各地不同情况进行选择，推荐几种适合村镇住宅的墙体材料：(1)块状类材料：①新型黏土砖；②非黏土砖；③砌块类。(2)墙体材料：①钢丝网架墙体；②GRC 板类墙体；③不同类别的硅钙类墙体(稻草板)；④石膏空心板墙体；⑤各种工业废料为基材制成的条形墙体等。(3)轻板类材料：①石膏板系列；②PRC 板系列(植物、天然纤维水泥复合板等)。

村镇住宅建设具有点多、量大、面广、占用耕地多的特点，由于我国地域辽阔、民族众多，各地经济水平、社会条件、自然资源、交通状况及民情风俗等各有不同，难以在短期内对村镇混凝土结构住宅的建设进行统一规划、设计、施工、监督管理。因此，工程质量通病依然普遍出现在村镇混凝土结构住宅中，影响着广大村镇居民的日常生活和生产活动。当前，我国村镇地区正处在大规模的住宅建设时期，因此，研究量大面广的村镇混凝土结构住宅质量通病是非常有必要的。通过对村镇混凝土结构住宅质量通病现状调研、分类与成因分析，系统全面地总结村镇钢筋混凝土住宅质量常遇通病的治理措施，以利于减少和消除量大面广的质量通病，可以全面提高村镇混凝土结构住宅整体质量水平。

1.2 村镇混凝土结构住宅工程质量整体现状

住宅房屋按照建造材料和受力特点可分为生土结构住宅、木结构住宅、砌体结构住宅、混凝土结构住宅和钢结构住宅。住宅质量主要包括住宅的工程质量、功能质量和环境质量三方面。

从整体上看，我国的村镇住宅质量水平有显著提高。我国数亿农民在国家政策的支持下，通过自筹资金、自主修建、自我管理、自家使用，主要依靠自己的力量实现了"住有所居"的基本目标。1957 年和 1980 年，全国农房年末实有建筑面积分别为 61.3 亿 m^2 和 98.3 亿 m^2，农民人均住房使用面积分别为 $11m^2$ 和 $11.6m^2$，砖木结构所占比例不足 20%。2008 年，全国农房建筑面积 235.9 亿 m^2，农民人均住房建筑面积 $29.3m^2$，比 1980 年增加了 2.1 倍；现有住房建筑中 90% 以上是永久性、半永性住房建筑结构，砖混及以上结构的农房占到 60% 以上，农房安全居住水平有了根本性转变。农村地区住房存量资产大幅度增加，在 1984～2007 年的 24 年间，农民群众共投入 3.5 万亿元建设各类农村住房，新增建筑面积 132 亿 m^2，建筑面积存量约比城市多出近 90 亿 m^2，取得了令世人瞩目的建设成就[5]。

从局部地区观察，不少地区的村镇建设仍沿用传统的分散式建房，自己动手建房，即使是由建筑队或个体工匠施工，但技术水平低下，多数仍然沿用传统的墙体材料，即实心黏土砖。这样不仅毁掉大量农田，也使村镇住宅在数量、品种、质量和节能等方面受到严重制约。

现阶段，根据住户对 90 年代以后新建现代住宅的最新质量评价显示[12]，总体上来看满意率很高。其中满意率最高的(大于 50% 的项目)是房间数量、住宅大小、卧室大小、日照通风采光、房间布局和起居厅客厅大小；满意率较低的是内装修、卫生间和厨房设备设施、保温隔热隔声，还有卫生间大小、储藏间大小和车辆停存放 8 个项目。认为较差的(大于 10% 的项目)是卫生间设备设施、卫生间大小、内装修和保温与隔热，以及餐厅大小、厨房设备设施、隔声、储藏间大小和车辆停存放 9 个项目。满意率较低的项目与认为较差的项目基本一致，只是较差项目多了餐厅大小一项。对于较差项目回答较少的(即满意和一般合计大于 90% 的项目)是房间布局、房间数量、住宅大小、卧室大小，日照通风采光、使用功能、住宅外观、起居厅客厅大小和厨房大小共 9 个项目。这与满意率最高的项目相比，多出了使用功能、厨房大小和住宅外观 3 个项目。

因此，我国的村镇住宅仍需改进，我们要树立质量意识，加快村镇住宅向现代住宅的转变进度，改进建筑材料，强化村镇住宅质量管理，使我国大多数村镇居民住上安居房、放心房。

1.3　村镇混凝土结构住宅质量通病的分类和成因

1.3.1　住宅工程质量通病的概念

所谓住宅工程质量，一般是指符合规范性要求，主要是基于施工质量和材料质量。既要保证工程的结构安全和使用功能，同时又对住宅的性能和室内环境质量提出了更高要求。因此，住宅工程质量是一个综合而广泛的概念，既包括施工质量、材料质量，也包括设计质量、环境质量。随着住宅从满足生存需要，实现向舒适型的转变，住宅的节能、环保等因素也成为衡量住宅工程质量的重要指标。

在一定时期内，一个地区的住宅工程质量易发生的、普遍存在的住宅工程质量问题称为住宅工程质量通病。住宅工程质量通病，不仅量大，而且有些通病造成后果也很严重。影响工程的坚固、使用的功能、使用者的人身安全以及装饰的效果等。由上述定义可知，住宅工程质量通病按危害程度可分为以下两种情况：

（1）影响住宅结构安全和使用功能的质量缺陷，如地基不均匀沉降、渗漏、荷载裂缝等。

（2）影响住宅观感和耐久性的质量缺陷，如抹灰层空鼓、开裂等。

同时，人们也习惯将"壳、裂、砂、渗、漏、堵、粗、污、锈"等质量问题统称为质量通病。

1.3.2　住宅工程质量通病的分类和原因

住宅质量通病的种类繁多，涉及面广，具有多发性、难治性的特点，不仅给住户带来很大困扰与烦恼，而且也影响工程质量的整体水平，一直是影响人民群众正常生活的投诉热点。目前住宅工程质量的投诉主要集中于房屋建筑工程的使用功能和结构耐久性方面。通过相关文献资料和现场调研，总结出村镇住宅的质量通病主要有以下几个方面[14-16]，见表 1.6。

村镇住宅的主要质量通病　　　　　　　　　　表 1.6

分项(分部)工程	质量通病
地基基础工程	地陷；沉降和差异沉降
砌体工程	墙体裂缝；墙体渗漏；墙体起壳掉皮
混凝土结构工程	混凝土原材料的质量问题；蜂窝、麻面、空洞、露筋等混凝土外观质量缺陷；混凝土的配合比、拌制、运输、浇筑和养护不符合要求；模板的强度、刚度和稳定性不符合规范要求，接缝不严；钢筋锈蚀、搭接质量差；混凝土保护层偏差；混凝土结构受力开裂；收缩—温度裂缝；梁、板和柱顺筋开裂；钢筋混凝土构件因冻融、碳化、碱骨料、硫酸盐腐蚀等物理化学反应而出现混凝土表层开裂、脱落等
楼地面工程	水泥砂浆、水泥混凝土地面起砂、空鼓、裂缝；厨房、卫生间楼地面渗漏；底层地面沉陷等
装饰装修工程	外墙抹灰层空鼓、开裂、渗漏；顶棚裂缝、脱落；门窗变形、渗漏、脱落；栏杆高度不够、连接固定不牢、耐久性差；玻璃安全度不够等
屋面工程	找平层积水、空鼓、起砂、裂缝；屋面防水层渗漏；屋面保护层开裂等

由于村镇居民和建造技术人员普遍缺乏房屋建筑知识、安全质量意识薄弱，对住宅建设的规划选址、设计、施工、管理和维护不能很好地进行质量控制，致使上述的住宅工程质量通病在村镇地区普遍存在。住宅质量通病大量出现的主要原因有：

（1）不遵循建筑科学原则，房屋结构安全差，仅注重房屋外表装饰；

（2）住宅的规划选址、建筑设计多数未进行正规设计，不使用通用设计、施工图集，仅由房主或建筑工匠凭经验画张草图代替设计。

（3）建筑施工技术落后，仍用建设生土、木和砌体房屋的施工经验建造钢筋混凝土住宅，施工技术跟不上新要求。

（4）盲目省钱，使用小工厂生产的水泥和钢筋，造成建筑材料质量差。

（5）使用、维护和管理不当，私自改造、搭建拆卸，缺少科学合理的维护和修缮。

（6）建筑设计和施工单位资质不合格，工程技术人员文化素质低，多数未经过正规专业培训，对国家颁布的施工验收规范、设计标准理解掌握不够。

（7）村镇住宅建设管理和监督存在漏洞，缺少村镇一级的工程质量监督机构。

1.3.3　村镇混凝土结构住宅施工技术研究状况

《住宅精品工程实施指南》中详细介绍了住宅工程应用的主要施工技术、项目管理和住宅精品工程的发展方向[17]。北京土木建筑协会组织专家、学者和工程师编写了《混凝土工程现场施工处理方法与技巧》[18]，该书包括的内容主要有：混凝土配合比及设计，混凝土的拌制及运输，浇筑施工，变形缝、施工缝和后浇带施工，混凝土的温控与养护，钢筋混凝土工程施工，混凝土质量检查与控制，混凝土裂缝形式与控制和混凝土工程季节性施工等。书中对施工现场混凝土工程常见问题及预防、处理方法进行了全面的总结，几乎涵盖了混凝土工程中常见的"疑难杂症"，具有很强的针对性和实用性。

《小城镇住宅产业技术研究与开发》[19]中研究了小城镇住宅室内环境污染控制与质量改善关键技术，主要包括室内通风换气系统、厨房卫生间排气系统及排水管道密封防污技术、楼板和分户墙低造价隔音降噪成套技术及其施工工艺等；进行了小城镇节能住宅技术研究，主要包括不同建筑气候区住宅围护结构保温隔热技术及施工工艺、较大规模集中式住区级太阳能供热系统应用技术及成套设备集成等；还研究了小城镇新住宅建筑体系，主要包括不同地区、建筑体系住宅的全寿命能源资源消耗和成本分析，以及可替代黏土砖的小城镇新型多层住宅建筑体系等。

《小城镇新型住宅建筑体系及围护结构节能技术研究》[20]中介绍了几项最新

的城镇建设关键技术，主要有小城镇住宅围护结构保温隔热技术及施工工艺、小城镇住宅全寿命能源资源消耗及成本分析方法、可替代黏土砖的小城镇新型住宅建筑体系选型、小城镇住宅新型墙材结构体系成套技术。这些技术可根据小城镇住宅围护结构的现状，提出地域性、可行的改善措施，提出不同围护结构部位的节能作用和特性，解决了小城镇住宅围护结构材料单一、节能效果不佳、舒适性差的问题，可广泛用于小城镇住宅设计和热工设计，并首次建立起一套适合我国国情的小城镇住宅全寿命能源资源消耗和成本分析模型，在大量数据分析基础上，通过全寿命能源资源消耗和成本分析，选择和确定住宅建筑体系，指导建筑设计，针对不同建筑体系提出具体改进措施，具有很强的实用价值。

《住宅建筑节能工程施工质量验收规程》[21]为加强住宅建筑节能工程质量管理，统一围护节能工程施工质量验收要求，保证节能工程质量主要涉及围护结构设计、材料、施工和质量验收四大部分内容，为住宅建筑节能工程的施工质量验收提供了技术依据和要求。适用于新建、扩建住宅建筑以及其他居住建筑围护结构节能工程的施工质量验收。

1.3.4　村镇混凝土结构住宅研究现状

2003 年，耿琦[22]结合大港村镇楼房化设计实际，通过对大港村镇多层砖混住宅楼抗裂设计的研究，论述了村镇多层砖混住宅基础沉降裂缝、温度应力裂缝产生的原因，并提出了设计中应采取的多项预防措施。2006 年，吴华伟[23]通过对村镇木构架房屋抗震性能试验的研究，针对木构架结构的特点以及实验得到的位移、应变、裂缝等数据，进行了有限元模拟分析，为今后木构架有限元计算在工程上的应用提供了依据。2008 年，韩俊艳、吕书克[24]等人通过对山区生土结构房屋裂缝的现场调查及资料查证，重点分析、总结了生土结构房屋裂缝损害的发生规律及形成原因，并在此基础上提出裂缝成因的判断建议，同时提出了生土结构房屋建设的一些措施建议。2009 年，刘浩[25]根据地震灾区工作组织现场调查情况，阐述了地震区房屋建筑的结构体系，介绍了村镇民居穿斗木结构、生土结构及砖混结构在地震中的破坏形式，对结构较易破坏部位提出了设计及施工方面的建议。2011 年，王赟[26]分析了村镇砖混结构房屋在地震中裂缝的特征和产生的原因，并从结构计算、抗震设计、抗震构造及施工质量四方面提出了控制措施。同年，董伟、刘能胜[27]等人通过分析泵送混凝土的特点，针对温度裂缝、塑性收缩裂缝、干燥收缩裂缝的产生原因，提出了泵送混凝土裂缝的防治措施。

富文权等根据混凝土开裂的原因，将混凝土裂缝概括为以下四种：一是混凝土结构受力裂缝；二是混凝土收缩变形约束裂缝；三是混凝土化学反应胀裂；四是混凝土的塑性裂缝。王铁梦经过多年的混凝土裂缝防治，得出钢筋混凝土结构的裂缝是不可避免的，但裂缝危害程度可以控制，有害与无害的界限取决于结构使用功能，并提出了"抗与放"的裂缝控制原则。何星华、高小旺等在编写的《建筑工程裂缝防治指南》中介绍了建筑工程裂缝机理，全面总结了建筑设计、原材料选用和工程施工技术等方面的裂缝防治措施。

经调查，村镇住宅的工程质量有很多方面令人担忧：诸如墙体开裂、室内粉刷脱落、屋面漏水、基础墙角潮湿剥落等。每年都有施工事故发生和房屋倒塌，造成财产损失和人员伤亡。由于住宅质量低劣，抵御自然灾害的能力差，每年都有成千上万间房屋毁于地震、洪水等自然灾害。主要表现在以下几个方面：

1. 结构设计不合理，无正规设计图纸，施工随意性大

目前，农村建房95%以上无正规施工图，建房时东抄西仿，仅凭经验动工兴建，在建造过程中随意拆改，建筑质量无保障，抗灾能力低。比如基础的设计不合理，有些农民片面考虑节省开支和方便施工，没有任何地质资料，忽视了软弱土和淤泥质地基的危害，基础埋置过浅，又无加固措施。由于地基受力不均引起的不均匀沉降，使基础破坏，乃至墙体出现裂缝。由不均匀沉降而产生的砌体裂缝，大都发生在建筑的底层，少数会向上发展到二层及以上各层，严重时便会出现房屋的倾斜或倒塌等现象。另外，一些重要构件的布置不合理，而导致对建筑的损坏。如许多住宅现浇板没有按照设计和施工规范的要求进行施工，板内配筋和板的厚度严重不符合标准。这些质量问题，轻者影响使用功能，重则影响整个房屋的结构安全。

2. 施工人员技术素质低，质量得不到保证

农村建房都是一家一户，建筑规模小，大的施工队不愿承揽，故施工队伍大多是个体瓦工、木工等杂牌队伍拼凑而成。一般都没有经过正规培训和专业技术考核，缺乏基本的建筑施工知识，技术工艺落后，施工不得要领；他们在配制砂浆、混凝土时凭经验搅拌，对砌筑砂浆或浇筑的混凝土要求达到的强度心中无底，砌体质量差，灰缝不标准，通缝现象严重，砂浆饱满度不足；预埋的拉结筋随意放置，长度、方向、间距都不标准，造成纵横墙接槎不牢；干砖上墙，因砂浆严重失水而导致砌体强度降低。这些做法都降低了房屋结构的安全性、可靠性。

3. 材料以次充好或因材料不足影响质量

目前社会上的建材市场相当混乱，不合格、不标准、低质量的产品冲击建材市场。据有关部门统计，整个建筑市场的材料抽查合格率不足40%。而农户建房时只重外表装饰材料的新颖美观，对主体材料，只求价格便宜，对质量的要求很少讲究，所购进的主要材料，不仅根本没有出厂合格证，更没有取样做实验，多种型号、多种规格的同一材料凑合在一起使用，不仅给工程质量留下了一

定的隐患，也给质量鉴定留下了难题。

4. 农民质量意识差，法制观念淡薄

造成村镇住宅工程质量隐患严重和事故发生的原因很多，但从根本上来说是不重视工程质量，是人为因素。尤其是农民群众缺乏对建筑知识和法律法规的了解，摆脱不了"亲帮亲、邻帮邻"的建设方式，也让非法施工队伍钻了空子，匆匆签订"合同"，不按法律规定办事。

参考文献

[1]　胡春明. 村镇建设：铺筑现代化基石 [N]. 中国建设报，2002-10-17.

[2]　吴大川. 西部村镇小康住宅体系研究 [D]. 西安：长安大学，2007.

[3]　朱剑红. 村镇建设要重视解决四大问题 [N]. 人民日报，2004-7-9.

[4]　孙焰. 我国村镇住宅发展战略研究 [D]. 北京：北京交通大学，2010.

[5]　李兵弟. 回望六十年村镇建设成就斐然 [N]. 中国建设报，2009-10-9(1).

[6]　住房和城乡建设部. 2007 年城市、县城和村镇建设统计公报 [N]. 中国建设报，2008-6-23(1).

[7]　李成勋等. 1996～2050 年中国经济社会发展战略 [M]. 北京：北京出版社，1997.

[8]　刘东卫，李强，李秀森，梁咏华. 中国村镇小康住宅研究综合调查报告 [R]. 小城镇建设，1998(9)：16-23.

[9]　陈佳骆. 中国村镇住宅现状之调查 [J]. 中外房地产导报，2001(4)：14-18.

[10]　汪光焘. 认真研究社会主义新农村建设问题 [J]. 城市规划学刊，2005(4)：1-3.

[11]　陈佳骆. 培育村镇住宅产业促进国民经济发展 [J]. 中国农村经济，2000(12)：36-40.

[12]　刘东卫，李强，李秀森，梁咏华. 中国村镇小康住宅研究综合调查报告 [R]. 小城镇建设，1998(10)：23-31.

[13]　建设部住宅产业促进中心. 住宅工程质量技术导则 [M]. 北京：中国建筑工业出版社，2004.

[14]　DBJ 41/070—2005，河南省住宅工程质量通病防治技术规程 [S]，2005.

[15]　DGJ 32/J16—2005，江苏省住宅工程质量通病控制标准 [S]，2005.

[16]　安徽省建设厅. 安徽省住宅工程质量通病防治技术措施(试行) [S]，2009.

[17]　徐波，顾勇新. 住宅精品工程实施指南 [M]. 北京：中国建筑工业出版社，2004.

[18]　北京土木建筑协会. 混凝土工程现场施工处理方法与技巧 [M]. 北京：机械工业出版社，2009.

[19]　中国建筑设计研究院. 小城镇住宅产业技术研究与开发 [R]. 国家科技成果，2006.

[20]　天津大学建筑学院. 小城镇新型住宅建筑体系及围护结构节能技术研究 [R]. 国家科技成果，2006.

[21]　上海市建筑科学研究院有限公司. 住宅建筑节能工程施工质量验收规程 [R]. 国家科技成果，2005.

[22]　耿琦. 村镇多层砖混住宅楼抗裂设计的探讨 [J]. 天津建筑科技，2003(5)：25-26.

［23］ 吴华伟. 村镇木构架房屋抗震性能试验研究［D］. 石家庄：河北工业大学，2006.

［24］ 韩俊艳，吕书克等. 山区生土结构房屋裂缝分析及防治建议［J］. 小城镇建设，2008
（4）：28-31.

［25］ 刘浩. 村镇住宅在汶川地震中的典型破坏形式［J］. 山西建筑，2009，35(7)：98-99.

［26］ 王赟. 村镇砖混结构房屋地震裂缝分析与控制［J］. 科技信息，2011(25)：524.

［27］ 董伟，刘能胜等. 村镇建设中泵送混凝土裂缝形成的原因及其防治［J］. 农村经济与科
技，2011(275)：115-116.

第2章 建筑材料质量控制

　　建筑物是由混凝土、钢筋、砂浆等建筑材料组合而成的，建筑材料的质量是建筑工程和质量优劣的关键，也是工程建设的重要物质基础，建筑材料的质量直接影响建筑物的安全性和耐久性，如果材料的质量不符合技术要求，那么工程质量也就不可能符合标准。因此，加强建筑材料的质量控制，是提高工程质量的重要保证，也是进行施工的必要前提。

　　近年来，随着建筑业的发展和科技水平的提高，建筑材料有了突飞猛进的发展，新型建材层出不穷，许多新材料、新技术没有确定标准，还处于试用阶段，国家对建材生产厂家产品的质量管理缺乏有效手段。在工程建设过程中，由于建筑市场追求建筑工程的经济性，对材料管理的重要性认识不足，管理力量薄弱，对相关的规范标准不熟悉，导致建筑物倒塌及豆腐渣工程此起彼伏，有的在建设过程中发生，有的已经投入生产使用后发生，给国家带来的损失和给人民带来的伤害是难以估量的。严峻的现实情况为我们敲响了警钟，究其事故主要原因，不合格材料在建筑中的使用占了相当的比例。因此，建设人员应提高质量管理意识，重视对建筑材料的质量控制。

2.1　混凝土的质量控制

　　当今社会，混凝土结构在工程建筑中占有很大比重，是整个施工过程中不可或缺的材料，在结构的安全、可靠和耐久性方面起绝对的作用。混凝土的质量直接关系到建筑的结构安全以及施工人员的人身安全，影响工程最终的优劣情况、企业的效益荣誉。近年来，社会报道中屡屡出现由于施工过程中操作不当或偷工减料，造成各种质量事故，如新建房屋出现裂缝，施工过程中房屋坍塌等严重情况，而这些现象往往是由于混凝土质量不达标引起的。而以往混凝土的质量控制主要是在现场使用过程中的管理，忽视了对混凝土的生产以及运输环节，以致不能达到高水平控制混凝土质量的目的。从混凝土的制备到运输再到现场使用管理都要合理使用相关技术提高混凝土的质量。混凝土质量的高低是村镇住宅结构施工中质量控制的关键，施工人员必须重视混凝土系统工程的质量控制。

2.1.1　原材料的质量控制

　　混凝土，简写砼，是用水泥做胶凝材料，砂、石做集料，与水、外加剂和掺合料按一定比例配合，经搅拌、成型、养护后形成的建筑材料。混凝土原材料的质量及其波动，会对混凝土质量及施工工艺产生很大的影响。例如，各级石子颗粒粒径的含量发生变化，会引起混凝土级配的改变，进而影响新拌混凝土的和易性；混凝土的水灰比受骨料含水量的影响较大；水泥强度的波动直接影响到混凝土的强度；骨料中有害物质的含量一旦超过规范规定的范围，水泥的水化过程就会受到阻碍，导致混凝土的强度降低，骨料与水泥石之间的粘结力削弱。某些有害物质甚至能与水泥的水化产物进行化学反应，产生有害的膨胀物质。如果黏土、淤泥在砂中的含量超过 3%，在碎石、卵石中的含量超过 2%，这些极细材料就会在集料表面形成包裹层来妨碍集料与水泥石的粘结[1]；如果使用含有机杂质的沼泽水或海水等拌制混凝土，混凝土表面就会形成盐霜。对混凝土集料来说，含水率、含泥量以及石子含粉量的变化是影响配合比组成变异，导致混凝土强度过大波动的主要原因。对混凝土生产过程中原材料的质量控制，不仅要有常规性的检测，还要求质量控制人员掌握其含量的变化规律，并能根据实际情况采取相应的对策措施。例如，当砂石的含泥量超出标准要求时，除了要及时反馈给生产部门以外，还要及时筛选并采取能保证混凝土质量的其他有效措施。对于砂子的含水率，可以采用干炒法及时测定，进而调整混凝土配合比中的实际用水量和骨料用量。对于相同强度等级之间水泥活性的变异，可通过胶砂强度试验进行快速测定，再根据水泥活性的结果调整混凝土的配合比。

混凝土应满足强度等级、外观质量、施工工作性、力学性能和耐久性等要求，要获得合格的混凝土质量就必须控制好原材料的质量。下面将详细介绍混凝土原材料的质量控制要求。

1. 水泥的质量控制

（1）选择适宜的水泥品种和水泥强度等级

水泥的品种主要包括硅酸盐水泥（P·Ⅰ和 P·Ⅱ）、普通硅酸盐水泥（P·O）、矿渣硅酸盐水泥（P·S）、火山灰质硅酸盐水泥（P·P）、粉煤灰硅酸盐水泥（P·F）和复合硅酸盐水泥（P·C）。目前在工程施工中，大多采用强度等级为 42.5MPa 的普通硅酸盐水泥来配制各等级强度的混凝土，水泥强度远高于混凝土的强度。如果采用减少水泥用量、加大粗骨料用量的方法来配制混凝土，虽然也能使混凝土的强度达到设计等级，但会使混凝土缺乏应有的工作性能，增加了施工难度，难以让混凝土密实成型，混凝土内部孔隙率较大，对混凝土的耐久性造成严重损害。因此，用 42.5 强度等级的普通硅酸盐水泥配制混凝土时，适当增加细骨料的用量，以减少离析、分层、泌水等带来的不利影响，保证混凝土具有良好的和易性，既有利于施工，又能增加混凝土的密实度。此外，在混凝土中掺加磨细粉煤灰可以明显改善混凝土的抗渗性能，当水灰比为 0.5 时，掺磨细粉煤灰的混凝土与不掺原状粉煤灰的混凝土相比，其抗渗性能提高近 1 倍[1]。

（2）对进场水泥的检验

水泥应优先采用旋窑生产的合格产品，对立窑生产的水泥应认真检验其组成成分及主要指标后再使用。对进场水泥检验生产厂家和保证资料时，要重点查看氧化镁、二氧化硫的含量以及初凝时间，在安定性方面任一项不符合水泥质量规定的均为废品，禁止使用。水泥产品的安定性是一项重要指标，其出厂检验必须合格。为保证水泥质量，工程技术保证资料规定，施工所用的水泥必须经过该地区有资质的试验室复验合格后方可使用。

（3）水泥进场时的检验

水泥进场时的检验在出厂合格证齐全和化验单都符合相应标准的基础上，还需核验进场水泥是否与质保资料相符合，包装的标志是否齐全，水泥是否错进或混进，是否有受潮结块的现象。在认真检查合格后，要督促施工单位按批抽样送检，待检验项目全部合格后，方可准予拌制混凝土。同时还应根据混凝土工程的特点和所处的环境条件综合考虑选择水泥，水泥强度一般应是混凝土强度等级的1.5～2.0倍[1]。

（4）水泥的储存

在不同的工地有不同品种的水泥存放方法，为避免施工现场由于操作人员责任心差，保管不严格，造成混合乱用，或在施工过程中因某种水泥短缺而工程又不能停止，便将不同品种水泥进行补充等情况，水泥应按不同品种、强度等级及牌号按批分别存储在专用的仓罐或水泥库内，并对水泥的品种类别、适用范围、结构物环境进行具体分析后才可使用，防止造成质量事故。如因存储不当造成质量有明显降低或水泥出厂超过三个月（快硬硅酸盐水泥为一个月）时，应在使用前对其质量进行复验，并按复验的结果使用；使用时水泥的温度不宜超过 60℃[2]。

2. 混凝土拌合用水

水是混凝土的重要组成部分，一般认为饮用水就可作为混凝土拌合用水。水的品质会影响混凝土的和易性、凝结时间、强度发展和耐久性等，水中的氯离子对钢筋特别是预应力钢筋会产生腐蚀作用。

（1）混凝土拌合用水的类型

符合国家标准的生活饮用水可直接用作混凝土拌合用水。

地表水、地下水，应经检验合格后方能作为混凝土拌合用水。

海水只能作为素混凝土的拌合用水，不得用于拌制钢筋混凝土和预应力混凝土及有饰面要求的混凝土。

工业废水必须经过处理，经检验合格后才能作为混凝土拌合用水。

（2）混凝土拌合用水的具体要求

混凝土拌合用水以及养护用水应符合《混凝土拌合用水标准》JGJ 63—2006的规定。具体要求为：①不得影响混凝土的和易性和凝结；②不得影响混凝土的强度增长速度或降低速度；③不得玷污混凝土外表；④不得影响混凝土的耐久性；⑤不得腐蚀钢筋。海水中含有氯盐、硫酸盐和镁盐，会引起混凝土损伤和钢筋锈蚀，故不得用于拌制和养护钢筋混凝土[3]。水中 pH 值、不溶物、可溶物、氯化物、硫酸盐、硫化物的含量应符合表 2.1 的规定。

混凝土拌合用水的物质含量限值   表 2.1

项目	预应力混凝土	钢筋混凝土	素混凝土
pH 值	>4	>4	>4
不溶物(mg/L)	<2000	<2000	<5000
可溶物(mg/L)	<2000	<5000	<10000
氯化物(以 Cl$^-$ 计，mg/L)	<500	<1200	<3500
硫酸盐(以 SO$_4^{2-}$ 计，mg/L)	<600	<2700	<2700
硫化物(以 S^{2-} 计，mg/L)	<100		

注：使用钢丝或经热处理钢筋的预应力混凝土氯化物含量不得超过 0.06%。

3. 骨料

混凝土中的骨料分为细骨料和粗骨料。细骨料可分为天然砂和人工砂，粗骨料可分为卵石和碎石。只有合理选用骨料级配和含砂率，控制骨料中有害物质的含量，减小骨料空隙率，才能有效控制混凝土的收缩，进而提高混凝土质量。

(1) 骨料颗粒级配

混凝土的抗拉强度受骨料粒径的影响较大。粗骨料能约束裂缝的扩展，而细骨料均匀性好，其混凝土抗拉强度较高，但细骨料混凝土一旦开裂就会迅速扩展，直至贯通断裂。当选用粗骨料配制混凝土时，其最大颗粒粒径不得超过结构截面最小尺寸的 1/4，且不得超过钢筋间距的 3/4；对混凝土实心板，骨料最大粒径不宜超过板厚的 1/2，且不得超过 50mm[4]。

相同重量的砂石，颗粒粒径越大，其总表面积越小，而颗粒间的空隙越大。相反，颗粒粒径越小则颗粒间的空隙越小，其总表面积越大。水泥浆可起填充骨料间空隙、包裹骨料表面的作用。因此，为节约水泥，提高混凝土密实性，应选用粒径级配良好的骨料。《建筑用卵石、碎石》GB/T 14685—2001 和《建筑用砂》GB/T 14684—2001 规定骨料的表观密度应大于 2500kg/m³，松散堆积密度应大于 1350kg/m³，孔隙率小于 47%[5-6]。

(2) 骨料中的含泥量和泥块含量控制

骨料中的含泥量是指细骨料中粒径小于 0.08mm 的尘屑含量；泥块含量是指成团的淤泥和黏土块含量。泥和泥块不仅会降低混凝土抗拉强度，还会降低混凝土的抗冻性和抗渗性。当混凝土强度等级高于或等于 C30 时，砂中的含泥量不应大于 3%；当混凝土强度等级低于 C30 时，其含泥量不应大于 5%；当对混凝土用砂有抗冻、抗渗或其他特殊要求时，其含泥量不应大于 3%。骨料中的含泥量和泥块含量必须符合表 2.2 和表 2.3 的规定[5-6]。上海市建筑科学研究院重点研究了骨料含泥量与混凝土强度和收缩之间的关系，具体情况参照表 2.4，从表中可以得出以下结论：混凝土强度明显受到骨料中含泥量的影响，含泥量越大，就要通过增加水泥用量来保证混凝土强度，导致混凝土收缩增大[7]。

天然砂和石子中的含泥量和泥块含量限值　　　表 2.2

项目		指标		
		Ⅰ类	Ⅱ类	Ⅲ类
砂	含泥量(按质量计%)	<1.0	<3.0	<5.0
	泥块含量(按质量计%)	0	<1.0	<2.0
石	含泥量(按质量计%)	<0.5	<1.0	<1.5
	泥块含量(按质量计%)	0	<0.5	<0.7

人工砂的石粉含量和泥块含量限值　　　表 2.3

项目			指标		
			Ⅰ类	Ⅱ类	Ⅲ类
亚甲蓝试验	MB 值<1.40 或合格	石粉含量(按质量计%)	<3.0	<5.0	<7.0
		泥块含量(按质量计%)	0	<1.0	<2.0
	MB 值≥1.40 或不合格	石粉含量(按质量计%)	<1.0	<3.0	<5.0
		泥块含量(按质量计%)	0	<1.0	<2.0

注：对于 C10 及 C10 以下的混凝土用砂，应根据水泥强度等级，含泥量、石粉含量和泥块含量可适当放宽。

骨料含泥量与混凝土强度关系　　　表 2.4

混凝土强度	混凝土配合比(kg/m³)					实测坍落度(mm)	龄期(d)	实测混凝土强度(MPa)		
	水泥	水	碎石	砂	外加剂			含泥量≤4%	含泥量>4%	含泥量>7%
C30	345	85	1000	855	2.4(普通)	115~120	7	38.6	35.8	32.5
							28	49.8	45.8	43.1
C50	470	70	1020	725	9.4(高效)	140~155	7	56.8	51.9	49.7
							28	72.8	67.6	65.1

（3）砂的细度和砂率

砂子最大颗粒的粒径越小，其表面积越大，所需水泥等胶凝材料就越多。当使用过细或过粗的砂时，为保证混凝土的强度等级相同，需要增加水泥用量和用水量以提高水泥胶体的数量，但混凝土中的孔隙和毛细孔也会相应增多，导致混凝土的收缩加大。实验证明，砂的细度对混凝土强度有一定影响，过细或过粗的砂都会影响混凝土的强度。宜选用细度模数为 2.3～3.0 的中砂来配制泵送混凝土。当混凝土施工工作性满足条件时，宜适当降低砂率，对于泵送混凝土，其砂率应控制在 38％左右[5]。砂率降低，其粗骨料用量就会相应增加，能防止混凝土开裂性能劣化，有利于控制混凝土的收缩。

（4）骨料在生产、运输与使用过程中，严禁混入影响混凝土性能的有害物质，应按照骨料的品种、规格分别堆放，不得混杂。在装卸及存储骨料时，应采取措施使骨料颗粒级配保持均匀、洁净。骨料的清洁程度会显著影响混凝土的抗拉强度。河砂颗粒圆滑，比较洁净，质量优于海砂和山砂；而人工砂是经过机械破碎后筛分所得级配，质量较高[4]。为防止骨料受到太阳直晒或雨雪淋湿，骨料宜堆放于棚内，避免混凝土拌合物温度或水胶比受到影响。

4. 外加剂

混凝土外加剂的种类繁多，其质量应符合国家现行标准《混凝土外加剂》GB 8076—2008、《混凝土外加剂应用技术规范》GB 50119—2003、《混凝土速凝剂》JC 472、《混凝土泵送剂》JC 473、《混凝土防水剂》JC 474、《混凝土膨胀剂》JC 476 和《混凝土防冻剂》JGJ 475 的规定。

应根据混凝土性能、施工、气候条件、原材料及配合比等因素选用外加剂，外加剂的品种及掺量必须经试验确定，达到国家标准才可使用。外加剂所含的氯化物有可能引起混凝土结构中的钢筋锈蚀，所以当掺用含氯盐的外加剂时应符合《混凝土结构工程施工质量验收规范》GB 50204—2002(2011 版)的有关规定。

5. 矿物掺合料

混凝土掺合料主要包括粉煤灰、粒化高炉矿渣粉、沸石粉、硅灰和复合掺合料等。掺合料的使用应符合国家现行标准《粉煤灰混凝土应用技术规范》GBJ 146—90、《粉煤灰在混凝土和砂浆中应用技术规程》JGJ 28—86 和《用于水泥和混凝土中粒化高炉矿渣粉》GB/T 18046—2008 等的规定，而且应通过试验来确定掺合料的用量。粉煤灰掺量不宜超过水泥用量的 30％，对现浇板不宜超过 20％；矿渣粉掺量不宜超过水泥用量的 50％[8-9]，当技术条件都满足后才可应用于实际工程。

2.1.2 混凝土配合比的质量控制

混凝土的配合比反映了水泥、水、粗细骨料及掺合料、外加剂之间的比例关系。它是基于各种原材料在混凝土中所占的绝对体积来设计的，即水泥浆填充细骨料之间的空隙，细骨料填充粗骨料间的空隙。配合比的设计应满足混凝土强度等级、耐久性以及和易性的要求。由于原材料的温度、湿度和体积经常发生变化，导致同体积材料的重量有时相差很大，因此，混凝土的配合比只有按重量进行计算才能确保其准确性。混凝土的配合比是非常关键的一个质量参数，它取决于现场提供骨料的粗细情况，所以应根据现场粗、细骨料的实际情况作为计算的前提，动态调整配合比，而不超出其正常的浮动范围，保证混凝土的最终质量。例如，天气的变化会对混凝土的和易性产生不可忽视的影响，所以要根据天气变化随时动态监测粗细骨料的含水率，仅根据经验判断容易造成配合比超出正常浮动范围，影响混凝土质量。用于配置混凝土的原材料不得超过表 2.5 允许偏差值。拌制混凝土的强度等级必须符合设计的强度等级，并应符合《混凝土强度等级检验评定标准》JGJ 107—87 和《混凝土质量控制标准》GB 50164—92 的规定[10-11]。

混凝土原材料重量的允许偏差值　　　　　　　表 2.5

材料名称	允许偏差(%)	材料名称	允许偏差(%)
水泥、混合材料	±2	水、外加剂	±2
粗细骨料	±3		

注：1. 各种计量器应定期校验，保证精确度。

　　2. 骨料含水率应定期检测，雨天施工应增加测定次数。

1. 混凝土施工配合比的换算

混凝土配制的抗压强度应满足《混凝土结构工程施工质量验收规范》GB 50204—2002(2011 版)规定，且具有 95% 的保证率。普通混凝土的配合比，应按国家现行标准《普通混凝土配合比设计技术规程》JGJ 55—2000 进行计算，并通过试配确定。试验室所确定的配合比，其各级骨料不含有超逊径颗粒，且达到饱和面干状态。但施工时，各级骨料中常含有一定量超逊径颗料，而且其含水量常超过饱和面干状态。因此应根据实测骨料超逊径含量及砂石表面含水率，将试验室配合比换算为施工配合比。其目的在于准确的实现试验室配合比，而不是改变试验室配合比。调整量=(该级超径量与逊径量之和)-(次一级超径量+上一级逊径量)。

混凝土的配制强度可按下式确定[12]：

$$f_{cu,o} = f_{cu,k} + 1.645\sigma \tag{2.1}$$

式中　$f_{cu,o}$——混凝土施工配制强度值(N/mm^2)；

　　　$f_{cu,k}$——混凝土设计强度标准值(N/mm^2)；

　　　σ——混凝土强度标准差(N/mm^2)。

混凝土强度标准差 σ 应按下列规定，可按表 2.6 取用。

混凝土强度标准差 σ 值(N/mm^2)　　　　　　表 2.6

混凝土强度等级	小于 C20	C20～C35	大于 C35
σ	4.0	5.0	6.0

2. 混凝土施工配合比的调整

试验室所确定的混凝土配合比，其和易性不一定能与实际施工条件完全适合，或当施工设备运输方法或运输距离、施工气候等条件发生变化时，所要求的混凝土坍落度也随之改变。为保证混凝土和易性符合施工要求，需将混凝土含水率及用水量作适当调整（保持水灰比不变）。

3. 混凝土配合比

混凝土配合比，需满足工程技术性能及施工工艺的要求，才能保证混凝土顺利施工及达到工程要求的混凝土性能，提高混凝土质量，达到工程各部位对混凝土各种性能的要求。在混凝土中掺入不同类型的外加剂，改善混凝土性能的科学配制，优化混凝土的配合比，在施工中效果明显。

2.1.3　混凝土和易性的质量控制

和易性是混凝土拌合物的流动性、黏聚性、保水性等多种性能的综合表述。当混凝土的和易性不良时，混凝土可能振捣不实或发生离析现象，产生质量缺陷。混凝土的和易性良好时，混凝土易振实，且不发生离析，能够获得均质密实的混凝土浇筑质量。如果所配制的混凝土选用低水量、低坍落度，强调以振实工艺来保障混凝土质量，往往这样易产生蜂窝、孔洞等质量缺陷。实践表明，和易性良好的混凝土才便于振实，且应具有较大的流动性或可塑性，并具有较好的黏聚性和保水性，以免产生离析、泌水现象。混凝土和易性应注意以下几个方面[13-15]：

（1）应通过试验确定最佳砂率，使拌合物具有良好的流动性，易于施工并能保证混凝土的质量。砂可以填充粗骨料之间的空隙，并具有润滑作用，能改善混凝土的和易性。但如果砂率过大，砂石的总表面积也会随之增大，混凝土拌合物就变得干稠，流动性差；而砂率过小导致砂浆量不足，也会使石子间呈松散状态。

（2）水灰比对混凝土的强度等级、密实性、抗渗性、抗冻性、抗腐蚀和抗碳化性能有显著影响。如果水灰比过大，拌合物的保水性和黏聚性降低，混凝土易出现泌水现象；同时拌合物的流动性增大，在运输、浇筑及振捣过程中混凝土易出现分层离析现象。水灰比小，水泥浆变稠，混凝土拌合物黏聚性增大，易导致拌合物成团，工作性差。

（3）混凝土的坍落度会对混凝土拌合物的流动性、施工浇筑和密实性产生影响。坍落度大，则混凝土拌合物流动性好，便于浇筑，同时也能减少混凝土的外观质量缺陷，但会使混凝土密实性差，混凝土收缩大；坍落度小，则混凝土拌合物流动性差，易产生蜂窝、麻面、孔洞和露筋等质量缺陷。统计数据表明，预拌混凝土满足泵送和振捣要求时，其坍落度一般在 120mm 以上，甚至超过 200mm。

（4）混凝土拌合物中的粗细骨料颗粒级配合理，有利于提高混凝土的密实性。粗细骨料颗粒级配不良，会导致混凝土的空隙率增大，混凝土强度降低。

（5）外加剂能改善混凝土性能，提高混凝土的早期强度、抗冻性和抗渗性，但必须通过实验确定外加剂的选用品种和掺量。例如在混凝土拌合物中添加适量减水剂，其表面活性材料能促进混凝土中水泥颗粒的扩散，破坏水泥浆的凝聚体结构，从而释放出水泥凝聚体中被水泥颗粒所包围的游离水，进而达到减少拌合用水的目的。

2.1.4　混凝土拌制的质量控制

混凝土拌制要求是在最短搅拌时间内获得混合均匀、强度和工作性能都符合要求的混凝土。最短搅拌时间应视搅拌机类型、容量、骨料粒径及混凝土性能而定[16]（见表 2.7）。

混凝土拌制的质量控制　　　　　　　　　　　　　　　表 2.7

拌和容量（m³）	最大骨料粒径（mm）	最短搅拌时间（s）		备注
		自落式	强制式	
0.8～1.0	80	90	60	1. 入机拌和量应在拌和机容量的 11% 以内
1.0～3.0	150	120	75	2. 加冰混凝土拌和时间应延长 30s（强制式）
>3	150	150	90	

搅拌中应定时检测骨料的含水量，若需加入掺合料最好用干掺法。同时抽查搅拌时间，混凝土搅拌完毕应检测混凝土拌合物的稠度，观测混凝土拌合物的粘聚性和保水性是否符合规定要求。

2.1.5　混凝土运输的质量控制

混凝土运输是整个混凝土施工过程中的一个重要环节。要求运输过程中保持混凝土的均匀性（即保持混凝土各组成材料经搅拌后相互掺和均匀的性质，要求不发生分层离析、严重泌水）、不漏浆、不初凝、无过大温度回升和坍落度损失，并能保证施工必需的稠度。混凝土应随拌随用，混凝土从搅拌机中卸出后到浇筑完毕的时间和混凝土运输时间应满足表 2.8、表 2.9 的要求[16]。

混凝土从搅拌机卸出后到浇筑完毕的时间（单位：min）　　　表 2.8

混凝土强度等级	气温（℃）	
	≤25	>25
≤C30	120	90
>C30	90	60

混凝土的运输时间　　　　　　　　　表 2.9

运输时段平均气温(℃)	混凝土运输时间(min)	运输时段平均气温(℃)	混凝土运输时间(min)
20～30	45	5～10	90
10～20	60		

同时，混凝土的自由下落度不宜大于 1.5m，否则应设缓降措施，防止骨料分离，混凝土在运输过程中若出现设备故障，须及时处理。

2.1.6　混凝土浇筑和振捣的质量控制

混凝土浇筑前，应检查和控制模板、钢筋、保护层和预埋件等的尺寸、规格、数量、位置，检查模板支撑的稳定性及接缝密合情况，要求监理人员验收合格。

混凝土浇筑中，主要应控制混凝土的均匀性和密实性。所以，混凝土拌合物运至浇筑地点后，立即浇筑入仓(模)，混凝土的入仓铺料多采用平浇法，它是由仓面某一边逐层有序连续铺填，铺料厚度与振动设备的性能、混凝土的黏稠度、骨料强度和气温有关。若混凝土拌合物的均匀性、稠度发生变化，应及时处理。

混凝土的振捣。若卸入仓内成堆混凝土料，应先平仓再振捣，严禁以振捣代平仓。施工中根据施工对象及混凝土拌合物性质选择合适的振动器。对于振捣时间，以混凝土粗骨料不再显著下沉、水泥浆上浮使混凝土表面平整为止。混凝土初凝后不允许再振捣。

混凝土应连续振捣，如必须间歇时，应在前层混凝土凝结前将次层混凝土浇筑完毕。若混凝土层间间歇超过混凝土初凝时间，会出现冷缝，即出现施工缝，使层间抗渗、抗剪能力明显下降，所以施工时应控制浇筑间歇时间[16](见表 2.10)。

混凝土允许间歇时间　　　　　　　　　表 2.10

混凝土浇筑气温(℃)	允许间歇时间(min)	
	中热、硅酸、硅酸盐水泥	低热、矿渣、火山灰质硅酸盐水泥
20～30	90	120
10～20	135	180
5～10	195	—

2.1.7　混凝土养护和拆模的质量控制

养护是混凝土浇筑振捣后对水化硬化过程采取的保护和加速措施。混凝土浇筑完毕后应及时洒水养护保持混凝土表面湿润，目的是使混凝土水泥充分水化，加速混凝土的硬化，防止混凝土成型后因曝晒、风吹干燥等自然因素的影响出现不正常的收缩、裂缝等破坏现象发生。塑性混凝土应在浇筑完毕后 6～18h 内开始洒水养护，低塑混凝土宜在浇筑完毕后立即喷雾养护，并及早开始洒水养护。养护期视水泥品种和气温而定，硅酸盐水泥拌制成的混凝土应不小于 7d，火山灰水泥、粉煤灰水泥不小于 14d，混凝土应连续养护。养护期内必须确保混凝土表面处于湿润状态，养护时间不宜少于 28d。

拆模的迟早直接影响到混凝土质量和模板使用周转率，拆模时间应根据设计要求、气温和混凝土强度等级而定，非承重模板混凝土强度达到 2.5MPa，其表面和棱角不会因为拆模而损坏时方可拆模，对承重板要求混凝土强度达到规定设计强度的百分率后才能拆模[16]（见表 2.11）。

拆模的质量控制　　　　　　　　　　　　　　　表 2.11

悬臂板、梁		其他梁、拱、板		
跨度≤2m	跨度＞2m	跨度＜2m	跨度 2～8m	跨度＞8m
70%	100%	50%	70%	100%

2.1.8　混凝土常见质量问题及其防治措施

混凝土从拌和物的生产到混凝土结构实体的形成过程中都有可能出现质量问题。其质量问题按混凝土形成的先后顺序可大致划分为混凝土拌和物的质量问题和混凝土结构实体的质量问题两大类。

1. 混凝土拌和物质量问题

混凝土拌和物的性能主要是通过拌和物的和易性、保塑性、工作性来表征的。和易性差时，混凝土将出现离析和泌水现象。保塑性是指拌和物从拌和完毕到浇注入模保持塑性的特性，保塑性差常常表现为混凝土出现假凝、快凝、缓凝等现象。工作性好坏直接决定着施工的难易程度，工作性能主要表现为坍落度损失、可泵性等。

（1）离析

离析就是混凝土拌和物的各种成分发生分离，如粗骨料从拌和物中分离出来或水泥浆从拌和物中分离出来的现象。当混凝土拌和物发生离析时，将会给施工带来不利，而且影响混凝土的强度、外观质量以及混凝土的耐久性，如图 2.1所示。

（2）泌水

泌水就是混凝土经过振捣后水分从混凝土拌和物中分离出来的现象。混凝土泌水的直接结果就是混凝土表面大量存水，蒸发后表面产生干缩龟裂，影响混凝土的强度，如图 2.2 所示。

图 2.1　混凝土离析

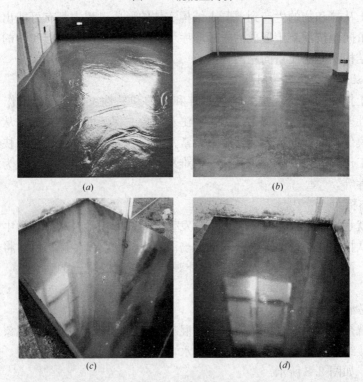

图 2.2　混凝土泌水

（3）假凝

假凝是指混凝土的一种不正常的早期固化现象，发生在水泥和水拌合的前几分钟内，但经过剧烈搅拌后又可回复塑性，并可正常凝结。假凝虽然对混凝土的强度和外观不产生影响，但会给施工带来麻烦，如图 2.3 所示。

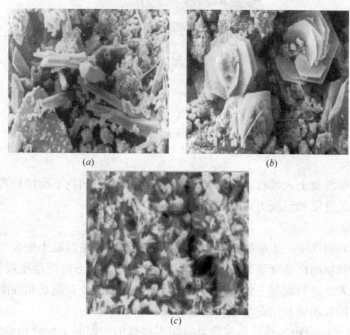

图 2.3　混凝土假凝

（4）快凝

快凝是混凝土的一种不正常的早期固化现象，在这种固化过程中有大量的热量放出，而且经过剧烈搅拌后，混凝土不会恢复塑性。它对混凝土的强度和施工都将产生不利的影响，如图 2.4 所示。

图 2.4　混凝土快凝（一）

(c)

图 2.4　混凝土快凝(二)

（5）缓凝

缓凝是指混凝土入模后，在凝结时间内或更长的时间内不凝结的现象。缓凝将会影响施工进度和混凝土的早期强度。

（6）坍落度

混凝土的坍落度一般根据混凝土的施工工艺决定，是混凝土配合比的设计要求之一。拌和物的坍落度随着时间变化而损失。当混凝土的坍落度损失过快时，不但影响或无法进行混凝土的施工，而且影响混凝土的外观质量和强度。

混凝土拌和物质量问题的成因及其防止措施如下：

① 混凝土拌和物和易性出现质量问题主要是因为混凝土配合比设计不合理，如砂率太低，外加剂掺量不合理；生产过程中计量不准确；没有考虑砂石含水率的变化；搅拌时间不够；骨料级配不合理；在输送过程中随意加水，施工过程中遇上雨期等。

当混凝土离析时，应加少量干料调整。在雨期应及时调整砂石料含水率。当发现混凝土有泌水现象时，应及时清除表面存水，终凝前抹压表面。

② 混凝土拌和物的假凝是因为水泥及水泥掺合料中的二水石膏发生变异，即水泥及掺合料质量存在问题。出现混凝土假凝时应重新剧烈搅拌，必要时可加少量的水。快凝是由于水泥中的 C_3A 和碱含量过高、水泥和外加剂的适应性差、施工过程中温度过高等原因造成的。出现快凝时应加入高效减水剂二次流化或通过试验调整外加剂，若水泥质量不合格时应严禁使用。缓凝是因为外加剂和掺合料的质量和掺量不合理、施工过程中气温突降造成的，出现缓凝时应及时调整混凝土掺合料和外加剂的品种或掺量，改变混凝土的缓凝状态。

③ 混凝土拌和物工作性差的原因是：在进行混凝土配合比设计时，没有充分考虑施工工艺，坍落度设计过低；施工过程中遇到高温天气等。工作性差时应加入适量的缓凝减水剂，必要时通过试配调整混凝土拌和物的坍落度进行改善。

2. 混凝土结构存在质量问题的原因和防止措施

（1）早期强度低是因为混凝土原材料的质量和掺量不合理、水灰比过低、生产时计量不准、混凝土养护温湿度达不到要求或环境温度过低等原因造成的。早期强度低时，应及时查找原因，并加强养护、及时调整混凝土配合比、检测混凝土的龄期强度，当出现不合格现象时及时采取补救措施。后期强度低是因为配合比设计不合理、施工中振捣不密实、原材料性能发生变化、原材料质量达不到要求等原因造成的。混凝土的龄期强度低时，应进行混凝土实体无损或半破损检测，根据具体检验结果，采取返工、返修或推倒重来等处理措施。

（2）外观质量问题存在的原因是：施工过程中振捣不密实；模板没有刷脱模剂或模板表面粗糙；混凝土未终凝前进行拆模；养护不好；混凝土离析和泌水；外加剂组分中含气量过高。外观质量不合格时，应检查是否对结构质量造成严重影响，当不影响结构质量时可采取表面处理。

2.2　钢筋的质量控制

钢筋是建筑工程中非常重要的结构材料，重视钢筋施工是保证钢筋工程质量的重要途径。违法使用不合格钢筋或施工操作不当，会直接影响工程质量，危害人民群众生命财产安全，钢筋工程一旦出现问题，结构构件的安全程度就无法保证，常常会造成工程质量事故。因此，必须强化钢筋工程质量意识，高度重视建筑工程使用钢筋的质量，积极采取有效措施，加强对钢筋加工质量的监管，坚决遏制违法加工行为，切实保障人民群众生命财产安全。钢筋工程的施工主要包括配料、加工、绑扎、安装等实施过程，下面我们就从以下几个方面谈一下钢筋的质量控制问题。

2.2.1　进场钢筋的质量控制

1. 进场时的外观检查

外观检查是钢筋验收的必要程序。它由钢筋采购员、项目经理部的质检员和钢筋工长、技术员等人员参加，尽可能会同监理工程师共同进行。当外观检查不合格时，不得卸货，应立即退货。外观不合格有下列几种情况：

（1）标牌异常或标牌缺失

每捆钢筋上的标牌是钢制的，是证明钢筋生产厂家、炉号、规格、型号、批号和生产日期的重要质量信息。对于标牌的缺失、形状样式不同和生产日期相差过远等情况应进一步追查。一旦发现标牌的异常或缺失，务必立即警觉和更为严谨地进行检查和检验，如图 2.5 所示。

（2）重量差异

一般钢筋在生产中由于尺寸差而带来重量差，但其差值较小且同一厂家偏差方向较为固定，如首钢往往偏于正公差，而邯钢则为负公差。在钢筋进场中应抽查1～3捆钢筋进行公称重量的统计并与实际重量对比，允许偏差大于国家标准的，便是不合格钢筋。如图2.6所示。

图2.5　钢筋标牌的检验

图2.6　钢筋重量的检验

（3）尺寸差异

公称直径及不同度的抽样检查达不到国家标准，且往往是介于两个级别之间，重量差异也同时突出，也有两端直径差一个级别的情况。如图2.7所示。

(a)　　　　　　　　　(b)

(c)　　　　　　　　　(d)

图2.7　钢筋尺寸的检验

（4）表面质量

盘条有裂纹、折叠、结疤、耳子、分层及夹杂，凸块、凹坑、划痕及其他表面缺陷则达不到国家标准；带肋钢筋有裂纹、结疤、折叠、凸块及其他表面缺陷则达不到国家标准。这些都是不合格钢筋的明显表现。如图 2.8 所示。

（5）形状差异

主要是带肋钢筋，凡横肋和纵肋与国家标准差异较大的，如目前市场上存在的纵横肋高度不够，以及月牙肋顶宽过大的钢筋均是不合格钢筋。如图 2.9 所示。

　　图 2.8　钢筋表面的检验　　　　　　　　　图 2.9　钢筋形状的差异

2. 进场后的试验、见证取样

试验检验必须坚持在外观检查合格的基础上进行，按规定抽取试样。试样的抽取和见证必须要有监理工程师在场，并受监理单位质量控制程序监督。试验合格前的进场钢筋在监理工程师的监督下堆垛标识并封存，试验合格前不得启用；试验检验合格或见证取样合格的钢筋才能启封转入钢筋加工工序。进场钢筋应按进场批次和产品的抽样检验方案抽取试样作机械性能试验，当发现钢筋脆断、焊接性能不良或力学性能显著不正常等现象，要对该批钢筋进行化学成分或其他专项检验，合格后方可使用。进场试验合格后的钢筋一旦发现异常情况，如裂纹、颈缩、劈裂、脆断、过硬等，应立即将该批钢筋作为问题钢筋封存，已经绑扎的也要坚决拆除并封存，原样送检复查，以保证工程质量。如复查不合格，即判定该批钢筋不合格；如复查合格，则仅将出现问题的局部钢筋废弃。不论检验复查结果如何，都要对出现问题的情况、分析、结论和对策形成决议，防止再出现类似的钢筋质量波动。

2.2.2　钢筋的存放

钢筋进入施工现场后，必须严格按批次规格、牌号、直径、长度挂牌存放，并注明数量，不得混淆。钢筋应尽量堆放在仓库式料棚内，现场条件不具备时，要选择地势高、土质坚实、平坦的露天场地存放，钢筋下面要加垫木，离地距离不宜小于 200mm，以防钢筋锈蚀和污染。堆放场地周围要挖排水沟，以利排水。钢筋成品要按照工程名称和构件名称，按编号挂牌排列，牌上注明构件名称、部位、钢筋形式、尺寸等，为便于提取和查找，不能将几项工程的钢筋混放在一起。每种钢筋成品批量加工完毕后，必须轻抬轻放，避免摔地产生变形，整齐地堆放在能够挡雨的地方，并设标识牌以防用错。特别在夏季施工时，要注意对钢筋的保护，如加工好的箍筋，放在露天，遭到雨淋，在高温作用下，箍筋拐角处就很容易被氧化，使表面生锈、脱皮。

2.2.3　钢筋加工的质量控制

钢筋加工时，要将钢筋配料单与设计图复核，检查配料单是否有错误和遗漏，对每种钢筋要按配料单检查是否达到要求，经过这两道检查后，再按配料单放出实样，试制合格后方可成批制作，加工好的钢筋要挂牌堆放整齐。

1. 钢筋除锈

（1）辨别锈蚀程度。钢筋保管不善或存放过久，会在钢筋表面形成铁锈。铁锈分为水锈（色锈）、陈锈和老锈三种，水锈使钢筋表面呈黄褐色，一般可以不处理；陈锈呈红褐色，在钢筋表面已有铁锈粉末，影响钢筋与混凝土的粘结力，一定要清除干净；老锈呈深褐色或黑色，钢筋表面带有颗粒状或片状的分离现象，不得使用。

（2）选择除锈方法。除锈方法很多：钢筋除锈机除锈、钢筋调直中除锈、人工除锈和酸洗除锈等，由施工单位根据设备条件选择，报监理人员备查。

（3）检查除锈效果。钢筋除锈过程如图 2.10 所示。

(a)　　　　　　　　　　　　　　(b)

(c)

图 2.10　钢结构除锈

2. 钢筋调直

无论是 12mm 以下的盘条或 12mm 以上的钢筋，在使用前都必须经过调直工序。调直的质量要求是：钢筋平直，无局部曲折、死弯、小波浪形，表面无损伤。

质量控制措施：为防止钢筋调直过程过度损伤钢筋表面，钢筋穿过调直机压辊之后，要控制调直机上下压辊间隙为 2～3mm[17]。调直时可以根据调直模的磨损情况及钢筋的性能，通过试验确定调直模合适的偏移量，以保证钢筋调直的质量。钢筋调直宜采用机械方法，也可采用冷拉方法。当采用冷拉方法来调直钢筋时，HRB335 级、HRB400 级和 RRB400 级钢筋的冷拉率不宜大于 1‰[18]。经调直后的钢筋应平直，无局部曲折。如图 2.11 所示。

(*a*)　　　　　　　　　　　　(*b*)

图 2.11　钢筋调直

3. 钢筋切断

根据图纸规格、尺寸计算钢筋下料长度，按下料单进行配料，长钢筋需要切断机切断。小于 12mm 人工切断或机械切断，大于 12～40mm 机械切断。同规格钢筋根据下料单不同长度搭配，统筹配料，减小断头损耗，避免用短尺量长料，防止在量料中产生累计误差。在切断过程中，发现钢筋有劈裂、缩头或严重的弯头必须切除，发现钢筋硬度有出入时，操作人员及时向管理人员反映情况。

切断的质量要求是：检查钢筋断料尺寸，其偏差应在规定范围内；钢筋的断口不得有马蹄形或起弯、裂纹等缺陷；下料长度准确，切断误差控制在 ±10mm 以内[19]。

质量控制措施：钢筋切断时为确保切断尺寸准确，要拧紧定尺卡板的紧固螺丝，调整钢筋切断机的固定刀片和冲切刀片间的水平间隙。如图 2.12 所示。

4. 钢筋弯曲成型

钢筋弯曲成型可采用钢筋弯曲机、四

图 2.12　钢筋的切断

头弯筋机及手工弯曲工具等进行。大量钢筋加工时宜采用钢筋弯曲机，在成批弯曲之前都要先取出一根试弯，以便检查是否符合设计要求，画线是否正确。在施工时，先将钢筋放在钢筋弯曲机工作盘的心轴和成型轴之间，启动电源，钢筋被成型轴绕心轴进行弯曲，另一端被挡铁轴挡住，当达到弯曲角后，关闭电源。钢筋弯曲成型时，要确保成型的尺寸准确，具体的弯曲成形质量标准如下所示：

（1）受力钢筋末端作180°弯钩时，其弯弧内径不应小于钢筋直径的2.5倍，弯钩后平直部分长度不小于钢筋直径的3倍；末端作135°弯钩时，弯弧直径不小于钢筋直径的4倍，弯后平直部分长度符合设计要求；钢筋作90°弯折时弯折处的弯弧内直径不小于钢筋直径的5倍。

（2）箍筋弯钩的弯弧内直径除满足上条的要求外，还应不小于受力钢筋直径；箍筋的弯折角度，对于有抗震要求的结构，应为135°；箍筋弯后平直部分长度，对于有抗震要求的结构，不应小于箍筋直径的10倍。

（3）钢筋成形正确，平面上没有翘曲不平的现象。

（4）钢筋弯曲点不得有裂纹，对于Ⅱ级或Ⅱ级以上的钢筋不能弯过头再弯回来。

（5）钢筋弯曲成形允许偏差为：全长±10mm，弯起钢筋弯起点位移20mm，弯起钢筋的弯起高度±5mm，箍筋边长±5mm[20]。

钢筋弯曲成形如图2.13所示。

钢筋弯曲的质量控制措施是加强钢筋配料及下料的管理，根据实际情况和经验预先确定钢筋的下料长度调整值。为了确保下料画线准确，要制订切实可行的画线程序，对形状比较复杂或大批量弯曲的钢筋，要通过试弯确定合适的操作参数，对于加工的钢筋不得敲直后作为受力钢筋使用。

钢筋配料时要考虑构件的形状和尺寸，因加工后钢筋的各段长度总和并不等于其在直线状态下的长度，所以要对钢筋下料长度进行计算。钢筋下料长度计算应根据构件尺寸、混凝土保护层厚度、钢筋弯曲调整值和弯钩增加长度等规定综合考虑。如钢筋弯钩形式有三种：

图2.13　钢筋弯曲成形

半圆弯钩、直弯钩及斜弯钩。钢筋弯曲后，弯曲处内皮收缩、外皮延伸、轴线长度不变，弯曲处形成圆弧，弯起后尺寸大于下料尺寸，应考虑弯曲调整值。钢筋弯心的直径为2.5d，平直部分为3d。钢筋弯钩增加长度的理论计算值：对半圆弯钩为6.25d；对直弯钩为3.5d；对斜弯钩为4.9d[21]。在箍筋的末端应做弯钩，弯钩形式应符合设计要求。当设计无具体要求时，对有抗震要求结构的箍筋弯钩的弯折角度为 135°，平直段长度为 10d；一般结构的箍筋弯钩的弯折角度为 90°，平直段长度为 5d[22]。箍筋调整值，即为弯钩增加长度和弯曲调整值两项之差或和，可根据箍筋量外包尺寸或内包尺寸而定。钢筋配料计算时，钢筋的形状和尺寸在满足设计要求的前提下要有利于加工安装，对钢筋配置的细节问题在设计图纸中没有注明时一般可按现行标准、规范、图集上的构造要求处理，另外配料时还要考虑施工需要的附加钢筋。如基础双层钢筋网中要有保证上层钢筋网位置用的钢筋撑脚，墙板双层钢筋网中应有固定钢筋间距用的钢筋撑铁等。

2.2.4　钢筋连接的质量控制

钢筋连接是指钢筋接头的连接，其方法有焊接连接、机械连接和绑扎连接。钢筋焊接的接头形式、焊接工艺和质量验收要符合设计文件及《钢筋焊接及验收规范》。钢筋机械连接有套筒挤压接头、钢筋锥螺纹接头、钢筋直螺纹接头等，必须满足相应接头的连接技术规程。钢筋绑扎连接中，受拉钢筋和受压钢筋的搭接长度及接头位置要符合《混凝土结构工程施工质量验收标准》的相关规定。应根据钢筋混凝土构件的受力特性、抗震要求、钢筋等级和直径等确定合适的接头方式。为节约钢材，在条件允许的情况下，工程中应优先考虑采用焊接和机械连接，当受力钢筋采用机械连接接头或焊接接头时，设置在同一构件内的接头宜相互错开。

1. 焊接连接

钢筋焊接接头包括闪光对焊、电弧焊（含绑条焊、搭接焊、熔槽焊等）、电渣压力焊等，对直接承受动力荷载的结构构件，纵向钢筋不宜采用焊接接头。此外，冷轧带肋钢筋和冷拉低碳钢筋的接头不得进行焊接，必须进行绑扎，冷拉钢筋的闪光对焊或电弧焊应在冷拉前进行。轴心受拉或小偏心受拉构件以及承受振动荷载的构件中直径大于 25mm 的钢筋接头，均应采用焊接接头，不得采用绑扎接头。轴心受压和偏心受压柱中的受压钢筋的接头，当直径大于 32mm 时，亦应采用焊接接头。框架底层柱、剪力墙加强部位纵向钢筋的接头，对一、二级抗震等级，应采用焊接接头，不得采用绑扎接头。

焊接接头的质量控制主要是进行外观检查，闪光对焊（如图 2.14 所示）接头要求钢筋表面没有裂纹和明显的烧伤，接头的弯折角不大于 4°，接头处的轴线偏移应符合规定。当接头不符合要求时，应在剔除并切除热影响区后，重新焊接。电弧焊接头外观检查，应在清渣后逐个进行。要求焊缝表面平整，不得有凹陷或焊瘤，如图 2.15 所示。接头区域不得有裂纹、咬边深度、气孔、夹渣等缺陷，允许值及接头尺寸的允许偏差应符合要求；用小锤敲击接头时，应发出清脆声。外观不合格的接头，应予修整或补强。电渣压力焊接头外观应逐个进行检查。接头四周铁浆应饱满均匀，没有裂缝；上下钢筋的轴线应尽量一致，其最大偏移应符合规定；钢筋与电极接触处应无烧伤缺陷。对不合格的接头，应切除重焊或采取补强措施。

图 2.14　闪光对焊

图 2.15　焊接接头表面平整

设计焊接接头位置时应注意：

（1）钢筋的接头宜设置在受力较小处。同一纵向受力钢筋不宜设置两个或两个以上接头。接头末端至钢筋弯起点的距离不应小于钢筋直径的 10 倍。

（2）在同一构件内的接头宜互相错开。同一连接区段内，纵向受力钢筋的接头面积百分率应符合设计要求。当设计无具体要求时，应符合下列规定：

① 受拉区不宜大于 50%。

② 接头不宜设置在有抗震设防要求的框架梁端、柱端的箍筋加密区。

③ 直接承受动力荷载的结构件中，不宜采用焊接接头。

2. 机械连接

钢筋机械连接接头有套筒挤压接头、钢筋锥螺纹接头、钢筋直螺纹接头等。钢筋的机械连接通常适用的钢筋级别为 HRB335、HRB400、RRB400，钢筋最小直径宜为 16mm，对钢筋机械连接接头的技术要求为：

（1）结构构件中纵向受力钢筋的接头宜相互错开，钢筋机械连接的连接区段长度应按 35D 计算（D 为被连接钢筋中的较大直径）。在同一连接区段内有接头的受力钢筋截面面积占受力钢筋总截面面积的百分率应符合下列规定：

① 接头宜设置在结构构件受拉钢筋应力较小部位，当需要在高应力部位设置接头时，在同一连接区段内 III 级钢筋接头的接头百分率不应大于 25%；II 级钢筋接头的接头百分率不应大于 50%；I 级钢筋接头的接头百分率可不受限制。

② 接头宜避开有抗震设防要求的框架的梁端、柱端箍筋加密区；当无法避开时，应采用 I 级接头或 II 级接头，且接头百分率不应大于 50%。

③ 受拉钢筋应力较小部位或纵向受压钢筋，接头百分率可不受限制。

④ 对直接承受动力荷载的结构构件，接头百分率不应大于 50%。

（2）钢筋弯曲点与接头端头距离大于钢筋直径的 10 倍，严禁在接头处弯曲。

（3）钢筋连件的混凝土保护层厚度宜符合现行国家标准《混凝土结构设计

规范》GB 50010—2010 中受力钢筋混凝土保护层最小厚度的规定，且不得小于 15mm。连接件之间的横向净距不宜小于 25mm[23]。

钢筋机械连接如图 2.16 所示。

(a)　　　　　　　　　　　(b)

(c)　　　　　　　　　　　(d)

图 2.16　钢筋的机械连接

3. 绑扎连接

绑扎接头的质量控制，重点是搭接长度和末端弯钩应符合规范及设计要求，当弯钩长度不足时，应另外附加弯钩，如图 2.17 所示。

钢筋搭接处，应在中心和两端用钢丝扎牢(3～4 扣)。钢筋绑扎搭接接头连接区段的长度为 1.3L(L 为搭接长度)，凡搭接头中点位于该连接区段长度内的搭接接

图 2.17　钢筋弯头不够长度另附加弯头

头均属于同一连接区段。同一连接区段内，纵向钢筋搭接接头面积百分率为该区段内有搭接接头的纵向受力钢筋截面面积与全部纵向受力钢筋截面面积的比值。同一连接区段内，纵向受拉钢筋搭接接头面积百分率应符合设计要求；当设计无

具体要求时，应符合下列规定：

（1）对梁类、板类及墙类构件，不宜大于25％。

（2）对柱类构件，不宜大于50％。

（3）当工程中确有必要增大接头面积百分率时，对梁类构件，不应大于50％；对其他构件，可根据实际情况放宽。

钢筋搭接长度应符合规范要求，同一构件中相邻纵向受力钢筋的绑扎搭接接头宜相互错开。绑扎搭接接头中钢筋的横向净距不应小于钢筋直径，且不应小于25mm。在梁、柱类构件的纵向受力钢筋搭接长度范围内，应按设计要求配置箍筋。钢筋接头位置宜设置在受力较小处，同一纵向受力钢筋不宜设置两个或两个以上接头，接头末端至钢筋弯起点的距离不应小于钢筋直径的10倍。构件同一截面内的钢筋接头数应符合设计和规范要求。绑扎不合格接头如图2.18所示。

图2.18　绑扎不合格的接头

纵向受力钢筋绑扎搭接接头的最小搭接长度应符合下列规定：

（1）当纵向受拉钢筋的绑扎搭接接头面积百分率不大于25％时，其最小搭接长度应符合表2.12的规定。

纵向受拉钢筋的最小搭接长度　　　　　　　　　　　表2.12

钢筋类型		混凝土强度等级			
		C15	C20～C25	C30～C35	C40
光圆钢筋	HPB300级	45d	35d	30d	25d
带肋钢筋	HRB335级	55d	45d	35d	30d
	HRB400级、RRB400级	—	55d	40d	35d

注：两根直径不同钢筋的搭接长度，以较细钢筋的直径计算。

（2）当纵向受拉钢筋搭接接头面积百分率大于25％，但不大于50％时，其最小搭接长度应按表2.12中的数值乘以系数1.2取用；当接头面积百分率大于50％时，应按表2.12中的数值乘以系数1.35取用。

（3）当符合下列条件时，纵向受拉钢筋的最小搭接长度应根据上述（1）、（2）条确定后，按下列规定进行修正：

① 当带肋钢筋的直径大于25mm时，其最小搭接长度应按相应数值乘以系数1.1取用。

② 对环氧树脂涂层的带肋钢筋，其最小搭接长度应按相应数值乘以系数1.25取用。

③ 当在混凝土凝固过程中受力钢筋易受扰动时（如滑模施工），其最小搭接

长度应按相应数值乘以系数 1.1 取用。

④ 对末端采用机械锚固措施的带肋钢筋，其最小搭接长度可按相应数值乘以系数 0.7 取用。

⑤ 当带肋钢筋的混凝土保护层厚度大于搭接钢筋直径的 3 倍且配有箍筋时，其最小搭接长度可按相应数值乘以系数 0.8 取用。

⑥ 对有抗震设防要求的结构构件，其受力钢筋的最小搭接长度对一、二级抗震等级应按相应数值乘以系数 1.15 采用；对三级抗震等级应按相应数值乘以系数 1.05 采用。

在任何情况下，受拉钢筋的搭接长度不应小于 300mm。

(4) 纵向受压钢筋搭接时，其最小搭接长度应根据上述①、②、③条的规定确定相应数值后，乘以系数 0.7 取用。在任何情况下，受压钢筋的搭接长度不应小于 200mm。

2.2.5　钢筋绑扎和安装的质量控制

钢筋安装是钢筋分项工程质量控制的重点。钢筋安装时，受力钢筋的品种、级别、规格和数量必须符合设计要求。

1. 钢筋安装最容易出现的问题

(1) 钢筋直径、数量和长度错误

如梁支座负筋漏放。应在施工中按照设计图纸检查对照。这样会导致钢筋产生较大的变形，影响构件的使用，如图 2.19 所示。

(2) 钢筋锚固长度不够。如框架梁锚入柱长度不够，特别是屋面框架梁和边柱的锚固构造。

(3) 悬挑部分的钢筋不到位。悬挑部分的钢筋安装则是钢筋检查的重点，在悬挑梁的检查经常发现悬挑梁上排和下排钢筋不到边，第二排钢筋不足 0.75L，悬挑梁面筋锚固长度不够。

图 2.19　钢筋数量错误导致的过大变形

(4) 钢筋保护层厚度不符合要求。钢筋保护层厚度不符合要求可能影响到结构构件的承载力和耐久性。《混凝土结构工程施工质量验收规范》对受力钢筋的保护层有严格的要求，对允许偏差值设了上限，且合格率必须达到 90% 以上。梁、底板钢筋必须垫放厚度符合要求且足够数量的钢筋垫块。

(5) 柱筋产生位移。钢筋位移主要由于振捣混凝土时碰动钢筋产生(如图 2.20 所示)，应在浇筑混凝土前检查位置是否正确。宜用固定卡或临时箍筋加以固定，浇筑完混凝土立即修整钢筋的位置。当钢筋位置有明显位移时必须进行处理，可将竖筋位移按 1∶6 坡度进行调整，也可用加垫筋或垫钢板的方法。

（6）梁钢筋骨架尺寸小于设计尺寸。原因是配制箍筋时按箍筋外径尺寸计算，造成骨架的宽和高均小于设计尺寸。另外采用双肢箍筋的梁，经常出现箍筋组合绑扎后宽度小于设计尺寸。在翻样和绑扎前应熟悉图纸，绑扎后加强检查。

图 2.20　构造柱伸出钢筋位移

（7）梁、柱交接处核心区箍筋未加密。原因是图纸不熟悉，绑扎前应先熟悉图纸，在绑梁钢筋前先将柱箍筋套在竖筋上，穿完梁钢筋后再绑扎。

（8）箍筋搭接处未弯成 135°，平直长度不足 10d（d 为箍筋直径）。加工成型时应注意检查平直长度是否符合要求，现场绑扎操作时，应认真按 135°弯钩绑扎。

（9）主筋进支座锚固长度不够、弯起钢筋位置不准。在绑扎前，先按设计图纸检查对照已摆好的钢筋是否正确，然后再进行绑扎。

（10）板的弯起钢筋，负弯矩钢筋踩到下面。绑好之后禁止人在钢筋上行走，且在浇筑混凝土前整修，检查合格后再浇筑。

（11）板钢筋绑扎不顺直、位置不准。板的主筋分布筋要用尺杆画线，从一面开始标出间距，绑扎时随时找正调直。

（12）柱、墙钢筋骨架不垂直。绑竖受力筋时要吊正后再绑扎，凡是搭接部位要绑 3 个扣，以免不牢固发生变形。另外绑扣不能绑成同一方向的顺扣，层高超过 4m 的墙，要搭架子进行绑扎，并采取固定钢筋的措施。

（13）绑扎接头内混入对焊接头。在配制加工过程中，切断柱钢筋时要注意，端头有对焊接头时要避开搭接范围。

此外钢筋的安装位置的允许偏差应符合表 2.13 规定[19]。

钢筋绑扎允许偏差和检验方法　　　　　　　　　　　　　表 2.13

项次	项目		允许偏差 （mm）	检验方法
1	绑扎钢筋网	长、宽	±10	钢尺检查
		网眼尺寸	±20	钢尺量连续三档，取最大值
2	绑扎钢筋骨架	长	±10	钢尺检查
		宽、高	±5	钢尺检查
3	受力钢筋	间距	±10	钢尺量两端、中间各一点，取最大值
		排距	±5	
4	箍筋、横向钢筋间距		±20	钢尺量连续三档，取其最大值

续表

项次	项目		允许偏差 （mm）	检验方法
5	预埋件	中心线位移	5	钢尺和塞尺检查
		水平高差	+3 0	
6	受力筋保护层厚度	基础	±10	钢尺检查
		柱、梁	±5	
		板、墙、壳	±3	

2. 钢筋安装的质量控制

(1) 钢筋骨架外形尺寸控制

绑扎钢筋骨架时，要将多根钢筋端部对齐，要防止钢筋绑扎偏斜或骨架扭曲；对尺寸不准的骨架，可将导致尺寸不准的个别钢筋松绑，重新安装绑扎。

(2) 保护层厚度的控制

为保证保护层的厚度，钢筋骨架要用砂浆垫块或塑料定位卡，其厚度应根据设计要求的保护层厚度来确定。骨架内钢筋与钢筋之间的间距为 25mm 时，宜用 25mm 的钢筋控制，其长度同骨架宽度。所用垫块与 25mm 的钢筋接头之间的距离宜为 1m，不超过 2m[17]。对于双向双层板钢筋，为确保钢筋位置准确，要垫铁马凳，间距 1m。在混凝土浇筑过程中，发现保护层尺寸不准确，要及时采取补救措施。

(3) 钢筋接头位置和接头数量的控制

配料时要仔细了解钢材原材料长度，根据设计要求，要组织钢筋班组学习相关规范，选择合理搭配方案。当梁、柱、墙钢筋的接头较多时，配料加工应根据设计要求预先画施工操作图，注明各编号钢筋的搭配顺序，并根据受拉区和受压区的要求正确决定接头位置和接头数量。现场绑扎时，事先进行详细交底，以免放错位置。若发现接头位置或接头数量不符合规范要求，应重新制订设置方案；已绑扎好的，要拆除钢筋骨架，重新确定配置绑扎方案再进行绑扎。如果个别钢筋的接头位置有误，可将其抽出，返工重做。

(4) 弯起钢筋放置方向的控制

为防止出现弯起钢筋放置方向及弯起点的位置不正确，事先要对操作人员进行详细的技术交底，加强施工过程检查与监督，确保工序质量，必要时在钢筋骨架上挂提示牌，提醒安装人员注意。

(5) 现浇楼板负弯矩钢筋的质量控制

负弯矩钢筋按设计图纸定位，绑扎要牢固，适当放置钢筋支撑，将其与下部钢筋连接，形成整体，浇注混凝土时，采取保护措施，避免人员踩压。对已被压倒变形的负弯矩钢筋，浇注混凝土前要及时调整复位加固，不能修整的钢筋要重新制作安装。

(6) 梁中构造钢筋的控制

当梁高大于 700mm 时，在梁的两侧沿高度每隔 300～400mm 设置一根不小于 10mm 的纵向构造钢筋，纵向构造钢筋用拉筋连接[17]。箍筋被钢筋骨架的自重或施工荷载压弯时，要将压弯箍筋的钢筋骨架临时支上，补充纵向构造钢筋和拉筋。

2.3　砂浆的质量控制

砂浆也叫灰浆，是由一定比例的细骨料(砂)和胶凝材料(水泥、石灰、黏土等)加水拌合而成，用于砌筑或抹灰的粘结物质。常用的有水泥砂浆、混合砂浆(或叫水泥石灰砂浆)、石灰砂浆和黏土砂浆。砂浆被大量、广泛地应用于砌筑和抹灰工程中。砂浆在砌体结构中可以起到粘结砖、石、砌块等砌筑、传递荷载以及构件安装的作用。在抹灰工程中，可用于墙面、地面、屋面以及梁柱等表面的抹灰，达到防护和装饰的目的。因为砂浆不是主要承重结构，主要被用作填充、找平和装修的材料，因而在日常工程建设的质量管理中得不到应有的重视，使砂浆的强度波动较大、均匀性差。如今，砖混结构依然是村镇住宅的主体结构形式，砖混结构主要依靠墙体进行水平方向和竖直方向的荷载传递，其荷载传递的效果与砂浆的质量密切相关，在抹灰工程中，砂浆的质量也会直接影响到建筑的外观，因此，对砂浆的质量控制应引起施工人员的高度重视。目前，国家已经实行了砌体工程施工质量验收规范，对砂浆的材料、配制、砌筑、养护等作出了详细的规定，只有严格按照相关规范进行操作和使用，加强施工现场砂浆的质量控制，才能使砂浆质量得到稳固保障。

2.3.1　原材料的质量控制

1. 水泥

水泥经加水搅拌后变成水泥浆体，可使拌合物具有一定的流动性，并把拌和物牢固地包裹胶结在一起，成为砂浆良好的胶凝材料。同时，水泥浆体可以在空气或者水中硬化，保持并发展其强度，构成砂浆强度的主要来源。因此，砂浆的强度和技术性能受到水泥质量、可靠程度以及波动大小的直接影响。

不同水泥牌号引起的砂浆强度影响　　　　　　　　　　　　　　表 2.14

水泥砂浆			水泥混合砂浆		
水泥强度 (MPa)	水泥用量 (kg/m³)	28d 强度 (MPa)	水泥强度 (MPa)	水泥用量 (kg/m³)	28d 强度 (MPa)
60.0	279	15.2	60.0	212	10.8
50.2	277	12.8	49.9	205	6.8
41.2	275	9.0	41.2	216	5.1

注：水泥均采用 P.O42.5R 级。

　　由表 2.14 可知，当砂浆强度等级为 M7.5 与 M5.0 时，不同牌号的水泥在强度发生变化时，对砂浆 28d 的强度产生的影响[24]。通过对表 2.14 的分析可知：当水泥强度等级及砂浆的单位水泥用量相同时，水泥质量越好，砂浆的强度越高；配制相同的砂浆强度等级，如果需要的水泥量越大，其相应配制的砂浆强度也越高。由此可知，砂浆中水泥的用量、强度等级的高低、质量的好坏对砂浆的强度都会产生影响。

不同砂浆强度等级、不同的水泥用量配制砂浆的试验结果　　　　表 2.15

强度等级	水泥砂浆					水泥混合砂浆					
	水泥用量（kg/m³）	用水量（kg/m³）	流动性	保水性	28d 强度（MPa）	水泥用量（kg/m³）	用水量（Kg/m³）	掺加料用量	流动性	保水性	28d 强度（MPa）
M5.0	210	310	差	差	8.0	210	340	125	好	差	6.5
M7.5	255	305	一般	一般	11.3	260	335	80	好	一般	9.4
M10.0	290	305	一般	好	14.8	295	335	55	好	一般	11.3

注：水泥均采用 P.O42.5R。水泥砂浆的稠度为 30～50mm；水泥混合砂浆的稠度为 70～100mm。

　　表 2.15 是不同砂浆强度等级以及不同水泥用量配制砂浆的试验结果，通过对表 2.15 的数据分析可知：当水泥用量增加 40kg 时，砂浆强度约提高 3MPa 左右，砂浆和易性也得到相应的改善[24]。由此可知，配制中低强度等级的砂浆强度时，在达到砂浆技术要求的前提下，水泥的用量越大，砂浆的强度就越高。这是因为水泥加水搅拌后变成了水泥浆，水泥浆可以填充砂子之间的空隙，降低了砂浆的空隙率，提高砂浆的密实程度，改善砂浆和易性，从而使集料界面粘结力增强，提高了砂浆的质量。反之，如果水泥浆越少，流动性就会越差，砂浆的和易性也不好，进而导致集料界面粘结力下降，强度降低。

　　因此，在配制砂浆时，为了更加合理地利用水泥，应根据所需要的砂浆强度等级，选用不同质量等级的水泥。这样既能做到经济合理，又能减少能源消耗。

　　2. 细集料对砂浆性能的影响

　　表 2.16 反映了当砂浆强度等级为 M5.0 时，细集料对砂浆性能的影响，由表内的数据分析可知，砂浆的流动性、保水性以及砂浆强度明显受到细集料细度模数的影响。当水泥用量恒定时，细集料的细度模数每进一级（即由细砂进到中砂或由中砂进到粗砂），其所需用水量将相应减少 10～30kg，对应的砂浆强度也会提高 1.0～1.5MPa，砂浆的和易性得到明显改善[24]。

细集料对砂浆性能的影响统计表　　　　表 2.16

细度模数	水泥砂浆					水泥混合砂浆				
	用水量（kg/m³）	水泥用量（kg/m³）	流动性	保水性	28d 强度（MPa）	用水量（kg/m³）	水泥用量（kg/m³）	流动性	保水性	28d 强度（MPa）
1.6～2.2	335	210	差	差	6.9	365	210	一般	一般	5.7
2.2～3.0	295	210	差	差	8.5	330	210	一般	一般	6.7
3.1～3.6	280	210	一般	一般	9.9	325	210	好	好	8.2

注：水泥均采用 P.O42.5R。

由此可以得出，在保持水泥用量及技术要求不变的情况下，砂浆强度会随着细集料细度模数的减小而降低。这是因为砂浆中的细集料越细，其颗粒就越多，对应的颗粒总表面积就越大，粘结、包裹细集料所需的水泥浆就越多。如果水泥浆过少，骨料之间的粘结力就会因缺少粘结物质而降低，随着细集料细度模数逐渐减小，相应单位体积所需用水量会逐渐增加，将导致砂浆流动性差、强度降低。反之，砂浆强度会随着细集料细度模数的增加而有所提高，此时砂浆中细集料越粗，其颗粒数量越少；颗粒总表面积变小，颗粒间空隙变大，使包裹集料所需水泥浆减少，剩余更多的水泥净浆，进而增加砂浆的流动性，提高硬化后的砂浆强度。但是，一旦细集料过粗就会削弱集料的保水性能，造成浆体离析、流浆的不良后果，也会降低砂浆强度。

因此，在配制砂浆时，选用级配良好的砂子。杂质含量较少的水泥浆制得的流动性能好，泌水少，不离析的砂浆拌合物，硬化后得到均匀密实的砂浆，达到节约水泥和提高强度的目的。

3. 拌合水

在配制砂浆的过程中，增加单位用水量，可提高砂浆的流动性，同时也会使砂浆的和易性变差。拌合水越多，越容易产生泌水、分层、流浆的现象，使强度降低。因此，在满足砂浆技术要求的前提下，应尽量减少单位用水量，以提高砂浆强度。

4. 掺合料

在砂浆中添加一定量的掺合料，可以改善砂浆的某些物理性能，如稠度、分层度等，同时也会降低砂浆的力学性能。表 2.17 统计了在砂浆强度等级分别为 M5.0、M7.5 和 M10.0 时添加黏土膏和石膏的情况[24]，通过对表中的数据分析可知，在添加掺合料之后，砂浆的保水性得到提高，拌合物的可塑性增强，在水泥质量和用量保持基本不变的条件下，与未添加掺合料的砂浆相比，添加掺合料的砂浆和易性更好，流动性更大，但强度值降低。

同时，砂浆强度会受到掺合料的用量及品种的影响。在保持水泥用量、用水量及工作稠度不变的条件下，所用掺合料的品种不同，其配制出来的砂浆强度也会不同，具体情况可参见表 2.17。

不同掺合料的砂浆强度　　　　　　　　　　　　　表 2.17

掺合料品种	水泥用量(kg/m³)	掺合料用量(kg/m³)	流动性	保水性	28d 强度(MPa)
黏土膏	210	123	好	差	6.9
石灰膏	210	122	良好	好	6.0

注：水泥均采用 P.O42.5R 级。

在砂浆中添加石灰膏，能改善砂浆和易性，减少泌水。这是因为石灰膏是高度分散的 $Ca(OH)_2$ 胶体，能在表面吸附水分形成水膜，这有助于降低颗粒间的摩擦，提高砂浆的可塑性。但由于石灰在硬化过程中会蒸发大量的水分，其引起的体积收缩往往会促使干缩裂缝的生成。

在砂浆中添加黏土膏，可提高砂浆可塑性。因为黏土膏的表面积很大，与适量的水拌合后发生水解，这时，层状结构的铝硅酸盐结晶构造断裂，会生成不饱和键，使黏土质点带电，与极性分子相吸附，则具有极性的水分子会按照一定的取向在黏土质点上进行分布，与黏土质点进行结合，形成具有特殊性质的胶体系统，增加黏土可塑性。黏土的体积会随着黏土干燥过程中发生的气缩而收缩，其塑性越大，收缩就越大，越不容易均匀。

表 2.18 统计了水泥粉煤灰砂浆与水泥砂浆在强度等级为 M5.0 时的对比情况[24]。由数据分析可知，掺入粉煤灰的砂浆，其流动性和保水性能得到显著改善，可塑性增强，耐久性提高。当水泥用量保持在 210kg/m^3 的情况下，水泥粉煤灰砂浆比水泥砂浆强度高出 2MPa 左右，这是因为一部分水分在拌合时被粉煤灰所吸附，而水泥水化消耗的水分对应不同的湿度梯度，粉煤灰吸附的水分会不同程度地汲出，进一步促进水泥的水化，对砂浆起到了内养护的作用，这种效果比通常的外部养护作用更大、更均匀。同时，粉煤灰还具有"活性效应"、"形态效应"和"微集料效应"。在形态效应的作用下，粉煤灰可提高砂浆的流动性，改善其性能，原因在于粉煤灰的主要成分是绵玻璃体和铝酸盐玻璃微珠。粉煤灰的微集料效应作用可促进混合物的水化反应，减少用水量，提高密实度，避免砂浆产生离析泌水，改善砂浆的粘结性。由此可知，粉煤灰砂浆不仅可以改善砂浆性能，提高工程质量，还能节省水泥，降低成本，节约资源。

水泥粉煤灰砂浆与水泥砂浆在强度等级为 M5.0 时的统计表　　表 2.18

砂浆品种	总灰量 (kg/m^3)	粉煤灰用量 (kg/m^3)	水泥用量 (kg/m^3)	用水量 (kg/m^3)	流动性	保水性	砂浆 28d 强度平均值 (MPa)
水泥砂浆	210	—	210	310	差	差	8.0
水泥粉煤灰浆	210	73	210	325	好	好	10.3
水泥粉煤灰砂浆	210	73	160	300	一般	好	7.2

注：水泥均采用 P.O42.5R。

因此，不同品种的掺合料会对砂浆产生不同的影响，可根据需要加入不同品种的掺合料。

5. 其他(外加剂等)

使用高效减水剂可以大幅降低砂浆拌合水的用量，提高硬化后砂浆的空隙率。同时，高效减水剂可以促进水泥的分散性，有利于提高水泥的水化程度。其综合结果能显著改善新拌砂浆的某些性能，如提高强度，改善和易性，提高耐久性，节约水泥等。

实际施工中，经常存在以下的原材料问题：

（1）施工配合比与设计配合比偏差过大

① 施工单位偷工减料，没有按照配合比的要求投放材料。

② 用粉煤灰代替水泥，其掺量是有一定限制的，而且替代水泥的粉煤灰必须检验合格后才能使用。有些建筑工程为节约成本，盲目使用粉煤灰替代水泥，对使用的粉煤灰不进行检验，掺量也不加以限制。

③ 水泥袋重不合格，导致水泥掺量不足。现在的工程施工，基本上是按照水泥的袋标重量进行投料，某些水泥袋装重量最低 39kg，最高也不超过 50kg，其水泥投料重量误差会使配合比达不到要求。

④ 规范要求，砌筑砂浆宜选用中砂，砂的含泥量应小于 5％。但建设单位往往出于经济方面的考虑，大量使用细砂或特细砂来配制砂浆，其细度模数小于 2.2，而且含泥量偏大，达 8％～12％，导致施工现场砂浆强度明显不足[25]。

（2）水泥强度等级不符合标准要求

现在的施工单位为缩短工期，往往是材料进场与施工同步进行，有时水泥的检验结果还没出来，工程已经使用上了。通常的配合比是按照 42.5 级或 32.5 级的水泥强度等级进行设计，一旦水泥强度等级不符合标准要求，砌筑砂浆的强度就会受到影响。

（3）使用保水性不好的砂浆

现有的建筑工程为节约成本，往往使用粉煤灰或其他材料替代水泥来配合砌筑砂浆，其保水性能达不到规范要求。按照工程施工及验收规范的要求，砌筑砂浆要有良好的保水性能，其分层度不宜超过 2cm，如果砂浆的保水性能不好，其强度必然会降低。

（4）砂浆拌和后使用时间过长

砂浆应随拌随用，规范中规定水泥砂浆和水泥混合砂浆必须分别在拌成后的 3h 和 4h 内使用完毕。如果施工期间的最高气温超过了 30℃，则必须分别在拌成后的 2h 和 3h 内使用完毕[26]。有些建设单位在施工时不能严格按照规范要求进行施工，甚至把用剩余的砂浆掺加到新拌的砂浆中继续使用，导致砂浆强度的降低。

（5）外加剂的质量得不到保障

外加剂的种类很多，有缓凝剂、有机塑化剂、防冻剂等，为保证施工质量，在砂浆中掺加使用外加剂前，应对这些外加剂进行检验，试配结果达到要求后再应用到施工中。对有机塑化剂，还应做针对砌体强度的型式检验，根据其检验结果确定砌体强度。如用微沫剂替代石灰膏来制作水泥混合砂浆，其砌体的抗剪强度无不良影响，而砌体抗压强度较同强度等级的混合砂浆砌筑的砌体抗压强度降低了 10％。目前，部分工地所用的"砂浆王"或"石灰王"等外加剂，没有试验室配合比，有些质量很差、计量不准、用量超标。一旦使用了过量的外加剂，将会导致砂浆强度严重降低，进而影响到砌体的抗剪强度和抗压强度。

（6）配合比一成不变

当砂浆的组成材料有变更时，特别是水泥的品种、强度等级及砂的含水率有变化时，现场的施工技术人员应及时对施工配合比进行调整，然而不少施工现场仍沿用原来的配合比，造成现场砂浆强度不稳定。

（7）上墙砖的含水率控制不严

当气温高于 0℃时，在砌筑前，应对砖进行适当的浇水润湿，宜使砖的含水率控制在 10%左右[25]。这样既能保证砂浆拌和物中的水分在砌筑墙体的时候，不会被砖快速吸收，又能避免砂浆稠度因水分丧失而过大，这样不仅保证了砂浆自身的强度，也保证了砂浆与砖之间的粘结力。然而在实际施工中，经常见到干砖上墙，有时遇到暴雨天气，砖砌墙被水浸泡也时有发生，这些情况都会严重降低砌筑砂浆的强度，进而影响砌筑质量。

对于原材料的质量控制，不仅要杜绝上述不正当操作，还应注意以下几个方面：

（1）在水泥进场被使用前，应分批对其强度、安定性进行复验。分批时应以同一生产厂家、同一编号为一批。使用过程中，对水泥质量有怀疑或水泥出厂超过三个月（快硬硅酸盐水泥超过一个月）时，应对水泥进行复查试验，根据其复查结果进行判断。不同品种的水泥，不得混合使用。

（2）砂浆用砂不能含有害杂物。砂的含泥量应满足以下要求：

① 对水泥砂浆和强度等级不小于 M5 的水泥混合砂浆，砂的含泥量不应超过 5%。

② 对强度等级小于 M5 的水泥混合砂浆，砂的含泥量不应超过 10%。

③ 人工砂、山砂以及特细砂，应先试配，达到砌筑砂浆技术条件后再使用。

④ 配制水泥石灰砂浆时，不得采用脱水硬化的石灰膏。

⑤ 拌制砂浆用水，其水质应符合国家现行标准《混凝土拌合用水标准》JGJ 63 的规定。

⑥ 砌筑砂浆应通过试配确定配合比。当砌筑砂浆的组成材料有变更时，其配合比应重新确定。砌筑砂浆的强度等级宜采用 M20、M15、M10、M7.5、M5、M2.5。

⑦ 磨细生石灰粉的品质指标应符合要求。

2.3.2　砂浆制作过程的质量控制

（1）砂浆的配制：如果在配制砂浆的过程中没有计量设施和配合比，仅凭经验操作，会导致配合比失控。而有的单位虽有计量设施和配合比，但配合比采用体积比，凭经验计量，也会使配合比失控。操作人员如果仅凭经验盲目加料，忽略砂子的含水率以及水泥密度随工人操作情况发生变化等情况，会造成配料计量的偏差。如果在拌制过程中没作稠度和分层度检验，拌制时间又不够，当机械搅拌时颠倒了加料顺序，人工拌合翻拌的次数太少，会使无机掺合料散不开，导致拌合物中有许多疙瘩。

(2) 砂浆试件的制作：首先选出使用面平整且四个垂直面没粘过其他胶结材料的黏土砖，在黏土砖上面摆放吸水性较好的纸，最好为新闻纸，大小能盖过砖的四边，再将无底钢模放在纸上面，在试模内壁涂刷薄层机油或脱模剂。然后向试模内一次注满砂浆，让砂浆高出试模顶面 6～8cm，当砂浆表面开始出现麻斑状态时(约 15～30min)，将高出钢模的砂浆沿试模顶面削去抹平。

(3) 试件的养护，试件在制作后宜放在 20±5℃的环境下静置一昼夜(24±2)h。如果气温较低，可适当延迟时间，但不宜超过两昼夜。然后对试件进行编号并拆模养护。对试件采用标准养护，当不具备标准养护条件时，可采用自然养护(水泥混合砂浆 20±3℃，相对湿度为 60%～80%或正温度，放在养护箱或不通风的室内进行养护，水泥砂浆和微沫砂浆应在正温度下保持试块表面湿润)。养护期间，试件彼此间隔至少为 10mm[27]。

(4) 砂浆配合比的确定，应结合现场材质情况进行试配，且配合比应采用重量比，在满足和易性的情况下，确保砂浆的强度。在拌制砂浆时，如果采用机械搅拌，应分两次下料，先加入一部分砂、水和全部塑化材料，搅拌至塑化材料没有疙瘩，再将其余的砂子、水和全部水泥一起投入搅拌机。水泥砂浆和水泥混合砂浆的拌制时间不应少于120s；对于掺粉煤灰和外加剂的砂浆，其拌制时间不应少于180s。对于人工拌合要有拌灰池，先往池内放水，再将塑化材料全部打开，搅拌到看不见疙瘩。同时，可在池边搅拌砂子和水泥，待颜色搅拌均匀后将拌合物撒入池内进行翻拌，直到混合均匀。

(5) 为改善和易性和节约水泥，可在配制砂浆时加入外加剂，如"砂浆王"等。外加剂不仅能替代砂浆中的掺合料，还能节约水泥用量，改善砂浆物理性能，提高砂浆的保水性和耐久性，使后期强度高，砂浆粘结力强，能够克服起拱、开裂等质量通病。同时，砂浆变得柔软可塑，更易于施工，提高工效和工程质量。但外加剂的用量应按说明书进行试配确定。

(6) 要加强对砂浆强度的检查，只有正确地评估砂浆砌体的强度，才能保障砌体工程的强度要求，进而保证砌体工程的质量。

(7) 保证现场计量精度。不少施工单位没有采用磅秤计量，而以水泥袋的标重进行估重，以箩筐体积估算砂的重量，根据砂浆稠度的表观现象估测用水量，甚至用水管直接向搅拌机内注水，用铁锹或勺直接投入石灰膏、微沫剂等，即使称重，也没有根据石灰膏稠度进行换算调整，甚至绝大多数现场就没有稠度仪。因此，砌筑砂浆要求采用机械搅拌，允许称量偏差，其中水泥、掺合料和外加剂的称量偏差不得超过 2%，砂的称量偏差不得超过 3%[25]。

（8）做好砂浆搅拌工艺

施工现场往往存在一些不规范的做法，如搅拌时间过短，会使砌体灰缝间夹带未拌均的石灰块；有时砂浆拌合后停止时间过长，施工人员又对干硬后的砂浆重新加水搅拌使用，如果砂浆拌合料停放一天后再使用，会导致该部位墙体大部分砌筑砂浆几乎无强度。正确的做法是从原材料全部投入后算起，砂浆的搅拌时间不得少于规范值，水泥或混合砂浆不少于 2min，添加粉煤灰和外加剂的砂浆不得少于 3min，掺用有机塑化剂的砂浆为 3～5min，砂浆拌成后应及时使用[25]。

2.3.3　砂浆砌筑的质量控制

（1）砂浆的砌筑：在砌筑前，必须对块体进行润湿，不然会使砂浆中的水分被砌块吸收甚至吸干，导致砂浆"脱水"，甚至不能使砂浆凝结硬化，造成砌块与砂浆的分离；如果砂浆的流动性和保水性很差，就不能保证砌体灰缝砂浆的厚度、宽度和饱满度；砂浆拌制出来后应尽快使用，一旦砂浆中的水泥分别超过了初凝和终凝时间，就会直接影响到砂浆的硬化性能，导致砂浆强度降低。如图 2.21 所示。

（a）　　　　　　　　　　　（b）

图 2.21　砂浆的砌筑

（2）与水泥混合砂浆相比，具有相同水灰比的水泥砂浆，其流动性和保水性比同水灰比的水泥混合砂浆差，因此施工中不能用同一水灰比的水泥砂浆代替水泥混合砂浆。

（3）如果在施工中要用水泥砂浆代替水泥混合砂浆，应按设计规定将砂浆强度提高一个级别。

（4）砖砌体的灰缝不饱满，砂浆挤压不密实

根据工程施工及验收规范的规定，在砖砌体水平灰缝里的砂浆应饱满，并且实心砖砌体水平灰缝的砂浆饱满度不得低于竖向灰缝，可采用挤浆或加浆的方法使其砂浆饱满。在砌筑实心砖砌体时，可采用"三一"砌砖法，即一铲灰、一块

砖、一揉压的砌筑方法，这样砌筑能使砂浆和
砖密实的粘结在一起，进而保证砖砌体成为密
实的整体。如果施工中灰缝不饱满，砂浆挤压
不密实，特别是内墙比外墙还要严重，就会使
墙体的抗剪强度受到严重影响。如图 2.22 所示。

　　根据工程施工的要求，要保留一定数量的
砂浆试块，其目的是在质量控制时，对施工过
程中的砂浆配合比进行校核，验证配合比是否
符合设计要求，检查工程质量是否合格，以此
作为工程验收的依据。

　　（5）砂浆应随拌随用，新拌的水泥砂浆和水
泥混合砂浆应分别在 3h 和 4h 内使用完毕；如果
施工期间的最高气温超过了 30℃，新拌的砂浆

图 2.22　砖砌体的灰缝不饱满

应分别在拌成后的 2h 和 3h 内使用完毕[28]。对掺用缓凝剂的砂浆，其使用时间
可视当时的具体情况而定。

参考文献

[1]　孙艳玲. 混凝土工程施工质量的控制 [J]. 商品与质量，2010(4)：108-109.

[2]　GB 50164—2001，混凝土质量控制标准.

[3]　JGJ 63—89，混凝土拌合用水标准.

[4]　GB 50204—2002，混凝土结构工程施工质量验收规范(2011 版).

[5]　GB/T 14684—2001，建筑用砂.

[6]　GB 14685—2001，建筑用卵石碎石.

[7]　张元发，朱建华等. 影响混凝土收缩若干因素深入研究 [J]. 混凝土，2005.

[8]　GBJ 146—90，粉煤灰混凝土应用技术规范.

[9]　JGJ 28—86，粉煤灰在混凝土和砂浆中应用技术规程.

[10]　JGJ 107—87，混凝土强度等级检验评定标准.

[11]　GB 50164—92，混凝土质量控制标准.

[12]　JGJ 55—2000，普通混凝土配合比设计技术规程.

[13]　富文全. 混凝土质量控制问题. 混凝土及加筋混凝土，1987(5)：2-9.

[14]　陈肇元，崔京浩，朱京栓等. 混凝土裂缝分析与控制 [J]. 工程力学(增刊)，2001：
　　　50-84.

[15]　陈萌. 混凝土结构收，缩裂缝的机理分析与控制 [D]. 武汉：武汉理工大学博士学位论
　　　文，2006.

[16]　谭明彬. 混凝土质量缺陷及控制 [J]. 重庆工贸职业技术学院学报，2006(2)：60-63.

[17]　侯建文. 浅谈建筑工程的钢筋质量控制 [J]. 科技资讯，2010(3)：70.

[18]　赵平. 施工中影响钢筋质量因素的分析及防治 [J]. 山西建筑，2008，34(2)：154-155.

[19]　金庆华，郭安民，陶坚强，周敏华. 浅谈钢筋工程施工技术要求 [J]. 中国高新技术企业，2010(16)：150-152.

[20]　李晨松. 浅议钢筋工程质量控制要点 [J]. 中小企业管理与科技(上旬刊)，2010，5：85.

[21]　黄永卫. 浅谈钢筋加工及安装工程的施工技术要点及质量控制措施 [J]. 科技向导，2010(10)：124-125.

[22]　罗坚宏. 房屋建筑中钢筋工程的施工质量控制 [J]. 建筑施工，2009，7，31(7)：559-560.

[23]　杨鸿滨. 施工现场钢筋机械连接技术质量控制方法 [J]. 甘肃科技，2010，7，26(14)：140-143.

[24]　郭元强，林燕妮，黄温源. 论影响砂浆质量的若干因素 [J]. 福建建材，2000(2)：20-22.

[25]　陈启文. 对墙体砌筑砂浆质量问题的探讨 [J]. 安徽冶金科技职业学院学报，2005，7，15(3)：47-48.

[26]　胡丰成，罗宏. 砌筑砂浆达不到设计要求的事故原因分析 [J]. 华夏星火，2004，8：65-66.

[27]　周俊林. 砌筑砂浆的质量控制 [J]. 科技资讯，2008(10)：50.

[28]　纪义华. 浅谈砌筑砂浆的质量控制 [J]. 安徽建筑，2002，7(增刊)：52-53.

第3章 地基基础工程质量通病及治理技术

基础是建筑物的地下部分，是其下部结构，处于地面以上的部分则是建筑物的上部结构。基础的作用是将上部结构的荷载安全可靠地传给地基。地基是指承受结构物荷载的岩体、土体，主要是指基础持力层及下卧层，其形状因承受荷载情况的不同而存在差别。地基基础工程是建设工程最基本的组成部分，是建设工程基于地球表面的前提条件，是建设工程与地球表面连接、保持相对稳定、同步运动的媒介。通过基础工程才能把建设工程承受的荷载和谐地传递给地基持力层，使其稳固地固结于地表之上，进而发挥其必要的使用功能。地基基础工程质量的可靠性，是建设工程整体安全可靠的保障。地基基础的勘察、设计和施工质量的好坏将直接影响到建筑物的安全性、经济性和正常使用功能。为保证地基基础工程的质量，有必要研究并总结地基基础工程的质量通病及治理技术，并对其实施有效的监督。

3.1 软土地基的质量通病及防治

软土在我国沿海及内陆有着广泛的分布，在沿海地区有厚数米至数十米的滨海相、泻湖相和三角洲相沉积。内陆地区的软土大多为湖泊沉积或河滩沉积，其厚度一般不超过 20m。在我国的土地资源日趋紧张的形势下，许多地区开始在软弱地基上兴建工程。由于软土具有水量大、压缩性高、强度低、透水性差、覆盖层厚的特点，因此在这类地基上兴建工程，首先要解决软土地基的处理问题。软弱地基是建筑中经常遇到的一种不良地基，在设计和施工过程中必须对其进行综合科学地处理，才能满足地基承载力的要求。国内工程可采用不同的方法处理软土地基，这些方法有各自的机理及适用范围，在选择处理方法时应综合考虑地质条件、上部结构类型、使用要求、施工条件以及技术经济指标等因素。在地基处理中往往由于对软土的特性认识不足、选择处理方法不当或者技术控制不严，而导致结构和基础在施工过程中出现地基失稳、并产生较大的沉降和不均匀沉降，以及较大的延续长久的工后沉降。因此，了解软土地基的特点，掌握各种处理软土地基的方法并熟悉其适用范围，合理有效的处理软土地基已成为工程建设中的一个关键问题。

3.1.1 软土地基的一般性规定

根据《建筑地基基础设计规范》GB 50007—2011 中的规定[1]，建筑软弱地基主要是指由淤泥、淤泥质土、冲填土、杂填土或其他高压缩性土层构成的地基。建筑地基的局部范围内有高压缩性土层时，应按局部软弱土层考虑。在建筑勘察、设计及施工中有以下一般性规定。

（1）勘察时，应查明软弱土层的均匀性、组成、分布范围及土质情况，对于冲填土，应了解排水固结条件。对于杂填土，应查明堆积历史，明确自重下稳定性、湿陷性等基本因素。

（2）设计时，应考虑上部结构和地基的共同作用对建筑体型、荷载情况、结构类型和地质条件进行综合分析，确定合理的建筑措施、结构措施和地基处理方法。

（3）施工时，应注意对淤泥和淤泥质土基槽底面的保护，减少扰动荷载差异较大的建筑物，宜先建重、高的部分，后建轻、低的部分。

（4）活荷载较大的构筑物或构筑物群（如料仓、油罐等），使用初期应根据沉降情况控制加载速率，掌握加载间隔时间，或调整活荷载分布，避免过大倾斜。

3.1.2　软土地基的种类及特征

由于软土地基的种类很多，成因复杂，因而造成它们在物理力学性能上的复杂性，它们具有承载力低、压缩性高的共同特点，软土地基主要分为以下几类[2]：

1. 淤泥及淤泥质土

淤泥及淤泥质土常见于我国的东南沿海地区，它是在净水或缓慢流水的环境中逐渐沉积并经过生物化学作用形成的软塑到流塑状态的饱和黏性土。它的天然含水量高，承载力（抗剪强度）低。其主要的工程特性是具有触变性、高压缩性、低透水性、不均匀性以及流变性等。在荷载作用下，地基承载能力低，地基沉降变形大，不均匀沉降也大，而且沉降稳定时间比较长。

2. 冲填土

冲填土是指由水力冲填泥沙沉积形成的填土。常见于沿海地带和江河两岸。冲填土的特性与其颗粒组成有关，此类土含水量较大，压缩性较高，强度低，具有软土性质。它的工程性质因土的颗粒组成、均匀性以及排水固结条件不同而异，当含砂量较多时，其性质基本上和粉细砂相同或类似，就不属于软弱土；当黏土颗粒含量较多时，往往欠固结，其强度和压缩性指标都会比天然沉积土差，则应进行地基处理。

3. 杂填土

杂填土是指含有大量建筑垃圾、工业废料及生活垃圾等杂物的填土。常见于一些较古老的城市和工矿区。它的分布极不均匀，厚度变化大，成因没有规律，成分复杂，有机质含量较多，性质也不相同，且无规律性。其主要特性是土质结构比较松散，均匀性差，变形大，承载力低，压缩性高，有浸水湿陷性，即使在同一建筑物场地，不同位置的地基承载力和压缩性有较大的差异，一般需要经处理才能作建筑物地基。

4. 其他高压缩性土

饱和的松散粉细沙（含部分粉质黏土），亦属于软弱地基的范畴。在机械振动或地震荷载重复作用下，将产生液化现象；基坑开挖时会产生流砂或管涌；同时，建筑物的荷重以及地下水的下降，也会促使砂土下沉。其他特殊土如湿陷性黄土、膨胀土、盐渍土、红黏土以及季节性冻土等特殊土的不良地基现象，亦属于需要地基处理的软弱地基范畴。

软弱土具有抗剪强度较低，压缩性较高，渗透性小等特点（如图 3.1）。与一般地基相比，软弱地基的承载力、地基沉降以及不均匀沉降等问题会更为显著和突出。很多因素都有可能导致地基发生不均匀沉降，如地基土的压缩层分布不均匀、上部结构的荷载分布差异过大、邻近范围荷载的影响、邻近范围施工开挖的影响以及对持力层的扰动、建筑物结构或基础设计本身存在缺陷、建筑物地基处理过程的不足等都有可能直接导致地基的不均匀沉降。因此，在必要且可行的情况下，可先因地制宜地对软弱地基进行加固改良，提高地基强度、减小地基的压缩性，改善其稳定条件，以适应各类不同工程结构对地基的要求。因为地基基础和上部结构是共同作用的统一整体，因此要解决软弱地基的强度和变形问题，主要从加强上部结构以及基础和地基土两方面入手，并兼采用综合治理的办法。地基处理应具有针对性，尽量克服原软弱地基的缺陷，改善地基状况，不遗留缺陷。

(a)　　　　　　　　　　　　　　　(b)

图 3.1　淤泥质软弱地基

3.1.3　软土地基存在的主要问题

由于软土地基是一种不良地基，所以软土地基上的建筑物往往会出现因地基的强度和变形不能满足设计要求而引发的问题，其存在的问题主要分为以下几类[3]。

1. 稳定问题

地基强度不足而导致的建筑失稳问题是软弱地基中最困难的问题，其主要表现在以下几个方面。

（1）填土和边坡的稳定。当上部有填土时，在软黏土上建造住宅的地基土有时会因为强度不够而产生圆弧滑动，造成整体剪切破坏。即使不产生整体剪切破坏，也会因为地基产生过大的侧向位移以及由此引起的附加沉降，造成地基的局部剪切破坏，进而会影响住宅的正常使用。同时，开挖地基形成的边坡也存在稳定问题。

（2）地基承载力问题。

（3）挡土墙，板桩等土压力问题。

（4）桩的水平拉力问题。支承桩可以穿过软弱层作用在持力层上，其垂直方向的承载力受到所穿过的软弱土层的影响并不大，但是当遇到地震或受到水平外力作用时，由于支承桩之间的软土强度太低，以至于支承桩无法抵抗水平力引起的弯矩，就会使支承桩易发生折断。在这种情况下，就要考虑改良桩间土。

2. 沉降问题

沉降问题是软弱地基的第二类大问题。由于软黏土地基的含水量高、压缩性大，因此在荷载的作用下，易导致地基产生很大的沉降。同时，由于软黏土的渗透系数小，固结系数小，所以完成沉降所需的时间就会很长，即固结过程历时长，如深厚黏性土层的沉降可达几十年。在这种情况下，次固结沉降在总沉降中所占比例较大，不能忽视。一旦地基沉降超过了建筑物的容许沉降，就会影响建筑物的正常使用。

软弱地基的变形能够通过基础影响上部结构，这就会涉及上部结构适应地基变形能力的问题。具有不同性质的结构形式，其适应地基不均匀沉降的能力有很大差别。村镇住宅的上部结构通常为砌体结构或砖混结构，不论其建筑物的基础为何种形式，不均匀沉降对上部结构都会有很不利的影响。例如当砌体结构下面采用刚性条形墙扩展基础时，一旦地基发生不均匀沉降，由于基础本身抵抗不均匀沉降的能力很差，其作用效应将会直接影响到上部结构，导致上部的砌体结构会因不适应不均匀沉降而变形。如果基础采用整体性和刚度都较好的筏板基础，地基不均匀沉降的问题虽然能够得到某种程度的减轻，但是由于筏板基础自身挠曲等变形是客观存在的，使得建立在筏板基础上的砌体结构依然会面临不均匀沉降带来的一系列问题。相比而言，地基发生不均匀沉降时，框架结构比无筋砌体结构更能适应地基的不均匀沉降。

如果建筑物的平面形状不规则，或者建筑物自身的各部位之间存在高度差异，敏感性的薄弱部位就容易在建筑结构上形成。当地基发生不均匀沉降或有不均匀沉降的趋势时，这些敏感薄弱部位就容易引发各种问题，进而影响到整个建筑物的使用安全。如果地基土发生过大沉降，就会引起桩的负摩擦力问题，造成桩基或上部结构的破坏。除了上部荷载会引起地基沉降以外，地下水位的降低也会出现沉降问题，如大城市由于抽吸地下水而引起的地面沉降问题。

这里所提到的沉降均为固结沉降，即由于土中孔隙水消散所引起的沉降（主固结沉降）以及土中孔隙水消散完之后，由土骨架蠕变导致的沉降（次固结沉降）。在稳定问题中讲到的时沉降，是由地基剪切变形所引起的。在这里，要特别强调总沉降与不均匀沉降之间的关系：总沉降大则不均匀沉降必然会大，这是因为建筑物本身、场地条件以及环境荷载都不可能完全对称所导致的。地基沉降现象如图 3.2 所示。

(a)   (b)

图 3.2   地基沉降现象

3. 液化问题

在地震、爆破、机器、车辆、波浪等动荷载的作用下，饱和松砂的孔隙水压力会增大，导致有效应力降低。当有效应力为零时，砂土就会像液体一样，这时管道（油、气、水管）等轻的构筑物就会浮起来，重的构筑物就会沉下去，造成翻浆冒泥、地面下陷等严重后果。即使有效应力不为零，由于有效应力下降所引起的砂土强度变低也会导致地基发生稳定问题。对于非饱和砂性土，孔隙水压力上升较小，并不足以引起液化，但是强度的降低以及被振密所引起的较大变形，不仅会产生稳定问题，还会产生沉降问题。如图 3.3 所示。

图 3.3   地基液化失稳

4. 渗透问题

在水利、基坑以及人工挖孔桩的成孔施工过程中还会经常遇到流砂、管涌等问题。

　　概括而言，软土地基所面临的最主要问题是强度、稳定性、沉降以及不均匀沉降的问题，如图 3.4 所示。在施工时，首先应根据软弱地基的实际情况，从地基承载力的角度出发，合理计算并选择最佳的地基基础形式，保证地基基础的稳定性和安全性。然后再确定建筑物的平面尺寸和形状，上部结构的选型、结构形式的选择以及周围的建筑环境等都应考虑到软弱地基的适应性。

　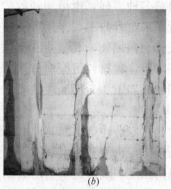

(*a*)　　　　　　　　　　　　　　　　　　(*b*)

图 3.4　地基渗透沉降

3.1.4　软土地基的主要处理方法

　　软弱地基的种类很多，其相应的处理方法也很多，每一种处理方法都具有其针对性和优缺点，选择的处理方法是否合理，直接影响到建筑物的设计是否安全和节约。下面介绍几种常用的施工方法。

　　1. 换填法

　　当软弱土的地基承载力和变形不能满足建筑物的要求，而软弱土层的厚度又不是很大时，可将基础底面以下处理范围内的软弱土层的部分全部挖去，然后分层换填强度较大的砂(碎石、素土、石灰、高炉干渣、粉煤灰)或其他性能稳定且无侵蚀性的材料，并通过压、夯、振等方式使换填土达到密实。这种地基处理的方法称为换填法。换填法是在施工实践中处理浅层地基时常常会用到的一种简单、经济、高效的方法。在软弱土层较薄(一般小于 4m)，上部荷载又不太大的情况下处理软基时，宜优先考虑此法。此方法可用于单独的基坑、基槽，也可用于满堂式置换[4]。使用换填法对软土地基进行处理时，应注意以下几点：

　　(1) 持力层地耐力的取值是由下卧层的强度决定的，换填处理并不能明显改善和增加地基强度。因此，为了满足下卧层的强度要求，一定要限制上部结构的荷载，也就是尽量减轻上部荷重。

　　(2) 软弱地基的土质较厚，经换填处理后，只能使建筑物均匀下沉，而不能完全避免建筑物的沉降和变形。所以，在均匀沉降的情况下要尽量使上部荷载的重心与基础的重心重合，减少偏心，控制沉降差，防止建筑物的倾斜。

换填法的最大优点就是简便易行，当挖除原地基的软弱土深度小于 4m 时是可行的，如果挖土深度过大则不经济。在这种情况下，考虑采用其他方法或是结合其他方法对软土地基进行处理是比较合适的。回填材料多种多样，也可用回收的工业废渣。近年来，有些工程采用轻质材料比如粉煤灰作为回填物，其特点在于这些回填物很轻，用这种材料可同时解决承载力及沉降问题。如图 3.5 所示。

图 3.5　地基换填法

2. 预压法

预压法是在修造建筑物之前，用与设计相同或略大的荷载亦称为预压荷重如土、砂、石料等，也可利用大气压力作为预压荷载，使地基强迫排水压密沉陷，以提高地基的强度，减少建筑物的后期沉降量。待强度和变形达到设计要求后，将预压荷载卸掉，而后在经预压过的地基上修建建筑物。当地质条件允许时，也可用布设砂井或降低地下水位的方法，使处理效果更佳。预压法适用于软弱土中正常固结或轻度超固结的粉土、黏土以及有机土地基。预压法如图 3.6 所示。

(a)　　　　　　　　　　　　　　(b)

图 3.6　土方堆载预压

堆载预压法是预压法中最为常用的方法，通过直接在地基土体上堆放重物如块石、土体等，对土体进行预压和排水固结，以提高地基承载力，使建筑物在使用阶段的地基沉降量减少。其堆载预压的荷载应大于设计荷载，预压时间根据建筑物的要求和软土所达到的固结程度决定。

真空井点预压法是近期被不断推广的新方法。该方法在 20 世纪 50 年代被提出，因其密封、工艺设备等问题一直没有得到很好的解决，所以在很长的一段时间里，在工程中未能得到成功应用，直到 20 世纪 80 年代初，此法的预压机理及工程实践得到了深入研究，使之在生产中得以推广应用。但是，该方法加固软基所需时间较长，按传统的加固方式施工周期约为 4～5 个月。又由于砂井阻力的存在，使得加固效果随深度的增加而逐渐降低。为研究如何改善真空预压效果而进行的室内模型实验表明：负压源下移后，可有效改善预压效果，显著缩短加固周期，并证实了在砂井底抽真空可有效减轻砂井阻力影响的结论。当然，这一结论的得出还仅限于室内模型实验上[3]。

3. 排水固结法

排水固结法是指在地基中设置砂井，塑料排水板带等竖向排水井，然后利用建筑物本身重量分级逐渐加载，或是在建筑物建造以前，在场地先行加载预压，使土体中的孔隙水排出，逐渐固结、地基发生沉降，同时强度逐渐提高的方法。

垂直排水法是排水固结法中最常见的一种方法，是在地基中设置砂井、袋装砂井、塑料排水板等垂向排水设施，使土体的孔隙水排出，以加速土体固结，提高土的强度，减少沉降。垂直排水法适用于软土层较厚(一般大于 10m)，特别是当软土层的水平渗透系数大于垂直渗透系数，或软土层中有薄层的粉细砂夹层时，适宜采用此法。如能配合堆载预压法使用则效果更为理想[4]。

当软弱土层分布较为深厚，浅层处理不能满足要求时，就要采取深层地基处理方法。在深层地基处理方法中，利用砂井、塑料排水管(带)的排水固结法是节约时间降低成本最有效的处理方法。如图 3.7 所示。

(a)　　　　　　　　　　　　　　　(b)

图 3.7　排水固结

4. 固化法

固化法是利用化学溶液或胶结剂，采用灌入或拌合加固技术使软土固化的方法。其主要加固原理是使胶结材料(如水泥、水玻璃、丙烯酸氨或纸浆液等)充填于孔隙体中，提高土粒间的粘结力。用这种方法加固的地基具有高强度和低透水性。其主要方法有压力灌浆法、旋喷法及深层搅拌法。

深层搅拌法是最常见的固化法，是利用水泥、石灰等材料作为固化剂的主剂，通过特制的深层搅拌机械，在地基深处就地将软土和固化剂（浆凝状或粉体状）强制搅拌，利用固化物和软土之间所产生的一系列物化反应，使软土硬结成具有整体性、水稳定性并具有一定强度的良好地基。深层搅拌法适用于各种成因的软弱土层特别是厚度较大的饱和软黏土。常用于加固淤泥、淤泥质土、粉土和含水量较高且地基载力不大于120kPa的黏性土。在施工实践中深层搅拌的固化剂多数采用水泥石灰，可分为浆液喷射和粉体喷射，采用喷粉搅拌桩时，土层的含水量宜大于50%[5]。

在软基处理中，粉体喷射搅拌桩（简称粉喷桩）法也得到广泛应用。该法是以生石灰粉或者水泥粉等粉体材料作加固料，用空压机作风源，使加固料呈雾状喷入地基内部，用特制的搅拌钻头使之与原位的地基土进行强制性搅拌，使软土与加固料发生物理化学反应，硬结后形成一种具有整体性、水稳性和一定强度的柱状加固体。但是，采用该项技术必须保证将原位地基土搅拌均匀，否则将严重影响软基加固效果。另外，若地基中有不明障碍物，如较大直径的石块、未清除干净的建筑基础及地下设有地道等，则不适宜采用该法。采用该技术进行软基加固，成功的实例很多，但失败的教训也不少。最近，由中国建筑科学研究院所倡导的石灰-粉煤灰桩及水泥-粉煤灰-碎石桩（即CFG桩）施工技术也已得到应用，并积累了大量成功经验[3]。如图3.8～图3.10所示。

图3.8 压力灌浆法

图3.9 旋喷法

图3.10 深层搅拌法

5. 挤密法

挤密法即增加土的密实度，用密实方法使地基土的孔隙减小。在工程中常见的有重锤夯实法、强夯法、挤密砂柱法和碎石桩法。前两者系冲击功法，后两者为振动功法。

重锤夯实法是利用起重机械将锤提到一定高度，然后自然落下，多次反复夯击对地基进行加固。传统的重锤夯实法只适应于软基的浅层压密，其加固效果远不如强夯法。强夯法是一种快速加固软基的方法，亦名动力固结法，是利用高冲击功使地基土产生液化或触变后变密[3]。

强夯法是以巨大的夯击能将块石或碎石夯穿软土层，使之沉底形成桩或墩柱体，与软土形成共同体以达到加固软基的目的，同时，它与垂直排水法一样，也有加速固结沉降的效果。对于力学特性较好的软弱地基或者软弱土层较薄、上部荷载又不太大的地基，能够不做处理则尽量不做处理或做夯打压实等简单处理。强夯法基本不受地表填土（石）的限制，而且施工工艺简单，所消耗的石料较廉价。它适用于对地基沉降要求高，而且承载力大，软土层厚但下伏有较坚实土层的场地。图 3.11 为强夯法常用机械。

图 3.11　强夯法施工

在强夯法的质量控制上，首先要测量定位，这是关系到强夯处理整体效果的关键环节，在具体操作上，应由施工单位根据试夯确定的夯点布置图，逐一测放夯点位置。其次，强夯前要用推土机预压两遍，场地平整后，测量场地高程，检查夯点布置是否符合测量放线确定点。如果地下水位较高，应在表面铺 0.5～2.0m 中（粗）砂或砂石垫层，或采取降低地下水位的方法（具体按照现场确定方案），以防设备下陷和消散强夯产生的孔隙水压。再次，分段进行施工，从边缘夯向中央，从一边向另一边进行。每夯完一遍，用推土机整平场地，放线定位即可接着进行下一遍夯击。强夯法的加固顺序是：先深后浅，即先加固深层土，再加固中层土，最后加固表层土。最后一遍夯完后，再以低能量满夯一遍，有条件的以采用小夯锤击为佳。最后，夯击时应按试验确定的强夯参数进行，落锤应保持平衡，夯位应准确，夯击时坑内积水应及时排除。夯击地段遇上含水量过大时，可铺砂石后再进行夯击。在每一遍夯击之后，要用新土或周围的土将夯击坑填平，再进行下一遍夯击。

由于强夯法在工程中要考虑振动影响，使得这种方法在应用时受到很多限制，当人们不得不选用挤密法时，往往将方案偏向于挤密砂桩或碎石桩。但是，长期的工程实践表明，在沿海软土地区采用碎石桩不仅不经济，也没有多大效果。

　　6. 桩基础法

　　桩基础由基桩和连接于桩顶的承台共同组成。对于 8 层以上的建筑物来说，采用桩基础是行之有效的方法。桩基础法是把埋设在地基中多根细长具有一定刚性的结构物（统称群桩）和与群桩联合起来共同工作的承台结合起来，通过它们与地基土的相互作用，把桩基础所承担的荷载传递给地基。在建筑物荷载巨大且地基软弱土层深厚的情况下使用桩基础，常常是一种既经济合理又安全可靠的方法。

　　桩的种类很多，通常简单分为预制桩和灌注桩，也可按其传递荷载的方式分为摩擦桩和端承桩。预制桩常见的有混凝土桩、木质桩、钢桩及预应力混凝土管桩。预制桩属于排土桩，其施工方式分打入、静压、冲入及震入等，由于预制桩的施工过程伴有较大的噪音和震动，故在建筑物密集区极少应用。灌注桩又可分为钻孔、挖孔及沉管式灌注桩。沉管式灌注桩具有许多优点，但其最大的弱点是极易造成缩颈。有些地区采用复打工艺，可以解决部分缩颈问题[3]。如图 3.12，图 3.13 所示。

图 3.12　桩基础法施工现场　　　　　　　图 3.13　桩基检测

　　7. 加筋法[5]

　　加筋法是通过在土体中加入条带、纤维等土工织物，或添加土工网格等抗拉材料，依靠这些材料来改善土的力学性能，提高土的强度和稳定性的方法（如图 3.14，图 3.15 所示）。地基加筋法具有施工简便、工程费用低、施工进度快等优点，在处理高填方格基、堤坝填土以及具有洞穴或松软的不均匀软弱地基时，效果十分明显。在土中加入土工织物，能使土承受一定的拉力，增加地基稳定力矩，提高软土的抗滑稳定性，有效防止建筑的滑坍破坏，土的整体性提高，可承受较大的瞬时荷载增量，从而可放宽填土的许可变位，加速填土的进程。同时，土体中的土工织物，能调整和扩散上部填土荷载引起的压力，保证填土的整体性，减少了地基因局部压力大而被破坏的可能。加筋法的施工工艺简单，施工占地少，不需特别的施工设备，一般施工程序为：

图 3.14　加筋栅格

图 3.15　加筋锚杆

（1）在需加固的地基表面铺设砂垫层。

（2）在砂垫层上分层铺设土工织物及填土。

8. 地基局部处理与加固

对局部异常的地基，应探明原因和范围，进行加固处理。如处理不当，则可能导致住宅产生不均匀沉降，造成上部结构的开裂。具体方法可根据地基情况、现场施工条件来确定。

（1）松土坑的处理。当基槽中有松软土、淤泥等类土时，应全部挖除，直至挖到老土为止，然后采用与坑底的天然土压缩性相近的土料回填。如地下水位较高，或坑内有积水难以夯实时，可在防潮层下设置钢筋砖圈梁或混凝土圈梁，以防止产生不均匀沉降。

（2）砖井或土井的处理。在基槽中如发现砖井或土井，应采用与井底天然土压缩性相近的土料回填，如井内已填好土，且较为密实，则需要将井的砖圈拆除至槽底 1.0m 以下，并用 3∶7 灰土分层夯实至槽底。如井的直径大于 1.5m 时，则需要考虑加强上部结构的强度。

（3）局部范围的硬土处理。在基槽中，如发现有过硬的土质或硬物，例如有旧墙基、大树根时，都要进行挖除，并采用上述两种方法予以处理，防止产生不均匀沉降。

（4）"橡皮土"的处理。"橡皮土"是施工中经常出现的现象，人踩在地基上有一种柔软颤动的感觉，用夯实机具夯打，不仅夯不实，而且越夯越柔软。这是因为黏性土中含水量过大，且趋于饱和的缘故。发现这种情况后，应全部挖除，用砂石回填夯实。

（5）地基局部加固方法很多，可根据工程特点、土质情况、施工设备来进行确定。最常用的方法是灰土垫层和天然级配砂石垫层两种：

① 灰土垫层是用石灰和黏土按 2∶8 或 3∶7 的体积比拌和均匀，分层铺在基槽内夯实而成。灰土垫层具有操作方便，施工速度快，机构简单，取材容易且费用低等优点。一般适用于加固深度为 0.3～2.0m 的各种地基，如对软弱土、湿陷性黄土、老杂填土等地基的换土处理。其强度随着时间而增长，并且具有一定的平衡性和不渗透性，但灰土的抗冻性能较差，应用于冰冻线以下。

② 天然级配砂石垫层是用河道的河卵砂石分层铺设碾压而成。主要用于基础挖深较深，且地基水位较高，开挖后积水较多难以夯实的地基处理。适宜大开挖和机械作业，施工中，首先铺垫较大的片石，然后再分层铺设级配砂石碾压。

3.1.5　软土地基条件下基础的选择

由于软弱地基持力层和压缩层土壤性质的不同，以及地下水位的高低存在差异，其选用的地基基础类型以及采取的处理方法也不相同，通常采用的处理方法主要有三种：一种方法是人工地基，就是通过人工来改良地基，如换土垫层、砂井堆载以及场地堆载预压等措施，这种方法能解决持力层地基承载能力偏低以及控制压缩层的高压缩性的不利因素；第二种方法是选用自重轻且整体刚度大的基础类型，这样的基础具有抑制沉降的能力，在建筑物产生不均匀沉降时能起到抑制沉降的作用；第三种方法是综合前两种方法，既采用人工改良地基又选用整体刚度好的基础类型。应根据地质条件、地下水位以及荷载因素，本着因地制宜就地取材的原则确定基础类型。

1. 人工地基的采用

（1）地下水决定人工地基的使用

我们常见的地下水有两种情况，一种是地下水位在基础底面以下，另一种是地下水位在基础底面之上。在第一种情况下，当地下水的水位与基础底面的距离等于基底宽度或为其一半，且地下水流速不大或不流动时，地下水对基础强度的影响很小，可以不予考虑。在第二种情况下，当地下水位在基础底面附近或在基础底面以上时，地下水会很容易破坏地基土的结构，明显降低地基承载力，此时如果地下水有流速，则地下水会从基础表面带走土中的细小颗粒，进而降低了地基土的密实程度，大幅度削弱人工换土的作用，致使改良措施作用不大。因此，在基础设计与施工时，要首先考虑地下水及其季节变化的情况，如果采用人工地基就要防止地下水影响地基而引起建筑物的破坏。

（2）对人工换土的要求

在软弱土层不厚的情况下，人工换土不仅可以解决持力层的地基强度问题，而且也可以解决压缩层的高压缩性问题，在人工地基中多以砂垫层为好，其垫层材料常采用中砂、粗砂、角砾或碎石、卵石等，部分地区还可以采用矿渣、灰土、黏性土以及性能稳定无侵蚀性的材料。根据不同的条件对材料有两种施工方法，一种是干法施工，另一种是湿法施工。干法施工是将材料分层夯实和重锤夯实，直至满足要求为止。湿法施工是采用水沉的方法，材料经过水的沉稳使持力层承载能力达到或接近理想强度，改良地基土壤为建筑物服务。

（3）冻结深度的影响

基础的埋置深度通常由土壤的冻结深度决定，其常见的处理方法是将基础底面埋置在冻结水位线以下。如果把基础埋置在冻结水位线以上，土壤就会受到循环冻结与融化的作用而发生变形，进而会降低地基的承载能力。然而很多研究结果表明，基础埋置深度的问题不在土壤冻结，而在于土壤冻结后是否发生冻胀。如卵石类、碎石类土及粗砂等材料，即使在饱和状态下冻结也不致发生冻胀。因此，只需保证基础作用面受到的压力不超过规定的强度，而不必特意加深。对于细砂和粉砂材料，其在饱和状态下冻结时会稍有冻胀现象，当这类土在天然含水量不超过塑限且地下水位在基础底面以上时，也可不考虑冻结深度。对于黏性土，其本身很容易发生冻胀，对这类土壤应按其天然含水量和冻结期间冻结水位线至地下水位的距离而定，通常应使基础的埋置深度不小于冻结深度。一般采暖建筑物的内墙和内柱，如果没有跨年度施工，就不会受冻结深度的影响。

2. 整体性强的基础

因为软弱地基自身条件比较差，所以对软弱基础的要求更为严格。对于框架结构，如果选用常见的柱下单独扩展基础形式，就会很难较好的控制其柱与柱之间的沉降差异，因此应避免优先使用这种基础形式。相比而言，柱下条形基础和十字交叉基础的整体性要比柱下单独扩展基础形式好得多，其调整不均匀沉降变形的能力较好，因此在软土地基上，可以把柱下条形基础以及十字交叉基础作为框架结构等结构形式的基础方案。

在采用了柱下条形基础和交叉基础等连续基础的情况下，软弱地基也常常有不均匀沉降或不均匀沉降的趋势发生。基础会直接受到地基的不均匀沉降或不均匀沉降趋势的影响，但由于连续基础具有调整不均匀沉降的特点，使不均匀沉降的趋势能够得到一定程度的缓解，同时连续基础会发生一定程度的挠曲变形并有相应内力产生，基础的挠曲变形会进一步引起上部结构的内力，使框架参与调整地基不均匀沉降，与连续基础共同发挥刚度相适应的作用，完成基础内力向上部结构的转移。

（1）钢筋混凝土条形基础和十字交叉基础

在选用基础类型时，一般是通过土壤压缩性的高低来确定基础形式，当压缩性土壤较浅时多采用钢筋混凝土条形基础，如图 3.16 所示为常见的条形基础形式。在布置条形基础时需考虑整体封闭，即在一定范围内增设必要的横向基础与纵向基础相连接，这样可以提高基础的整体性。在荷载作用下，基础因为压缩后

变形不大，其本身可以互相作用达到共同
工作的目的，这样对建筑物有利。

　　在框架体系中适宜采用十字交叉基
础，这种基础实现了柱下基础相互连接，
不仅可以保证基础的整体刚性，还能互相
传递基础受到的荷载，迫使基础共同工
作，有利于抵抗建筑物因地基强度低而发
生的变形。

图 3.16　条形基础

　　(2) 筏板基础

　　当持力层很弱，而计算所得的基础宽度很大并且与相邻的墙(柱)基相连或接
近相连，甚至重叠时，采用筏板基础进行设计会比较有利，这样可以保证基础所
需的底面积和整体刚度，克服墙体或柱因荷载变化或压缩层的高压缩性引起的变
形。筏板基础的形式如图 3.17、图 3.18 所示。

图 3.17　施工中的筏板基础

图 3.18　筏板基础的浇筑

　　(3) 桩基础

　　由于软弱地基的土壤变化较大，持力层强度很低，且压缩层内的高压缩性土
壤较厚，当采用其他措施不经济时，采用桩基础是一种较好的途径。当前桩基主
要有灌注桩和打入桩两种形式，由于软弱地基上的持力层强度偏低，而压缩层的
高压缩性土壤又较厚，因此很少采用端承桩，常以摩擦桩为主，经过桩基处理
后，使地基承载能力得到增强。最常见的桩基础施工方法为锤击，可采用人工或
机械的方式进行，如图 3.19、图 3.20 所示。

图 3.19　人工锤击

图 3.20　机械锤击

3.2　地基沉降的防治技术

我国的面积辽阔，地质结构复杂。各地区的地质不尽相同，就是同一个地区的地质也不尽相同。建筑物应该坐落在稳定，坚实的土层上，避免软弱的土层，由于软弱的地基土往往呈现凹陷形不均匀沉降，当沉降超过一定限度时，在建筑物底层门窗洞口角部出现斜裂缝或八字形裂缝。此类裂缝大多数在房屋建成后不久出现，并随着时间的推移而继续加以扩展，直至地基沉降稳定后便不再发生变化。少数结构会因为沉降差异过大，而导致房屋的严重变形，甚至倒塌。如图 3.21、图 3.22 为不均匀沉降的常见破坏形式。

图 3.21　不均匀沉降造成的墙体开裂

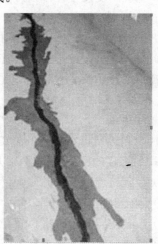

图 3.22　不均匀沉降造成的贯穿房间的裂缝

3.2.1　不均匀沉降的成因

地基不均匀沉降的原因主要取决于勘察、设计以及施工三个方面。在勘察方面，地质勘察报告的真实性与住宅的沉降量大小密切相关。在设计方面，是否考虑沉降缝、相邻建筑物的影响、纵横墙的布置、圈梁、建筑体型、建筑标高以及建筑长高比等，对不均匀沉降都有着显著的影响。在施工方面，砂浆的质量、砖的品种、拉结筋的设置、墙体的留槎以及施工方法等也会影响建筑的不均匀沉降，下面将分别对这几个方面的成因进行总结。

1. 勘察方面

一般情况下，工程勘察地质报告能够正确反映土壤的类别、土层的性质、水文地质以及土工试验等情况。工程勘察地质报告能结合设计要求，对地基作出评价，对设计和施工提出合理建议。其真实性如何，对多层建筑物的沉降量大小关系重大。如果工程地质勘探报告不真实，就有可能给设计人员造成分析、判断的错误，从而引发质量事故。在实际工程中，有些工程地质勘探报告中地质钻探孔的数量不够或深度不到位，有的甚至抄袭相邻的工程地质勘探报告，这都会给工程质量埋下隐患，最终会给建设单位和用户带来经济损失，降低建筑物的使用寿命。

2. 设计方面

设计方面的原因可以概括为以下几个方面[6]：

（1）建筑的单体太长或平面图形复杂。

（2）建筑层高的高差较大或荷载显著不同。

（3）地基土的压缩性有显著不同之处，地基的处理方法不同，未在适当位置设置沉降缝。

（4）基础刚度或整体刚度不足等，都将导致地基基础的不均匀沉降量增大，造成墙体出现裂缝。

（5）设计中各部位基础的相对沉降量过大，也会造成墙体开裂。

（6）设计人员设计不仔细，计算不认真，有的甚至不作计算，照抄别的建筑物的基础和施工方案等情况，也是设计方面导致不均匀沉降过大的原因。

3. 施工方面

在施工方面上，不健全的施工单位质量保证体系，不到位的质量管理，质量低劣的原材料以及存在缺陷的施工质量都是造成不均匀沉降过大的成因。由施工造成不均匀沉降的原因可概述为以下几个方面[7]：

（1）在砌筑墙体时，砂浆强度偏低，灰缝不饱满。

（2）砌砖的组砌不合理，集中使用断砖、半砖，通缝过多。

（3）没有按照规定标准设置拉结筋，墙体留槎不遵循规范的要求。

（4）管道漏水、下水道堵塞不畅，渗水、污水、雨水不能及时排出，从而浸泡地基。

这些都会引起地基的不均匀沉降，使墙体产生裂缝。如图 3.23、图 3.24 所示为施工不当造成的破坏。

图 3.23　不均匀沉降造成的倾斜　　图 3.24　不均匀沉降造成的裂缝

3.2.2　地基沉降的预防措施及处理方法

1. 勘察方面

（1）确保地质勘察报告的可靠性。地质勘察报告的真实性和可靠性，对多层住宅的沉降量影响很大。工程地质报告应能客观真实地反映土层性质、地下水和土工试验情况，并结合设计要求，对地基做出评价，对设计和施工提出某些建议。其中，钻探报告是设计人员的主要设计依据，如果地质报告不真实，或在地质钻探中布孔过少、深度不到位，都会给设计人员造成分析、判断的错误，直接影响基础的设计质量，造成基础刚度或整体刚度不足或过大[8]。

（2）选择名副其实的工程地质勘探单位，确保工程地质勘探报告的真实性和可靠性。工程地质勘探报告是设计人员的主要设计依据，必须选择有资质的勘探单位并且地质勘探人员必须具备一定的业务水平、政治素质和职业道德素质，具有强烈的责任感，这样才能使工程地质勘探报告具有真实性、准确性、科学性。工程地质勘探单位出具的工程地质勘探报告必须有注册岩土工程师或有资质的工程师签字[7]。

2. 设计方面

当地基不能满足建筑物沉降变形控制要求时，必须采取技术措施加以处理。

（1）建筑设计措施

① 建筑物的体型应力求简单、不宜存在过大的高差

建筑物的体型简单，其受力简单且整体刚度大，有利于建筑抵抗变形。而平面形状复杂的建筑物，如 L 型、T 型、H 型建筑物等，其基础在建筑纵横单元交叉处会非常密集，导致其地基的附加应力相互重叠，易使该处的沉降大于其他部位。同时，建筑物也会由于构件受力复杂出现不均匀沉降而产生裂缝。因此，多层住宅的平面形状应避免形状复杂、阴角太多，使建筑尽量简单、规则、整齐。

② 设置沉降缝

如果建筑物的体型复杂，或者建筑物的长高比过大，可以采用沉降缝将建筑物及基础分割成若干个独立的沉降单元。分割形成的每个单元应尽量体型简单、长高比小、结构类型相同且地基均匀。利用沉降缝，可提高沉降单元的整体刚度，有利于均匀沉降，避免再开裂。

沉降缝通常设置在建筑物的以下部位：拟设置伸缩缝处、建筑结构或基础类型不同处、地基土的压缩性有显著变化处、分期建造房屋的交界处、建筑物平面的转折处、建筑物的高度或荷载有很大差别处、长高比不合要求的砌体承重结构以及钢筋混凝土框架结构的适当部位。

为防止沉降缝两侧的结构相向倾斜而相互挤压，应使沉降缝应具有足够的宽

度。一般情况下，不允许在缝内填塞材料。可采用简支或悬挑跨的方法处理框架结构。对于有防渗要求的地下室，不宜设置沉降缝。当沉降缝兼作伸缩缝和抗震缝时，还要使沉降缝同时满足伸缩缝和抗震缝的要求。

③ 考虑相邻建筑物的影响，使相邻建筑物的基础间保持一定的净距

建筑物的地基土会受到相邻建筑物的荷载影响而产生压缩变形。同时，由此导致的基底压力扩散也会影响到相邻范围内的土层，使其产生压缩变形，随着相邻建筑物距离的增加，这种变形会逐渐减少。但是两建筑物的距离越近，由于软弱地基的压缩性很高，出现建筑物的倾斜或损坏的可能性就会越大。

因此，原有建筑物应避免邻近新建或已有的建筑物的影响，对于相邻建筑物的外墙间隔距离，可根据倾斜允许值计算确定。为减少相邻建筑物的影响，相邻建筑物基础间净距可按表 3.1 选用[10]。

相邻建筑基础间的净距（单位：m）　　　　　　　　　　　　表 3.1

新建建筑的预估平均沉降量 s/mm	被影响建筑的长高比	
	$2.0 \leqslant L/H < 3.0$	$3.0 \leqslant L/H < 5.0$
70～150	2～3	3～6
160～250	3～6	6～9
260～400	6～9	9～12
>400	9～12	≥12

注：1. L 为房屋或沉降缝分隔的单元长度，m；H 为自基础底面标高算起的房屋高度，m。
　　2. 当被影响建筑的长高比为 $1.5 < L/H < 2.0$ 时，其净距可适当缩小。

④ 设置适当的建筑物标高，避免建筑物高差过大以及荷载差异

软土地区的建筑物，往往因为高差过大以及荷载差异出现裂缝事故，这种事故在高低或轻重单位连成一体又没设置沉降缝时最容易发生。一旦建筑物的沉降过大，就会引发管道破损、雨水倒漏、设备运行受阻等状况，导致建筑物不能正常使用。

对于建筑物的标高，通常可采取以下措施：对于室内的地坪和地下设施的标高，应根据预估沉降量适当增加；对于建筑物各部分或设备之间有联系的情况，可适当提高沉降较大部分的标高；在建筑物与设备之间应预留足够的净空；对于建筑物中管道穿过的部位，应预留足够尺寸的孔洞，或者采用柔性的管道接头。

⑤ 控制建筑物的长高比

结构的整体刚度受到建筑物长高比的显著影响，如果建筑物过长，易引起纵墙挠曲开裂。

根据资料统计，建筑物的长高比宜控制在 2.5 左右[10]，如果对上部结构和基础再采取一些提高刚度的措施，基本上可避免建筑物的不均匀沉降。

⑥ 合理布置纵横墙

纵向挠曲的部位是地基不均匀沉降最容易发生的地方，要保证这些部位具有较高的刚度，就要避免削弱纵墙刚度的现象，如纵墙开洞、转折、中断等。同时，应尽可能把纵墙与横墙联结起来，缩小横墙间距，进而提高建筑物的整体刚度，以提高抵抗不均匀沉降的能力。

（2）结构设计措施

在结构设计上，也有很多措施可以提高地基抵抗沉降的能力，结构设计人员可根据实际情况采取相应的结构设计措施。

① 减轻建筑物自重

通常建筑物自重在总荷载中所占比例很大，民用建筑约占 60%～70%，工业建筑约占 40%～50%，所以应尽量减轻结构自重，以避免地基的沉降[8]。

减轻建筑物自重的方法主要有：发展和应用轻质高强的墙体材料，减少墙体重量；采用预应力钢筋混凝土结构、轻钢结构、轻型空间结构等轻型结构，采用具有防水、隔热保温一体的轻质复合板来作为屋面板；采用补偿性基础、可浅埋的配筋扩展基础，以及架空地板减少室内回填土厚度，来减少基础和回填土的重量。

② 减小或调整基底附加压力

可以采用补偿性的基础设计方法，用挖除的土重抵消一部分建筑物重量，以减小建筑物的沉降，如设置地下室等；也可以先根据地基的承载力确定出基础的底面尺寸，再应用沉降理论及必要的计算，结合设计经验来调整基底尺寸，使结构荷载不同的基础沉降趋于均匀。

③ 增强建筑物的刚度和强度

控制建筑物的长高比及合理布置纵横墙。长高比越大的建筑物，其调整地基不均匀变形的能力就越差，特别是以砌体来承重的结构房屋，长高比是保证其建筑物刚度的主要因素。根据经验，当基础的计算沉降量大于 120mm 时，其建筑物的长高比宜小于 2.5。对于平面简单，内外墙贯通的砌体承重结构房屋，其长高比一般宜小于 3[8]；纵横墙构成了建筑物的空间刚度，合理布置纵横墙是增强建筑物刚度的重要措施，适当加密横墙的间距就可增强建筑物的整体刚度，而纵横墙转折会削弱建筑物的整体性。

设置圈梁。在建筑物的墙体内设置钢筋混凝土圈梁可起到增强建筑物整体性的作用。当墙体挠曲时，圈梁可承受拉应力，在一定程度上能避免或减少裂缝的出现，对于已出现裂缝的墙体，圈梁也可起到抑制裂缝扩展的作用。圈梁的截面、配筋以及平面布置等应符合砌体结构的设计规范。对于二、三层房屋的基础和顶层宜各设一道，四层以上可隔层设置，在软弱地基上修建砌体结构时，可层层设置圈梁。

加强基础刚度。如果框架结构的建筑体形复杂，同时荷载的差异又较大，就可以采用箱基、桩基、厚度较大的筏基等，来提高基础的整体刚度，以抵抗地基的不均匀沉降。

对一般的多层建筑，如果是框架结构可以设置基础梁，如果是砌体结构可以设置地圈梁。对多层住宅的楼板，必须层层采用现浇的钢筋混凝土结构，而且多层住宅的基础及上部结构必须采用商品混凝土浇筑。

④ 将上部结构做成静定结构体系

在发生不均匀沉降时，静定结构体系不会引起很大的附加压力，降低不均匀沉降的危害。

3. 地基和基础方面

（1）多层住宅的地基基础设计必须以控制变形值为主，设计单位必须对基础进行最终沉降量和偏心距的验算。基础最终沉降量应当控制在《建筑地基基础设计规范》GB 50007—2011 规定的限值以内。在建筑物体形复杂，纵向刚度较差时，基础的最终沉降量必须控制在 15mm 以内，偏心距应当控制在15‰以内[9]。

（2）当天然地基不能满足建筑物沉降变形的控制要求时，必须采取技术措施。如采用预制钢筋混凝土短桩、砂井真空预压、深层搅拌桩、新型碎石桩等方法进行技术处理。

（3）基础设计时应有加强基础刚度和强度的意识。视地基的软弱程度和上部结构的不同情况采用适当的基础，可采用钢筋混凝土十字交叉条形基础或筏板基础、肋筏基础，有时甚至采用箱形基础，采用这类基础形式，可适当消除基础的挠曲变形。

（4）同一建筑物应尽量采用同一类型的基础并埋置在同一土层中。如果采用不同的基础形式，其上部结构必须断开，特别是在地震区，因为地震中软土上各类地基的附加下沉量是不同的。

4. 施工方面

在软弱地基上进行工程建设时，采用合理的施工顺序和施工方法至关重要，这是减小或调整不均匀沉降的关键。在施工方面，有很多施工措施值得借鉴，根据以往经验，现将主要的防治措施概括为以下几个方面：

（1）选择适当的施工方法[10]。有很多方法可以防止地基的沉降，现将最主要的方法介绍如下。

① 逆作法

逆作法可以减少排土量，并与主体结构重量进行平衡，从而使沉降量大幅度降低。逆作法施工的基本原理是沿建筑物的外墙（必要时包括内墙）位置施工地下连续墙，作为地下室外墙，同时也作为挡土围护结构。在建筑物内部的适当位置，打下中间支撑桩，若为桩箱基础，中间桩可选定在相应的桩上。

② 应力解除法

应力解除法是应用土力学的原理，在建筑物沉降较小的一侧按照一定的角度打斜孔，解除地基中的局部应力，从而使地基土中的应力发生重分布，局部沉降量增大，从而达到控制不均匀沉降的目的。在施工过程中，边打孔，边用高压水冲孔，促使泥浆随水流出。

③ 后浇带法

为解决高层主楼和低层裙房基础的差异沉降引起的结构内力，可在高低层相连处留施工后浇带。此带设在裙房一侧，宽度不小于 800mm。具体做法是，先把高层主楼和低层裙房分开施工，从基础到裙房屋顶各构件的钢筋均断开，在灌注后浇带之前把钢筋焊接。后浇带应采用浇筑水泥或硫铝酸盐水泥等早强快硬收缩性小的水泥配置混凝土进行浇灌。后浇带施工措施适用于变形稳定快，沉降量较小的地基。

（2）通过控制地下水位控制不均匀沉降

通过使地下水位上升来控制建筑物的沉降，具体做法是在建筑物的施工中，对下降的地下水位在各施工工序相继完成中，使其徐徐上升，并同时采用挡水墙和灌水的综合方法使水位上升，以便对沉降进行控制，这种做法实际上是有效利用浮力作用于建筑物的地下结构，使沉降得到控制。

（3）遵照先重（高）后轻（低）的施工顺序

当建筑物存在高低或轻重不同部分时，应先施工高层及重的部分，后建低层及轻的部分，如果在高低层之间使用连接体时，应最后建连接体部分，这样就可以调整部分沉降差。

（4）注意保护坑底土体

在基坑开挖时，不要扰动地基土的原状结构。黏性土通常具有一定的结构强度，尤其是高灵敏度土，基槽开挖时，应避免人来车往破坏地基持力层上的原状结构。必要时，基槽开挖深度保留 200mm 左右的原状土，待垫层施工开始时再挖除[8]。如果坑底已扰动，可先将已扰动的土挖去，铺一层中粗砂，再铺卵石或碎石压实处理。

（5）注意堆载、沉桩和降水等对邻近建筑物的影响

在已建成的建筑物周围，不宜堆放大量的建筑材料或土方等重物，以免地面堆载引起建筑物产生附加沉降。在进行降低地下水位及挖深坑修建地下室时，应注意对邻近建筑物可能产生不良影响。拟建的密集建筑群内如有采用桩基础的建筑物，桩的设置应首先进行。

（6）加强建筑物的沉降检测

沉降观测主要用于控制地基的沉降量和沉降速率。一般情况下，在竣工后半

年到一年的时间内，沉降发展最快，沉降速率应逐渐减慢。当出现加速沉降时，表示地基丧失稳定，应及时采取工程措施，防止建筑物发生工程事故。施工期间，施工单位必须按设计要求及规范标准埋设专用水准点和沉降观测点。一般情况下，民用建筑每施工完一层（包括地下部分），应观测沉降一次；工业建筑按不同荷载阶段分次观测，施工期间不应少于 4 次；主体结构封顶后，沉降观测第一年不少于 3~5 次，第二年不少于 2 次，以后每年一次，直到下沉稳定为止[8]。

（7）提高施工质量

① 砂浆的品种、强度等级必须符合设计要求。影响砂浆强度的因素是计量不准、原材料质量不稳定、塑化材料（如石灰膏）的稠度不准或养护方法不当而影响到渗入量、砂浆试块的制作等。解决的办法是：加强原材料的进场验收，严禁将不合格的材料用于建筑工程；对计量器具进行检测，并派专人监控计量工作；将石灰膏调成标准稠度后称量，或测出其实际稠度后进行换算；砂浆试块应有专人负责制作和养护。

② 砖的品种、强度必须符合设计要求，砌体组砌形式一定要根据所砌部位的受力性质和砖的规格来确定。一般采用一顺一丁，上下顺砖错缝的砌筑法，以提高砌筑墙体的整体性，当利用半砖时，应将半砖分散砌于墙中，同时也要满足搭接 1/4 砖长的要求。

③ 正确设置拉结筋。砖墙砌筑前，应事先按标准加工好拉结筋，以免工人拿错钢筋。使用前对操作工人进行技术交底，一般拉结筋按三个 0.5m 的原则使用，即埋入墙内 0.5m，伸出墙外 0.5m，上下间距 0.5m。抗震时拉结筋自构造柱埋入墙内 1m，半砖墙放 1 根，一砖墙放 2 根。考虑到水平灰缝为 8~12mm，为保证水平灰缝饱满度，拉结筋选用 Φ6.5[9]。

④ 不准任意留直槎甚至阴槎。构造柱马牙槎不标准，将直接影响到墙体整体性和抗震性。要保证构造柱马牙槎高度，不宜超过标准砖五皮、多孔砖三皮；转角及抗震设防地区临时间断处不得留直槎；严禁在任何情况下留阴槎。

⑤ 加强多层住宅的沉降检测。施工期间，施工单位必须按设计要求及规范标准埋设专用水准点和沉降观测点。主体结构施工阶段，每结构层沉降观测不少于一次。主体结构封顶后，沉降观测 2 个月不少于一次。

3.3　地基稳定性控制措施

地基稳定性是指地基岩土体在承受建筑荷载条件下的沉降变形、深层滑动等对工程建设安全稳定的影响程度。地基的稳定性，直接关系到建筑物的安全。地基与基础必须满足两个基本条件：强度及稳定性要求，变形不超过地基变形允许值。当建筑场地不能满足上述要求时，就会造成地基与基础工程事故，不仅可使墙体和楼盖开裂、建筑物倾斜，影响其正常使用和耐久性，缩短建筑物的使用年限，更为严重的是导致建筑物倒塌。因此，地基稳定性是一个十分重要的问题，一般的工业与民用建筑工程都会遇到这样的问题。它是一个建筑工程的基础，是建筑工程后期质量安全的重要保障。

3.3.1　地基的破坏模式

地基的稳定性是建筑物安全可靠的保证。建筑物的可靠性不但取决于结构构件和整个结构体系的可靠性、而且也取决于地基基础的可靠性，两者应当是协调一致的。在取用地基基础的可靠性指标和失效概率时，应将整个建筑物（包括地基基础在内）作为一个整体来考虑，为保障地基的稳定性，必须先了解一下地基的几种破坏模式。

1. 地基强度破坏模式

（1）剪切破坏模式是最常见的地基破坏模式，整体剪切破坏、局部剪切破坏和冲剪破坏是竖直荷载作用下土质地基失稳破坏的三种形式，剪切破坏模式主要发生在：

① 完整岩体、节理岩体、破裂岩体、软弱岩体。

② 当地基岩体结构面间距大于建筑物宽度，结构面处于闭合状态时。

③ 上覆岩体强度小于下卧岩体强度时。

工程实践表明，单层岩基主要以剪切模式产生破坏，在竖直荷载作用下，理想的剪切破坏模式可产生于无结构面的完整岩基、含四组或四组以上结构面的破碎岩基和泥岩、板岩、页岩等软弱岩基等均质或类均质地基岩体中。

（2）弯曲或皱曲破坏主要发生在双层地基中，如果上覆岩层较厚，其单轴抗压强度又大于下伏岩层强度，则岩基易发生弯曲或皱曲破坏。

（3）单轴压缩破坏。当地基岩体结构面间距小于基础宽度，岩基将产生单轴压缩破坏。

（4）劈裂破坏。当地基岩体的结构面间距远远大于基础宽度时，岩基易产生劈裂破坏。

2. 地基变形破坏模式

地基在上部荷载的作用下，岩土体由于被压缩会产生相应的变形。如果地基变形量过大，将会影响建筑物的正常使用，甚至会引起建筑物的变形破坏，危及建筑物的安全，因此地基的变形不能被忽视。地基的变形破坏按垂直方向、水平方向和平面内的剪切应变可分为三类，归纳总结其变形破坏模式主要有以下四种：沉降、倾斜、曲率和水平变形。

（1）地基沉降破坏

建筑地基在长期荷载作用下会产生沉降，其最终沉降量可划分为三个部分：

初始沉降（也称瞬时沉降）、主固结沉降以及次固结沉降。初始沉降是指外荷加上的瞬间，饱和软土中孔隙水来不及排出时所发生的沉降。主固结沉降是指荷载作用在地基上后，随着时间的延续，外荷不变而地基土中的孔隙水不断排除过程中所发生的沉降。次固结沉降主要是由土质状况所引起的，相比主固结沉降量小得多，可忽略不计。当地基发生均匀沉降时，地基沉降不会对建筑物的结构产生其他附加应力，建筑物不会受到损坏。但是如果沉降量过大，就可能导致与建筑联系的其他设施受到损坏，引起建筑物周围长期积水进而使地基岩体强度降低，同时，建筑物的正常使用、生产等其他方面的问题就会受到影响。

（2）地基倾斜破坏

地基倾斜破坏是指地基由于发生不均匀沉降产生的倾斜值超过了相关规定值。地基不均匀沉降将引起地基倾斜，将会引起建筑物的歪斜，在建筑物荷载的偏心作用下，产生附加倾覆力矩，承重结构内部将产生附加应力，基底压力重分布。而高层建筑物对倾斜较为敏感，这种结构在倾斜影响下，必须进行抗倾斜稳定等验算。地基倾斜引起建筑物的差异沉降，而差异沉降可能造成建筑物局部的剪力裂缝或整体的弯曲裂缝。

（3）地基曲率破坏

地基曲率破坏指地基产生过大曲率使基础底面由原来的平面变成曲面。曲率变形将会使建筑物荷载与地基岩体间的初始平衡状态遭到破坏。无论在地基出现正曲率或负曲率条件下，建筑物基础底部都会出现瞬时局部悬空。在建筑物作用下，随着地基支承反力的重分布，建筑物将切入地基，悬空段的长度逐渐缩短，甚至消失，反之，如果建筑物的强度和刚度较小或地基坚实，建筑物无法切入地基，地基曲率使建筑物内产生附加内力，使建筑物产生垂直截面的附加弯矩和剪力，从而导致建筑物出现裂缝和变形，建筑物遭到破坏。在地基正曲率变形影响下，主要有上宽下窄的竖向裂缝和倒"八"字裂缝。

（4）地基的水平变形破坏

地基水平变形破坏主要有水平拉伸和水平压缩破坏。

3.3.2 地基的稳定判据

为保证地基的稳定性，地基设计的主要工作是要确定地基的承载力。目前，区域环境地质调查中对地基稳定性的调查内容主要有：地基主要持力层和特殊性岩土体的分布、岩性、厚度、埋藏条件、工程地质特性；现有建筑物基础类型和地基稳定性情况；现有基坑类型、规模和坑壁、坑底稳定状况；不良地基岩土体在工程作用下和基坑坑壁、坑底的变形对工程建设的危害和对周围环境的影响；采取的工程防治措施及其效果的调查。我国现行规范用地基容许承载力进行地基设计，给概率极限状态设计带来一定的麻烦。地基容许承载力作为一种界限承载力，并没有达到地基整体失稳的极限状态，但确已达到一种界限状态，从这个意义上讲也是一种极限状态，完全符合概率极限状态设计原则所定义的极限状态，下面将介绍几种常用的地基稳定性判据。

1. 我国现行《建筑地基基础设计规范》GB 50007—2011（下统称现行地基规范）

根据地基复杂程度、建筑物规模和功能特征以及由于地基问题可能造成建筑物破坏或影响正常使用的程度，将地基基础设计分为三个设计等级。根据建筑物地基基础设计等级及长期荷载作用下地基变形对上部结构的影响程度，地基基础设计应符合下列规定[11]：

（1）所有建筑物的地基计算均应满足承载力计算的有关规定。

（2）设计等级为甲级、乙级的建筑物，均应按地基变形设计。

（3）所列范围内设计等级为丙级的建筑物可不作变形验算，如有下列情况之一时，仍应作变形验算：

① 地基承载力特征值小于 130kPa，且体型复杂的建筑。

② 在基础上及其附近有地面堆载或相邻基础荷载差异较大，可能引起地基产生过大的不均匀沉降时。

③ 软弱地基上的建筑物存在偏心荷载时。

④ 相邻建筑距离过近，可能发生倾斜时。

⑤ 地基内有厚度较大或厚薄不均的填土，其自重固结未完成时。

（4）对经常受水平荷载作用的高层建筑、高耸结构和挡土墙等，以及建造在斜坡上或边坡附近的建筑物和构筑物，尚应验算其稳定性。

（5）基坑工程应进行稳定性验算。

2. 建筑物地基的变形验算

建筑物的地基变形计算值不应大于地基变形允许值。地基变形特征值可分为沉降量、沉降差、倾斜、局部倾倒。现行地基规范中做了见表 3.2 的规定。

建筑物的地基变形允许值[1]　　　　　　　　　　　　表 3.2

变形特征	地基土类别	
	中、低压缩性土	高压缩性土
砌体承重结构基础的局部倾斜	0.002	0.003
工业与民用建筑相邻柱基的沉降差 （1）框架结构 （2）砖石墙填充的边排柱 （3）当基础不均匀沉降时不产生附加应力的结构	$0.002L$ $0.0007L$ $0.005L$	$0.003L$ $0.001L$ $0.005L$
单层排架结构（柱距为 6m）柱基的沉降量（mm）	(120)	200
桥式吊车轨面的倾斜（按不调整轨道考虑） 纵向 横向	0.004 0.003	

续表

变形特征	地基土类别	
	中、低压缩性土	高压缩性土
多层和高层建筑的整体倾斜 $H_g \leqslant 24$ $24 < H_g \leqslant 60$ $60 < H_g \leqslant 100$ $H_g > 100$	0.004 0.003 0.0025 0.002	
体型简单的高层建筑基础的平均沉降量(mm)	200	
高耸结构基础的倾斜 $H_g \leqslant 20$ $20 < H_g \leqslant 50$ $50 < H_g \leqslant 100$ $100 < H_g \leqslant 150$ $150 < H_g \leqslant 200$ $200 < H_g \leqslant 250$	0.008 0.006 0.005 0.004 0.003 0.002	
高耸结构基础的沉降量(mm) $H_g < 100$ $100 < H_g \leqslant 200$ $200 < H_g \leqslant 250$	400 300 200	

注：1. 数值为建筑物地基实际最终变形允许值。
　　2. 有括号者仅适用于中压缩性土。
　　3. L 为相邻柱基的中心距离(mm)，H_g 为自室外地面起算的建筑物高度(m)。
　　4. 倾斜指基础倾斜方向两端点的沉降差与其距离的比值。
　　5. 局部倾斜指砌体承重结构沿纵向 6～10m 内基础两点的沉降差与其距离的比值。

3. 地基的局部稳定

当地基受到水平方向荷载作用时，由于岩体中存在节理以及软弱夹层，因而也可能会导致岩基滑动。

对于上述几种稳定性判据，地面建筑物的监控应根据观测位移变化率来判定其稳定性，每种稳定性判据还需要进行统计总结与研究。

3.3.3　地基稳定性的影响因素及加固方法

影响地基稳定性的因素较多，主要的是建筑物荷载的大小和性质，岩、土体的类型及其空间分布，地下水的状况，以及地质灾害等情况。住宅结构对地基施加的是铅直荷载。当建筑物修建在斜坡上时，其荷载方向与斜坡面斜交。同样质量的地基，能承受较大的铅直荷载，但不能抵抗过大的倾斜荷载。相对易变形岩、土体的过量压缩，膨胀性岩、土体的膨胀隆起等，均可使建筑物产生不容许的变形。黏土、有机土等在荷载作用下容易产生剪切破坏。松软地层中地下水位下降、地下洞室的开挖及邻近建筑物的施工，可能引起地面和地基沉降。地震时，细粒土的液化可能导致地基失效。开挖洞室、废旧矿坑、喀斯特洞穴等，可能导致地表和地基塌陷。相反，当不存在地质灾害，地基均质，岩、土体质量好时，地基的稳定性就好。下面以边坡地基为例，介绍一下地基失稳的影响因素及加固方法。

1. 边坡地基失稳的影响因素

（1）边坡体的影响

① 岩体的结构类型

整体性好的坚硬致密岩体一般不易发生滑坡，当坡度过陡时才会产生坍塌。结构面的组数、间距以及它们在空间的布局都将对边坡体有直接的影响。

② 边坡体的力学强度：强度高的岩石比强度低的稳定。

③ 水文地质条件：水总是使边坡体的工程性质降低，岩石强度的降低将造成边坡失稳或变形；地应力越大岩体就可能越不稳定。

（2）边坡形状的影响：边坡的倾角、沿走向的形状都将对边坡应力性质产生影响。

（3）边坡上建筑物的影响：建筑物的平面布局、荷载性质、荷载大小以及基础形式等都将对边坡稳定产生很大影响。现行地基规范还专门对基础外边缘线至边坡顶面的距离做了规定，可见其对边坡地基稳定的重要性。

（4）施工的影响：在施工过程中由于地基的开挖、施工爆破以及上部荷载的逐步加大等因素也可能引起边坡地基的破坏。

（5）地震、新构造运动等影响。

2. 边坡地基的稳定性分析及控制

对于边坡的地基稳定性分析，主要分为定性分析和定量分析两大类。定性分析就是在大量搜集边坡及所在地区的地质资料的基础上，综合考虑影响边坡稳定的各种因素，通过工程地质类比法或图解分析法对边坡的稳定状况和发展趋势作估计和预测。定量分析则需按构造区段及不同坡向分别进行。根据每一区段的岩土技术剖面，确定其可能的破坏模式，并考虑所受的各种荷载，选定适当的参数进行计算。通过边坡稳定性分析，针对不稳定边坡采取适当的加固措施进行边坡加固以提高其稳定性，在选择加固方案之前应鉴别边坡的破坏模式，确定其不稳定程度及范围，论证加固方案的可行性。

对于边坡的稳定性控制，很大程度上依赖于对边坡稳定性的分析与判断。工程实践表明，不良的地质条件是影响边坡稳定性的根源或内部条件，而人类的工程活动以及水的作用则是触发并导致边坡失稳的主要外部条件。因此，应在了解可能引起边坡失稳的内、外部条件的基础上，对各种影响因素分清主次，采取相应的措施。

3. 边坡地基的加固方法[11]

目前，国内外用于边坡支护和加固的方法很多，但由于岩体边坡的破坏一般具有突发性、下滑速度快、下推力大、破坏力强等特点，所以真正适用于岩体边坡支护处理的有效方法并不多。就工程应用的情况看岩体边坡的支护与加固的结构主要有锚杆、抗滑桩、预应力锚索等。

（1）锚杆支护

锚杆，无论它是埋设于土中、岩石中或处于海洋环境，它总是属于传递主体结构拉力至周围地层下部结构的组成部分。锚杆周围地层的剪切强度用于克服这种拉力，一般力图使锚杆紧固于离开结构物足够远、且具有足够承载能力的地层中。锚杆可以是拉力桩、锚定桩、重块、岩石锚栓、注浆锚杆（如图 3.25 所示）或承受拉力的专门装置，最普通的锚杆是高强度的钢束（如图 3.26 所示）按有效地承受荷载所要求的斜度和深度安设而成的，以使锚束材料所受应力处于经济水平，且嵌入锚索的土层所受应力也符合要求。如果锚杆中的拉力就是锚杆与其所加固结构物以及锚杆所埋入地基之间的平衡所必需的力，那么结构物和周围土层的位移将保持在允许的范围。锚索通常为被水泥浆或其他固定剂所包裹的高强度钢件（钢筋、钢丝或钢束）。由于钢索常设置于易受侵蚀的环境，钢索应具防腐能力。

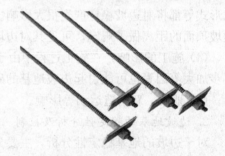

图 3.25　注浆锚杆　　　　　　　　图 3.26　高强度钢束式锚杆

锚杆是一种将拉力传到稳定岩层的结构体系，主要由锚头、自由段和锚固段组成，将岩石开挖工作减至最少，并预测岩体边坡的安全度和极限状态。若斜坡陡峻，安全问题又很重要，或者边坡设计明显地影响工程费用的话，岩体边坡的合理设计就显得尤为重要。而一般情况下，设计是采取多级护坡的，不同坡级所采用的抗滑方案有时是不同的。在岩体坡体加固方案中，钢筋加固措施是最有效而且技术应用也最为成熟的一种。

锚杆可以承受建筑物传递给地基的水平推力，加强边坡岩体的整体性，有效地调动和提高边坡岩体的自身强度和自稳能力，保证建筑物的稳定与安全。综合起来，锚杆主要可起到如下作用：

① 斜锚杆的主要作用是承受拔力，以抵抗建筑物基础传来的水平推力和其他水平作用力，将建筑物产生的作用力传到陡崖边坡深处、后部岩体中，改善坡顶边缘岩块的受力条件。

② 增强岩体整体性，提高岩体力学强度。锚杆穿过数条裂隙，将岩层紧密地串在一起，阻止裂隙的进一步扩展。

③ 减小建筑物的不均匀沉降。安置在岩层中的锚桩，由于其弹性模量远大于岩体的弹性模量，因此在岩体受力变形时，两者间产生的变形差就形成了对岩体的约束力，可有效地阻止岩体沿不利结构面的剪切位移，起到销钉的作用，减小因节理破碎造成的不均匀沉降。

岩石锚栓和岩石锚杆可将岩体加固或联系在一起，从而保持岩体斜坡或挖方的稳定性，常用来支撑大的不稳定岩体。在计划使用锚杆的边坡工程中，对加固设计首先必须对边坡工程进行地质调查，在掌握地质情况的基础上，对边坡的破坏方式进行判断，并分析采用锚杆方案的可行性和经济性，如果采用锚杆方案可行，开始计算边坡作用支挡结构物上的侧压力，根据侧压力的大小和边坡实际情况选择合理的锚杆形式，并确定锚杆数量、布置形式、承载力设计值、计算锚筋截面、选择锚筋材料和数量，在确定锚筋后，按照锚盘承载力设计值进行锚固体设计，最后是进行外锚头和防腐构造设计，并给出施工、试验、验收和监测要求。锚杆支护是岩石边坡支护常用的一种方法。施工时，在岩石边坡上尽量垂直于岩层倾角的方向，用凿岩机械钻孔至稳定基岩区，将锚杆插入，用水泥砂浆锚固，使坡面岩体和有可能下滑的岩石与基岩连成整体。锚杆一般采用 φ16～φ32 钢筋制作，孔眼直径大于锚杆直径 30mm 以上，以保证锚孔内砂浆对锚杆的握裹力。

锚杆支护方法适用于坡面为碎裂的硬质岩石或层状结构的不连续地层，以及坡面岩石与基岩分离并有可能下滑的路堑边坡，特别对岩层倾角接近边坡坡脚和有裂隙的顺层岩体，更为适合。若岩石边坡破碎，节理发育时，可在锚杆支护的同时，在坡面同时采用喷浆或挂网喷浆，以增强坡面的完整性和提高防护能力。

锚杆加固对于岩石陡坡地区及挖方地区是一种十分行之有效的支挡措施。目前，在我国已得到广泛应用，尽管锚杆的锚固作用受到很多因素的影响，且在设计方法上还存在一定问题有待商榷，但在这方面的工程上还是积累了不少施工经验，并应用到了许多实践工程中。随着钻孔技术、机具设备的改进以及对影响锚杆设计的各种因素的试验研究的开展，特别是它本身所具有的优点，一定会在我国工程建设中得到迅速发展。

（2）抗滑桩支护

抗滑桩与一般桩基类似，但主要是承担水平荷载。常用板桩墙抗滑桩形式如图 3.27 所示。抗滑桩也是边坡工程常用的治理方案之一，从早期的木桩到近代的钢桩和目前常见的钢筋混凝土桩，其形式有圆形和矩形，施工方法有打入、机械成孔和人工成孔等方法，结构形式有单桩、排桩、群桩、锚桩和预应力桩等。

图 3.27　板桩墙抗滑桩

抗滑桩防治滑坡的基本原理，是通过桩身将上部承受的坡体推力传给桩下部的侧向岩体，依靠下部的侧向阻力来承担边坡的下推力，而使边坡保持平衡或稳定。

抗滑桩的基本应用条件是：

① 边坡内具有明显的可能滑动面。

② 可能的滑面以下为较完整稳固的基岩，能够提供足够的锚固力。当岩层切断的层数或厚度不是很大时，顺层岩体路堑边坡采用抗滑桩支护是可行的。

（3）预应力锚索支护

预应力锚索是通过对锚索施加张拉力以加固岩体使其达到稳定状态或改善内部应力状况的结构。锚索是一种主要承受拉力的杆状构件，它是通过钻孔及注浆体将钢绞线固定于深部稳定地层中，在被加固体表面对钢绞线张拉产生预应力，从而达到使被加固体稳定和限制其变形的目的。预应力锚索支护是综合治理高边坡病害的重要方法之一，具有技术先进、工期短等优点，其作用机理是：通过在路堑边坡上预先施加应力，使之在可能的滑面上产生正压力和抗滑力，借此来平衡顺层下滑力。预应力锚索主要由锚固段，自由段和紧固头三部分构成，紧固头由外锚结构物、钢垫板和锚具组成。如图 3.28 所示。

图 3.28　预应力锚索支护

（4）混凝土护面

护面的主要作用是防止边坡面岩石风化、剥蚀而降低其稳定性。常用的方法有：

① 喷射混凝土。常与锚杆联合使用，对坡体内严重破碎岩层，有时需先作灌浆处理，然后再进行锚固，如图 3.29 所示为钢筋混凝土栅栏板护面形式。

② 护墙。清除坡面风化层面，用混凝土砌块、条石、片石或大卵石沿岩面浆砌，墙厚 0.3～0.6m，如图 3.30 所示。有地下水处设置排水孔，无地下水时墙体与岩石间的缝隙用砂浆灌填。护墙多用于低岩坡，高岩坡可分台阶设置。

图 3.29　钢筋混凝土栅栏板护面

图 3.30　带平台的护面墙

（5）联合支护

对边坡地基，两种或多种支护体系的联合应用，可以互相弥补各种支护方式的不足，在边坡地基加固中通常采用的联合支护方式有：

① 预应力锚索抗滑桩支护：当滑坡区域的边坡支护、路堑开挖引发的牵引式滑坡或路堤引发的推力式滑坡、工程滑坡和可能性较大的潜在滑坡区域的边坡支护，在抗滑桩难以支挡边坡推力荷载时，宜采用预应力锚索抗滑桩结构。

② 钢筋混凝土格架式锚杆支护：锚杆与钢筋混凝土格架联合使用，形成钢筋混凝土格架式锚杆挡墙，锚杆锚点设在格架结点上，可以是预应力锚杆。这种支挡结构主要用于高陡岩石边坡或直立岩石边坡，以阻止岩石边坡因卸荷而失稳。如图 3.31 所示。

（a）　　　　　　　　　　　　（b）

（c）

图 3.31　地基的联合支护

3.4　地基基础工程其他问题的质量控制措施

在地基基础工程的质量控制中，地基基础工程除了会遇到上述主要问题以外，还会遇到诸如基础施工、基础防水等其他问题，这些质量问题对地基基础会产生不可忽视的影响，下面我们将对这些问题谈一些具体的控制措施。

3.4.1　基础施工过程的质量控制措施

基础施工中，较常出现的质量问题有：基础轴线位移、基础标高误差和基础防潮层失效。这些质量问题直接影响上部结构质量和使用要求。

1. 基础轴线位移的原因及控制措施

基础轴线位移是指基础由大放脚砌至室内标高(±0.00)处，其轴线与上部墙体轴线发生错位。基础的轴线位移多发生在建筑工程的内横墙，这将使上部墙体和基础产生偏心压，影响整体结构的受力性能。

(1) 轴线位移原因。由于大放脚收放掌握不准确，砌至大放脚顶处时，已产生偏差，再砌基础直墙部位就容易发生轴线位移。施工中，横墙基础轴线，一般应在槽边打中心桩，部分施工员在实际放线时仅在山墙处有控制桩，横墙轴线由山墙一端排尺控制。由于基础一般是先砌外纵墙和山墙部位，待砌横墙基础时，基础槽中线被封在纵墙基础外侧，无法吊线找中，轴线容易产生更大偏差，有的槽边控制桩保护不好，被施工人员或车辆碰撞发生移位，产生轴线位移。

(2) 控制措施。定位放线时，外墙角处必须设置龙门板，并有相应的保护措施，防止槽边堆土和进行其他作业时碰撞而发生移动。龙门板下设永久性中心桩(打入与地面齐平，四周用混凝土封固)，龙门板拉通线时，应先与中心桩核对。横墙轴线不宜采用基槽内排尺法控制，应设置中心桩。横墙中心桩应打到与地面齐平，为便于排尺和拉中心线，中心桩之间不宜堆土和放料。挖槽时应用砖覆盖，以便于清土寻找，在槽墙基础拉中线时，可复核相邻轴线距离，以验证中心桩是否有移位情况。为防止因砌筑基础大放脚部分不均匀而引起轴线发生位移，应在基础收分部分砌完后，拉通线重新核对，并以新定出的轴线为准，然后砌筑基础直墙部分。

2. 基础标高偏差的原因及控制措施

当基础砌至室内地平(±0.00)处，常出现标高不在同一水平面。基础标高相差较大时，会影响上层墙体标高的控制。

(1) 偏差原因。基础下部的基层(砂土、混凝土)标高相差较大，影响基础砌筑时对标高的控制。由于基础大放脚宽大，基础皮数杆不能贴近，难以观察所砌每一基础与皮数杆的标高差。砖基础大放脚填芯砖采用大面积铺灰的砌筑方法，由于铺灰厚度不均匀或铺灰面太长，砌筑速度跟不上，砂浆因歇停过久挤浆困难，灰缝不易压薄而出现冒高现象。

(2) 控制措施。应加强对基础层标高的控制，尽早控制在允许偏差之内。砌筑基础前，应对基层标高普查一遍，局部低凹处可用细石混凝土垫平。基础皮数杆可采用小断面(2cm×2cm)方木或钢筋制作。使用时，将皮数杆直接夹砌在基础中心位置。采用基础外侧的皮数杆检查标高时，应配以水准尺校对水平。宽大基础大放脚的砌筑,应采用双面挂线,保持横向水平。砌筑填芯砖应采取小面积铺灰,随铺随砌,顶面不应高于外侧跟线砖的高度[12]。

3. 基础防潮层失效原因及控制措施。

防潮层开裂或抹灰不密实,不能有效地阻止地下水分沿基础向上渗透,造成墙体潮湿。外墙受潮后,经盐碱和冻融作用,砖墙表面逐层酥松剥落,影响居住环境美观和结构强度。

(1) 现状分析及失效原因分析

水泥砂浆防潮层做法简便,构造合理,因此多被采用。砂浆防潮层通过抹压的密实和掺用具有憎水作用的防水剂有效地阻止地下水分沿基础向上渗透,避免墙体受潮,使房屋在盐析和冻融条件下,不致造成砖墙体表面的酥松剥落,影响居住环境和结构的耐久性。然而,施工过程中防潮层的质量问题,却常常被忽视。

施工中经常将砌基础剩余的砂浆作为防潮砂浆使用,或在砌筑砂浆中随意加一些水泥掺用的防水剂,没有经过认真的检验,达不到防潮砂浆的制备要求。

在防潮层施工前,基面上不作清理,不浇水或浇水不够,以致影响防潮砂浆与基面的粘结。操作时表面抹压不实,养护不好,使防潮层因早期脱水,强度和密实度达不到要求,甚至出现明显开裂。

总体来看,防潮层失效主要有以下三个方面:

① 外地坪防水层底面高于防潮层,使水分从外墙面渗入。

② 内地面防水层底面高于防潮层,使水分从内墙面渗入。

③ 防潮层本身的问题。因防潮层最终要隐蔽在基土中,施工单位往往不注重其配合比要求,防水剂掺量比例失调或者与砂浆搅拌不均,甚至漏放。砌筑人员砌筑方法不正确,灰缝砂浆饱满度达不到规范要求等,使水分从墙基垂直向上渗入。

(2) 防潮层失效危害

防潮层失效的危害:当防潮层失效后,水分就在墙体中发生毛细现象,由基础向上部不断渗入。到达墙裙部位时,水分蒸发,在砌体表面形成泛霜现象,严重时会造成抹灰层脱落。另外,长期遭受潮气的侵蚀,砖体也会变得疏松,甚至剥落,强度下降,极大影响建筑物的耐久性。

(3) 控制措施。

施工中,防潮层应作为独立的隐蔽工程项目,在整个建筑物基础工程完工后进行操作,24cm墙防潮层下的丁皮砖,应采用满丁砌法。防潮层施工宜安排在基础房心回填后进行,以防填土时对防潮层的破坏。如图纸设计对防潮层未作具体规定,宜采用2cm厚1:2.5的水泥砂浆掺适量防水剂的做法,防潮层砂浆和混凝土中禁止掺盐,在无保温条件下,不应进行冬季施工[13]。

针对砖砌体中防潮层失效的原因和危害机理可从几个方面来解决:

①　提高设计质量，选用基础与地面、地坪标准图集要相互配套，不能盲目套用。

②　依据图纸和规范要求，严格进行防潮层的施工操作。做到砂浆配合比正确，防水剂掺量无误；防潮层标高准确，其厚度与设计保持一致；砂浆饱满度不得低于85％；室外地坪和室内地面作法必须符合设计图纸的要求。

4. 施工缝设置

施工缝指的是在混凝土浇筑过程中，因设计要求或施工需要分段浇筑而在先、后浇筑的混凝土之间所形成的接缝。施工缝并不是一种真实存在的"缝"，它只是因后浇筑混凝土超过初凝时间，而与先浇筑的混凝土之间存在一个结合面，该结合面就称为施工缝。

(1)　施工缝应设置在结构受剪力较小和便于施工的部位，且应符合下列规定：柱应留水平缝，梁、板、墙应留垂直缝。施工缝留置的位置必须正确，严禁在混凝土底板上和墙上留垂直施工缝。底板与墙体间需要设施工缝时，应将施工缝设于墙上，高出底板上表面≥300mm 处[14]。

(2)　应加强对施工缝的处理，要认真清除施工缝处的浮粒和杂物并应将老混凝土凿毛，用清水将施工缝冲洗洁净然后浇筑新混凝土。

若施工间歇时间未超过所采用水泥的初凝时间（初凝时间可根据试验确定，无试验资料时，不应超过 2h）。当继续浇筑混凝土时，可将新拌制的混凝土均匀倾入，盖满先浇好的混凝土，然后用振捣工具穿过新混凝土达到已浇好混凝土层内 5~10cm，将新旧混凝土一并捣结成整体[14]。

(3)　在浇筑新混凝土之前，应先铺一层水泥浆或同强度等级的水泥砂浆，再浇筑混凝土。并应加强振捣、确保混凝土的密实。在浇筑新混凝土前对施工缝应做如下处理：

①　清除接缝表面的水泥浆、薄膜、松散砂石、软弱混凝土层、油污等；

②　必要时将旧混凝土表面适当凿毛；

③　用清水冲洗旧混凝土表面，并保持充分湿润，但残留在旧混凝土表面的水应予以清除；

④　浇筑新混凝土前，在接缝面上先铺一层厚度为 10~20mm 的水泥砂浆（对于水平施工缝，水泥砂浆厚度宜为 20~30mm），或铺一层与混凝土强度相同的减半石子混凝土[14]；

⑤将施工缝附近的混凝土细致捣实。后浇缝应在两侧混凝土龄期达到 30~40d 后，将接缝处混凝土凿毛、洗净，必要时将模板拆掉重支；并要求湿润 24h 以上，刷素水泥浆一道，再浇筑强度不低于两侧混凝土的补偿收缩混凝土，并浇筑密实，养护 14d 以上[14]。

5. 预埋件设置

(1)　预埋件的原材料应确保合格，加工前必须检查其合格证，进行必要的力学性能试验及化学成分分析，同时观感质量必须合格，表面无明显锈蚀现象。若有锈蚀现象，预埋铁件的表面应进行认真除锈处理。

（2）预埋件位置固定是预埋件施工中的一个重要环节，预埋件所处的位置不同，其选用的有效固定方法也不同。预埋件的固定位置要求预埋件不得与主筋相碰，且应设置在主筋内侧；预埋件不应突出于混凝土表面，也不应大于构件的外形尺寸；预埋件位置偏差应符合规定。预埋件的安装必须牢固，对埋设件周围的混凝土应加强振捣，确保埋设件周边的混凝土密实性。

（3）对有振动的预埋件，应事先制成预埋件混凝土预制块，其表面应做好防水抹面处理，然后稳固地固定在预定位置上，再与混凝土浇筑成一体。

6. 管道穿墙（或底板）部位控制要点

（1）管道和电缆穿墙（或底板）的部位，必须认真做好防水处理，在墙或地板内的管道外应加以衬层，收头处要严密牢固，如图 3.32 所示。

（2）管道穿墙处必须设置止水翼环，也可在管道四周焊锚固筋，以便使管道与结构形成整体，从而避免管道受振时管道与墙体间出现裂缝而渗漏，此外还应在管道周围墙面剔槽，捻灰加固。

图 3.32　管道穿墙根部做法

（3）热力管道穿越外墙部位应采用柔性穿墙套管。

（4）电缆穿墙部位的电缆与管套之间应用石棉水泥（麻刀灰）填嵌密实，再用素灰嵌实封闭。

7. 止水带埋入

（1）埋入式止水带变形的原因是：未采用固定措施或固定方法不当；埋设位置不准确；被浇筑的混凝土挤偏；因振动产生变形，或止水带两翼的混凝土粘结不严，附着力差，混凝土振捣不严，有空隙。

（2）预防措施：首先应将止水带下部的混凝土振实，然后将铺设的止水带由中部向两侧挤压密，再浇筑上部混凝土。

（3）钢筋过密。浇筑混凝土的方法不当，造成止水带周边粗骨料集中，为此应在钢筋加密区用同强度等级的细石混凝土浇筑，以防止粗骨料集中而影响止水带的防水功能。

（4）严禁在止水带的中心圆环处穿孔。

3.4.2　基础防水的质量控制

建筑物地基基础防水防潮设施施工稍有疏忽就容易出现渗漏的质量问题，影响到建筑物地基基础的正常使用和安全生产，尤其是污水的渗漏会污染地下土层及水质，造成难以弥补的后果和损失。正确的基础防水对于结构是至关重要的。基础渗漏可能会产生许多问题，因此从一开始就要做好基础防水。渗漏的基础可能会损害内部的组成，例如泛水，还可能影响结构的长期性能。混凝土和其中的钢筋与水接触时间长了，其性能会下降并发生腐蚀。基础防水必须保护结构的外部和内部的组成。

1. 基础渗漏的主要原因：

① 混凝土本身没有达到设计要求和施工及验收规范的规定。

② 埋件表面有错层，埋件周边的混凝土不密实，有松动现象。

③ 施工缝的位置预留不当，施工缝内清除不干净，新旧混凝土间形成夹块以及上下层混凝土未能牢固粘结。

④ 埋入式止水带变形。

⑤ 管道穿墙或底板部位构造处理不当。

2. 基础防水的质量控制

基础防水设计应当遵循施工顺序。设计必须包括防水过程中所有相关工种的施工程序和责任。各工种的责任要清楚地写在设计文件中，以避免在施工中可能引起的争议。一般的基础项目涉及几个工种的施工人员同时工作，这些工种包括防水、混凝土、开挖、回填，有些情况下还包括机械作业，对于基础的防水问题，应从以下几个方面做好质量控制工作：

(1) 准备工作

大多数直立的基础防水是做在混凝土表面上的，因此混凝土表面的处理对于防水材料的完全粘结非常关键。设计文件应当明确混凝土墙的准备工作由哪个工种负责。大多数的防水材料制造商对材料不提供质保，除非混凝土墙的处置符合他们的要求。在确定混凝土墙是否符合要求方面，防水工和混凝土工总会有分歧。如果设计文件明确了要求和责任，这种事就会大大减少。

基础墙必须干净，没有杂物，表面处理必须符合防水材料制造商的要求。冷施工的粘结剂一般用抹刀，使材料和墙咬合，而自粘卷材一般铺在平滑的表面上。

混凝土应当没有空隙、蜂窝、不平整、连通的孔和其他缺陷。设计文件应当有制造商对正确处理混凝土缺陷的要求。ASTMD5829 是混凝土表面处理和修复的最好的参考文件。修复中所采用的材料应当是防水材料制造商认可的、相容的材料。直径大于分币的空洞修复一般要用不收缩或修补水泥。较小的孔可以用玛王帝脂。直径大于 3mm 的裂缝要求打磨和修补[15]。

(2) 系统设计和材料

垂直基础防水系统通常由下列各部分组成：混凝土墙（基层）、防水材料、保护板/保温板和回填。防水可以采用以下 5 种材料：增强型卷材、热粘沥青系统、液态施工系统、单层卷材、膨润土。

在选择防水系统时，要遵循保守的原则：记住，做防水你只有一次机会。要认真地研究，勤奋地工作，确保所有的防水问题都考虑到了。与现场有关的事宜以及建筑物的要求也需要考虑周到。

在选择防水系统前，建筑师或防水设计人员要了解以下各项：建筑物的用途、地下水位、土的特性、基层稳定性、施工顺序、以往的经验教训、风险与成本以及施工的难易。

（3）施工

防水材料选好以后，防水施工设计要符合材料制造商对材料、施工速度和方法的最新要求。施工时的环境温度应当包括在内，因为如今的许多材料都有温度的限制。混凝土墙的表面，一面是土，另一面是内部空间，防水材料应当在所有内外混凝土表面上施工。基础墙的顶部也应当做防水并且延伸至相交墙不少于30cm。大多数的防水材料不耐紫外线，因此所有外露的地方都要用金属、材料和植物覆盖[15]。

防水层上设置保温主要有两个目的：保温和保护结构。防水中最常用的保温材料是挤出聚苯乙烯板（EPS 板），不仅有高的抗压强度（0.42MPa）还防湿。防湿是需要的，因为保温材料暴露在不断有水渗透的环境中没有任何保护。研究表明，EPS 在持续的潮湿环境中可以保持大约 80% 的干燥时的热阻[15]。保温材料应当全粘在垂直墙上。

在垂直墙上保温还起到保护卷材的作用，消除了回填时可能对防水的破坏。保护板要及时施工，这样可防止其他工种可能造成的破坏。保温要按照制造商的要求施工。

（4）回填

回填是确保防水系统取得成功的关键步骤，在技术条件中应当给予足够的重视。不当的回填是造成防水破坏的最常见原因。这种破坏一般是由使用不合适的回填材料引起的，例如石块、冻土和各种杂物，也可能是回填设备造成的，包括装料机、推土机和铲车等。在有些情况下，做防水前回填已经完成。这常常是那些急于求成或不负责任的承包商造成的。

技术条件上列出的回填要求可以根治这些错误，如果发现用了错误的材料和施工方法，就需要改正。最重要的一点要求是防水材料施工完成以后，要立即进行回填。这一点在垂直施工时是至关重要的，因为回填可以保证卷材的正确位置和保护防水材料免受紫外线照射。

回填的其他要求包括：夯实要按照标准进行；规定粒径不小于 1.9cm 的单级配集料；规定过滤织物，有孔回填以及地下排水；限定一次回填层的高度最大不超过 30cm[15]；规定现场检查，确保符合标准和不损坏防水层。

（5）垂直施工中的排水

地下防水会受到地表水和地下水的作用，对这些水的控制和排放是确保防水成功的需要。地表水包括雨水、融雪、喷水。控制地表水最有效的方式是将其引开，使其远离结构，可以采用设置地表坡度、安装屋面水槽和落水管等方式。

面向结构的喷水装置应当调整为背离结构。因为水可以通过地面上的一些组成如砖石结构渗透到地下。

地下水的控制要稍微复杂一点，因为一年之中地下水位是波动的。一般大雨过后和由于土壤的毛细作用使地下水位上升。在地下水处于最高位时，防水卷材要能够经受得住，即使这种情况是短暂的或不常见的。

正确的地下防水设计必须包括一个收集、排出以及排放的系统。最有效的方式是采用基础排水，可以是现场施工的排水系统或预制的土壤排水系统。

现场施工的排水系统由预制管（通常为 PVC 管）组成，放在基础底部卵石层上。管子的孔朝下使水能流到卵石层内。紧挨结构的排水管要稍高于基础底部以防止基础下面的土壤被冲掉。管子要设置一定的坡度，让水可以流到排水地点、土坑或集水坑。在排水管的四周设置一层粗的卵石层作为附加的蓄水层。在有些情况下在卵石的上层放置滤网或毡，以防止土堆积起来阻碍水流向排水系统。这些系统的最大缺点是现场施工必须到位，实际上常常做不到。时间长了系统就可能被土壤、赃物等堵塞。

鉴于此，制造商开发了预制排水系统，价格不贵，但对各种类型的地下水控制有效。预制排水系统由多种不同塑料制品组成，专门设计的排水芯与土工织物结合使用。施工包括开沟、铺管子达到要求的坡度以及回填。这种产品宽度最大可达 91cm，长度最大可达 152cm，耐冲击，在回填时一般不会损坏，大多数此类系统具有延伸能力，施工完成后可以经受一定位移[15]。

回填最重要的一点是要分层夯实，最好使用专门的机械。土工材料的类型要根据土壤的条件而定，土壤不同使用的土工材料也不同。黏土含量高，可使用无纺针刺土工布；砂土，可使用具有高渗透性的织物；粉状土含量高，可使用小孔土工布。

参考文献

[1]　GB 50007—2011，建筑地基基础设计规范.

[2]　张清焕. 建筑软弱地基概述 [J]. 科技创新导报，2010(28)：32-33.

[3]　熊学斌. 软土地基的问题及处理技术 [J]. 安徽建筑，2006(6)：102-107.

[4]　莫启亮. 浅谈软弱地基的处理方法 [J]. 山西建筑，2009，4，35(12)：105-106.

［5］　李旭. 软弱地基处理方法探索［J］. 南方金属，2006，6，(150)：56-58.

［6］　周齐. 浅谈多层住宅地基不均匀沉降的原因及防治措施［J］. 黑龙江科技信息，2003，10.

［7］　吕鹏，商文磊. 多层砖混结构建筑物地基不均匀沉降的原因及防治措施［J］. 内蒙古科技与经济，2003(10)：78-79.

［8］　葛春兰. 减轻地基不均匀沉降的措施［J］. 内蒙古煤炭经济，2011(3)：46-47.

［9］　王丽萍，李跃新. 地基不均匀沉降的原因及防治［J］. 科技信息，2007(30)：126.

［10］　吴胜发，孙作玉. 建筑物基础不均匀沉降的控制措施［J］. 山西建筑，2005，5，31(9)：61-62.

［11］　陶国平. 边坡地基稳定性相关问题研究［D］. 重庆：重庆大学，2007.

［12］　马胜伟. 建筑基础施工中常见的质量问题及控制措施［J］. 中国新技术新产品，2010(9)：140.

［13］　王永杰. 住宅地基与基础施工质量控制［J］. 内蒙古电大学刊，2004(63)：30-31.

［14］　王珊，高利. 浅谈地基基础防水防潮设施施工控制要点［J］. 中国建设信息，2009(4)：74-75.

［15］　肖石. 基础防水设计与施工［J］. 中国建筑防水，2008(9)：43-44.

第 4 章　砌体工程质量通病及治理技术

砌体结构又称砖石结构，是指其承重构件由砖砌体、石砌体或砌块砌体与砂浆一起砌筑而成的结构。根据承重结构所用块材种类的不同又分为石砌体结构，砖砌体结构和砌块结构。砌体工程是基础和主体工程中常见的结构类型，在砖混结构中占据举足轻重的地位。砌体工程施工质量的低劣，将给建筑物留下安全隐患。

随着我国村镇住宅建设事业的发展，对基础建设的要求越来越高，规模越来越大，工程量越来越多，砌体结构作为村镇住宅的主体结构形式，仍将会继续使用，并占有相当大的比例。因此，在村镇住宅建设中大力发展砌体结构，克服砌体结构的缺点就具有十分重要的现实意义。发展轻质高强的各种实心砖、空心砖砌块以及高强度砂浆，可以节约材料、减少运输量、提高砌体强度、减轻自重、提高砌筑效率并降低工程造价。发展废料制品和各种混凝土砌块，可以解决废料处理，保护环境，同时还可以解决生产黏土砖与农业争地的问题。发展配筋砖砌体结构，在砌体中设置钢筋混凝土构造柱等，可以增强砌体结构的抗震性能。

砌体工程是建筑工程中一个很重要的分项工程。在施工过程中经常会出现各种质量通病，并且量大面广，对结构危害极大。消除质量通病是提高施工项目质量的关键环节。因此，熟悉砌体施工工艺流程，对施工材料及施工过程进行严格监控，研究分析质量通病产生的原因，并采取行之有效的防治措施，具有十分重要的意义。

4.1　砌体裂缝的防治

砌体裂缝不仅种类繁多，形态各异，而且较为普遍，是建筑施工行业中经常遇到的一个质量通病。由于地基不均匀沉降、温度变化、承载能力不足以及材料质量或砌筑质量差等原因都会导致砌体产生裂缝。大量工程实践表明，砌体裂缝是不能完全避免的。对荷载作用下产生的砌体裂缝，规范有严格的规定，而对于变形引起的砌体裂缝，还尚在研究之中。砖体结构的一般性开裂（除严重开裂外）并不危及结构的安全和使用，因此容易被人们忽视，致使这类裂缝屡屡发生，形成隐患。在工程设计中，设计人员一般只注重考虑砌体结构的强度要求及抗震构造措施，而忽略了对裂缝的考虑。轻微的砌体裂缝会影响建筑物的美观，造成渗漏水。严重的砌体裂缝会降低建筑物的承载力、刚度、稳定性、整体性及耐久性，甚至还会引起重大的安全事故。存在裂缝的砌体在地震及其他荷载作用下，容易引起提前破坏。因此我们要高度重视裂缝的问题，正确分析砌体裂缝产生的原因，在砌筑过程中切实加以控制，减少和防止裂缝的产生。

4.1.1 砌体裂缝产生的原因

引起砌体结构墙体裂缝的因素很多，成因最常见的裂缝主要分为六类。分别为地基沉降裂缝、温度裂缝、干燥收缩裂缝、设计造成的裂缝、材料质量引起的裂缝以及施工质量造成的裂缝。

1. 地基沉降不均匀引起砌体裂缝

由地基沉降不均匀而引起的砌体裂缝多为斜裂缝，这类裂缝一般裂而不鼓，一直贯通到基础。尤其对于软土地基和湿陷性黄土地基，如果地基处理不当，很容易引起底层墙体产生斜向裂缝和窗下墙竖向裂缝。如果房屋纵横墙的地基发生不均匀沉降，墙体就会承受较大的剪切力，当材料强度、施工质量和结构刚度不能满足要求时，将导致墙体开裂。此外，如果房屋层数相差较多又没有设置沉降缝，在交接部位也容易产生竖向裂缝，这类裂缝常伴有较大的地基不均匀沉降。如图 4.1 所示。

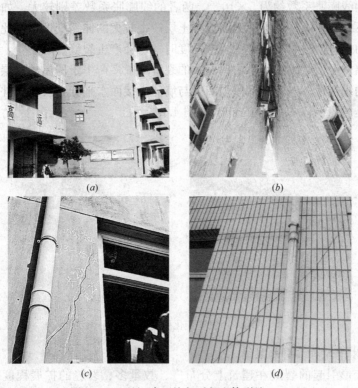

(a)　　　　　　　　　　(b)

(c)　　　　　　　　　　(d)

图 4.1　地基沉降不均匀引起砌体裂缝(一)

(e)

图 4.1　地基沉降不均匀引起砌体裂缝(二)

2. 温度变化引起砌体裂缝

由于日照及昼夜温差、室内外温差、季节温差等带来的温度变化，将引起砌体材料的热胀、冷缩。在砌体结构受到约束的条件下，当温度变化引起的砌体温度应力足够大时，就会引起墙体产生裂缝，如框架梁下沿砌块顶部的水平裂缝、门窗洞边的角裂缝等。此外，钢筋混凝土结构的线膨胀系数约为 10×10^{-6}，砖砌体结构的线膨胀系数约为 5×10^{-6}，两者的线膨胀系数差别较大。如果屋面保温隔热层不符合要求，就会使钢筋混凝土层产生较大的伸缩变形，由此产生的温度附加应力一旦超过材料自身的抗拉强度时，也会产生裂缝。

砌体结构温度收缩变形不协调所致的裂缝一般多产生于房屋的顶层，尤其是房屋两端的纵横墙体，裂缝沿屋顶圈梁与墙体交接面水平分布及墙体外角斜向分布，其次是门窗洞口 45°斜向分布。如图 4.2 所示。

图 4.2　温度变化引起砌体裂缝

3. 砌体干燥收缩引起裂缝

干缩变形引起的裂缝在建筑上分布广、数量多、裂缝的扩展程度也比较严重。干缩裂缝烧结黏土砖，包括其他材料的烧结制品，其干缩变形很小，且变形完成比较快。在不使用新出窑的砖的情况下，一般不需要考虑砌体本身的干缩变形所引起的附加应力。但是在潮湿情况下，这类砌体会产生较大的湿胀，而且这种湿胀是不可逆的变形。对于砌块、灰砂砖、粉煤灰砖这一类砌体，随着含水量的降低，材料的干缩变形会变大。而且干缩后的材料受湿后仍会发生膨胀，脱水后材料会再次发生干缩变形，但其干缩率有所减小，约为第一次的 80% 左右[1]。

此外，砌体结构中的混凝土相比其他结构更容易产生干缩裂缝。因为砌体结构中的混凝土在空气中硬化时，其中的水分更容易逐渐蒸发，使毛细孔中形成负压，负压力会随着空气湿度的降低而逐渐增大，负压力的存在会使毛细孔产生收缩力，当收缩力超过材料本身的抗拉强度时导致混凝土开裂，进而产生干缩裂缝。干缩裂缝往往没有方向性，裂缝较细约为 $0.1 \sim 0.3$mm[2]。

砌体面层空鼓的斜裂缝，往往都是水泥干缩引起的。阳台栏板与砖砌体接槎处的裂缝通常都是由于混凝土的二次浇筑引起。在施工过程中，应在构造柱上留出钢筋进行搭接和焊接，否则易使钢筋混凝土栏板因混凝土收缩而形成裂缝。如图 4.3 所示。

图 4.3　砌体干燥收缩引起裂缝

4. 由于结构设计的缘故，承载力不足而引起的裂缝

这一类裂缝的位置比较明确，裂缝宽度较大，危害性大，主要有以下几种情况：

（1）没有对墙面吊挂重物处进行加固处理，引起墙体变形开裂。

（2）对墙面开槽、开洞安装管线、线盒及插座细部，没有提出详细的处理要求，引起墙体开裂。

（3）没有对门窗洞及预留洞的四角等应力集中区采取合理的连续构造措施。

（4）在墙体过长、过高时，没有对非承重砌块墙采取加强构造措施。

5. 材料自身的因素

（1）目前，市场上砖的质量普遍不高，普通砖在北方地区很难满足抗冻性能的要求，经过几个寒冬后墙体很容易开裂。

（2）砖与砂浆的离散性较大，粘结性较差，使砌体强度均匀性较差，再加上在干燥环境下，砌体与砂浆各自的收缩性较大，导致墙体开裂。

（3）砖砌体的极限应变较小，且抗压强度高而抗拉、抗弯曲强度较小，抗拉强度只有混凝土抗压强度的十分之一，一般的墙体为无筋砌体，即使有拉结筋也是构造上的需要而设置的，抗裂性能较差，再加上砌体内部应力分布很不均匀。因此在拉应力区域易产生裂缝，这是产生裂缝最为主要也是最为重要的原因之一。

6. 施工中存在的因素

（1）在施工中，使用强度较低的砂浆；没有把砌体表面的污物处理干净；砌筑工人之间的技术水平存在差别造成砌筑质量不稳定；砌体的养护时间不足，砌筑前未对砖进行预湿处理等，这些因素都会导致墙体开裂。使用搅拌不充分的砂浆，由于和易性差，饱满度不够，易引起水平灰缝厚度不均匀，造成砌体强度下降。

（2）施工速度过快，地基在砌体强度还未达到设计强度时就已发生快速变形，而地基土因土应力调整滞后而过早产生不均匀沉降，导致砌体内部产生过大的初始应力和应变，形成潜在的裂缝因子，当砌体承受的活荷载增大后，潜在的裂缝因子发生作用，导致墙体开裂。

4.1.2　砌体裂缝的常见形态特征

砌体裂缝的形态特征，根据其成因主要可分为以下四种：材料质量或砌筑质量差引起的裂缝特征、因承载力不足而引起砌体裂缝（超载裂缝）的形态特征、因地基不均匀沉降而产生砌体裂缝的常见形态特征、因温度变化而造成的裂缝的常见形态特征。

1. 材料质量或砌筑质量差引起的裂缝特征

（1）砌筑质量差

砌筑质量差引起砌体裂缝的主要特征为：内外墙的接槎不良，在接槎处出现竖向裂缝；砌体的重缝、通缝现象严重，集中使用断砖，降低了砖块之间的咬合力，易引起不规则裂缝。

（2）砂浆体积不稳定

砂浆体积不稳定引起砌体裂缝的主要特征为：无论在砖墙或砖柱的内外面，还是砖墙或砖柱的上下部，裂缝都普遍存在。

2. 因承载力不足而引起砌体裂缝（超载裂缝）的形态特征

砌体承载力不足而引起的砌体裂缝，往往体现或预示了砌体结构的破坏。因此，正确识别这类裂缝的形态特征，无论是分析、处理砌体裂缝，还是保证建筑物的安全使用都具有重要意义。这一类裂缝的主要特征为[3]：

　　(1) 裂缝方向: 轴心受压或小偏心受压的墙、柱上, 裂缝方向一般是垂直的; 在大偏心受压时, 也可能出现水平裂缝。

　　(2) 裂缝位置: 常在柱、墙下部 1/3 位置, 上下两端除了局部承压不够而造成裂缝外, 一般较少有裂缝。

　　(3) 裂缝宽度与形状: 缝宽 0.1~3mm 不等, 裂缝形状中间宽, 两端细。

　　(4) 裂缝出现的时间: 通常在楼盖(屋盖)支撑拆除后立即可见, 也有少数是在使用荷载突然增加时而开裂。

　　3. 因地基不均匀沉降而产生砌体裂缝的常见形态特征

　　地基发生不均匀沉降时, 地基沉降量大的地方会产生局部凹陷, 如果建筑物的整体刚度较差, 基础又不足以调整因地基沉降差而产生的应力, 便会在砖砌体中产生拉应力和剪切应力。此时一旦砌体中某处的抗拉、抗剪强度不足以抵抗变形力时, 便会产生斜向裂缝, 这类裂缝大多会发生在底层, 在顶层大量的竖向裂缝或接近竖向裂缝, 在底层多数为斜裂缝。

　　(1) 正八字缝与倒八字缝

　　这两种斜裂缝常分布在墙身相对挠曲较大的断面处, 大多数出现在纵墙上, 在砌体下部的裂缝较多, 上部较少。这两种斜裂缝一般通过窗口的两对角, 紧靠窗口处裂缝较宽, 向两边和上下逐渐缩小; 其裂缝走向往往由沉降小的一边逐渐向沉降较大的一边自下向上发展。正八字缝及倒八字缝的形式如图 4.4、图 4.5 所示。

某砖混结构外墙
窗台下贯通性裂缝

　　　图 4.4　正"八"字形裂缝　　　　　图 4.5　倒"八"字形裂缝

　　(2) 斜裂缝

　　除了上述两种典型斜裂缝外, 还有以下几种常见的斜裂缝, 其形态特征如图 4.6、图 4.7 所示。

　　① 当采用"L"、"山"、"工"形的建筑平面时, 纵横建筑物的交接部位因为基础密集而使地基应力重叠, 所以交接部位的沉降量往往较大, 通常会出现斜裂缝。

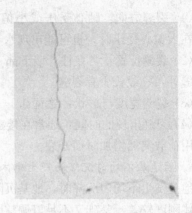

图 4.6　宽度较大的斜裂缝　　　　　　图 4.7　近 3mm 的斜裂缝

② 如果建筑物的地基一端较弱，或者建筑物一端层高或载荷较大，易引起某一端因沉降量大而出现斜裂缝。

③ 如果相邻建筑物间距较小，后建的高大建筑物会影响原有建筑物，使其产生不均匀沉降而出现斜裂缝，其斜裂缝方向向高大房屋升高。

(3) 竖向裂缝

底层大窗台下的竖向裂缝，是因为窗间墙下基础的沉降量大于窗台下基础的沉降量，使窗台墙产生反向弯曲变形而开裂。建筑物顶部的竖向裂缝，往往出现在地基突变处，建筑物的一端沉降量大，使墙顶形成较大的拉应力而开裂，以上两种竖向裂缝上部宽，向下逐渐减小。竖向裂缝常见的有窗下竖向裂缝(如图 4.8 所示)和窗脚竖向裂缝(如图 4.9 所示)。

图 4.8　窗下竖向裂缝　　　　　　图 4.9　窗脚竖向裂缝

(4) 水平裂缝

窗间墙上的水平裂缝一般都是在每个窗间墙上、下两对角处成对出现，沉降大的一边裂缝在下，沉降小的一边裂缝在上。靠近窗口处的裂缝宽度较大，裂缝宽度向窗间墙的中部逐渐减小。在地基不均匀变形或沉降部分局部被顶住后(沉降缝处理不当时常有这种现象），窗间墙上受到较大的水平剪力，引起弯曲破坏，是形成这种裂缝的主要原因。水平裂缝常见的有梁底水平裂缝（如图 4.10 所示）和墙体中部水平裂缝（如图 4.11 所示）。

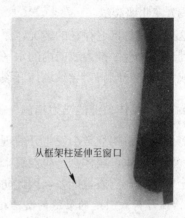

从框架柱延伸至窗口

图 4.10　梁底水平裂缝　　　　　　图 4.11　墙体中部水平裂缝

4. 因温度变化而造成的裂缝的常见形态特征

产生温度裂缝的主要原因是材料的线膨胀系数不同以及温差引起的温度应力。在相同温度下，混凝土的线膨胀系数约为 $10 \times 10^{-6}/℃$，砖砌体的线膨胀系数约为 $5 \times 10^{-6}/℃$，混凝土的线膨胀系数约为砖砌体的两倍，二者因温度变化而产生变形差异进而产生附加应力。同时，屋面混凝土板长时间受阳光辐射，其温度也比墙体的温度高出许多，从而引起裂缝。

(1) 斜裂缝

温度变化引起的斜裂缝主要有三种形态，即正八字形、倒八字形和 X 形，其中以正八字缝最多见。裂缝往往出现在顶层墙身两端的 1～2 个开间内，有时可能发展至房屋长度的 1/3 左右[4]。这种裂缝一般对称地出现在内外纵墙上，横墙上有时也会产生。斜裂缝一般只有顶层存在，严重时也会扩展至以下几层。当房屋两端有窗口时，裂缝常通过窗口的两对角。由于屋盖与墙之间存在温度差，钢筋混凝土的线膨胀系数比砖砌体的大一倍，故上述斜裂缝多数出现在平屋顶的房屋中。

(2) 水平裂缝

水平裂缝主要分为两种：①屋顶下的水平裂缝；②纵墙窗口处的水平裂缝。

屋顶下水平裂缝往往出现在平屋顶圈梁下 2～3 皮砖的灰缝中，沿外墙顶部分布，两端较为严重，有时形成水平包角缝，裂缝向中部逐渐减小，且渐成断续状态。出现这种裂缝主要是因为墙体的温度变形小于屋盖的温度变形，砌体的水平抗剪强度小于屋盖下砖墙产生的水平剪力。

外纵墙窗台处裂缝多见于高大空旷的房屋中，主要原因是平屋顶的温度膨胀变形相当于在墙顶作用了一个水平力，因此墙内产生了附加应力，在砌体的窗台处弯曲拉应力最大，当应力超过砌体的抗拉强度时，就会出现裂缝。

（3）女儿墙裂缝

这类裂缝是普遍存在的情况，原因是屋盖产生过大的温度变形，使女儿墙根部受到向外的水平推力或向内的水平拉力，引起女儿墙根部与平屋面交接处砌体凸出或女儿墙处倾斜，导致墙体开裂。

4.1.3　砌体裂缝的防治措施

多层砌体结构通常会发生开裂现象。房屋建成后一年，有的二至三年，甚至更长一段时间后，墙体会产生裂缝，影响了建筑的功能和美观，严重时会导致结构安全度降低，抗震性能差，因此防止砌体开裂十分重要。

1. 因外荷载引起的裂缝的防治措施

（1）处理好框架柱与填充墙的连接构造。填充墙与框架柱之间极易发生裂缝，因此，填充墙应与框架柱间应有牢固可靠的连接。一般情况下，沿框架柱高每隔 500～1000mm 左右布 2φ6 钢筋与填充墙拉结。拉筋伸入墙内长度：一、二级框架宜沿全长设，三、四级框架不应小于墙长的 1/5，且不少于 700mm。由于砌块外形尺寸均较黏土实心砖大得多，且大小、规格繁多，常用的小型混凝土空心砌块高度为 190mm，设计拉结筋间距时，如不考虑所选砌块的高度，施工中就会遇见问题：拉结筋不能直通砌体灰缝，施工人员将其弯折埋入灰缝，这样就起不到拉结作用，在外力作用下极易出现裂缝，故工程中预留拉筋时，必须考虑与所选用砌块的高度相匹配，保证拉筋直通灰缝。为保证钢筋的握裹力，埋设拉结钢筋的灰缝应采用 M10 水泥砂浆。常规的拉筋用 φ6 圆钢，光圆钢筋握裹力较差，建议拉结钢筋改用冷轧带肋钢筋，可选用 LL550 级，直径 5mm 的冷轧带肋钢筋，其强度及握裹力都远优于光圆钢筋。

（2）加强整体结构的抗侧能力。在水平荷载或往复荷载作用下，如果框架抗侧能力低，会使墙体变形过大，导致填充墙挤压开裂。因此，设计中应严格控制框架结构的变形值，即不仅要控制房屋顶点总位移值，还应该严格限制各层间位移不超限，这对房屋抗裂意义很大。

（3）处理好填充墙顶部与梁之间的连接构造。梁与墙之间由于填充墙顶部封顶处理不当从而导致梁与墙之间最易发生裂缝。首先应该要求填充墙砌筑完毕后，必须待 3～5d，砌体充分干燥，沉实后方可进行处理。封顶时宜选择小规格实心砌块、斜砌塞紧，用半干硬性砂浆填满塞实。也可以采用 C15 半干硬性混凝土填满塞实。当砌块强度较低时，填充墙上角应采用强度较高的实心砖封顶。另外，当墙长大于 5m，墙顶部与梁宜有拉结措施。一般采用沿梁长方向间距

1500mm 左右预埋 ϕ8U 型钢筋锚入砌体内。对于墙与梁柱交接处，尽管做了以上处理，但经常仍控制不住裂缝的出现。故对于一些较高、较长的、高装修标准建筑填充墙，可以在接缝处墙面加钉一层钢筋网片，可采用 20 号镀锌拧花网（200mm×200mm）或 ϕ4@250 双向钢筋网，加钉范围在接缝处上下（或左右）各 200～300mm 宽为宜。

（4）填充墙内的构造措施

现代的许多框架结构房屋，尤其是大空间房屋，上下层横梁的间距往往过大，柱距也比较大，使得填充墙过高、过长。又未对填充墙加强构造处理，使得墙体平面外的刚度较小，在外力作用下易使墙体出现裂缝，尤其是墙顶部与梁之间。因此，填充墙顶部易开裂不仅与墙顶封顶处理的好坏有关，也与墙体高度、长度有关，在设计中应加强墙体内的构造。首先就要控制填充墙的高厚比，对不承重的填充墙，其高厚比应满足：$\beta = \dfrac{H_0}{h_0} \leqslant k_1 \cdot k_2 \cdot [\beta]$

式中，$[\beta]$——墙的允许高厚比（见表 4.1）；

　　　k_1——非承重墙的高厚比修正系数，当墙厚＝200mm，取 1.28；

　　　k_2——有门窗洞口的墙 $[\beta]$ 修正系数。

砌体墙体的允许高厚比　　　　　　　　　　表 4.1

砌体种类 砂浆标号	≥M10	M5	M2.5
加气混凝土砌块	18	18	16
粉煤灰硅酸盐砌块、煤矸石空心砌块	24	22	20
混凝土小型空心砌块	26	24	22

根据《建筑抗震设计规范》[5]规定，超过 4m 高的填充墙，宜在墙高中部设置与柱连接的钢筋混凝土水平墙梁。对于各类轻质砌块砌体，墙高超 4m 可在墙中设一 60mm 厚的现浇钢筋混凝土带，配 3ϕ6 圆钢或 3ϕ5 冷拔带肋钢筋，两端要锚入框架柱或构造柱内，用 ϕ4@300 的短钢筋点焊成钢筋网片，用 C15 细石混凝土浇筑。对超过 6m 高的填充墙应设两道现浇带。超过 7m 高的填充墙，设计中应尽可能避免，宜加设层间梁，降低填充墙高度。值得一提的是，当填充墙开有较大的窗洞时，无论墙多高均宜考虑在窗台下设现浇带，因窗角处极易应力集中，产生八字形分布的裂缝。设计人员在施工图中应明确说明现浇带的布置方法及位置。另外，还需要对填充墙的长度方向加强构造措施，一般位于框架柱间的填充墙，可设拉筋与柱产生联系。而施工中易忽视的是，不位于框架柱间的墙体，不能与框架柱产生联系。为保证其稳定性及正常使用，应沿长方向每隔一定间距设一构造柱。一般情况，墙长超过 7m 应在墙中设一构造柱。施工时预先在上下层横梁中预埋钢筋。为了不使构造柱对主体结构内力分布产生影响，应在构

造柱与梁交接处加垫一软质材料，如油毡等。

2. 地基不均匀下沉(或上胀)而产生的裂缝的防治措施

(1) 以预防为主，在设计中应采用合理的平面、立面、荷载等，选择较好的基础形式，有必要时要对地基进行处理；无地质勘察资料严禁做施工图设计，对地质条件较复杂的，应在彻底搞清楚地质条件后做施工图设计。

(2) 增加结构物的刚度，降低沉降量，减少裂缝。具体作法如下：为增强基础的整体性，可在基础顶部设置地圈梁，一般采用 250×250 断面的地圈梁，配 $4\phi14$ 纵筋，并且应使箍筋满足构造要求；在窗洞上下口位置设置附加钢筋混凝土带，厚度为 60mm，宽度与外墙宽度保持一样，对整个外墙进行封闭设置；在每层的板底设置圈梁，也要对纵横墙设置圈梁，且圈梁要全部交圈，在被洞口截断的地方应设附加圈梁，其搭接长度不小于 1m 且不小于附加圈梁与圈梁距离的 2 倍[6]。

(3) 建筑物尽量布置规整、对称，尽量避免立面错层，尽量使上部质量分布均匀。用沉降缝把建筑物分成若干单元，其目的是将结构物刚度变小，使其能适应地基的变形。

3. 由温度变化、材料变形不同引起墙体开裂的防治措施

(1) 女儿墙应增设构造柱。

(2) 当采用现浇混凝土桃檐长度大于 12m 时，宜设置分隔缝，分隔缝宽度不应小于 20mm，缝内用弹性油膏嵌缝。

(3) 在屋盖的适当部位设置控制缝，控制缝间距不大于 30m。

(4) 屋盖上设置保温隔热层。

(5) 在正常使用的条件下，为了防止或减轻房屋由温差或砌体干缩引起的墙体竖向裂缝。应在因温度和收缩变形可能引起应力集中、砌体产生裂缝可能性最大的地方设置伸缩缝。

4. 施工阶段的防裂措施

填充墙的砌筑是人为操作的过程，往往由于施工人员对墙体材料性质本身的不了解以及对砌块施工处理不好宜出现裂缝的情况重视不足，造成填充墙在砌筑后不久就出现大面积的裂缝。另外，对一些新型的砌块，施工人员仍然依照黏土砖的砌筑方法来砌筑，使用普通的砌筑砂浆，或对不同材料的砌块进行混砌都会造成填充墙体裂缝的出现，可见施工阶段是防治裂缝的重要环节。施工人员在严格依照设计方案操作以外，应注意做到下面的工作[7]：

(1) 砂浆抹灰强度等级由低向高过渡，防止应力突变而产生粉刷裂缝。

(2) 尽量避免低温或高温施工，选择适宜的季节施工。

针对填充墙常见的一些裂缝，下面以表格的形式归纳各种裂缝的防治措施，具体见表 4.2。

填充墙裂缝防治措施   表 4.2

裂缝的部位	裂缝产生的原因	裂缝防治措施
墙柱交界处纵向裂缝	(1) 墙柱间隙过大 (2) 砌块与柱间灰缝不饱满 (3) 砌块收缩 (4) 砌筑砂浆干缩、抹灰层 (5) 不同材料的变形率不同	(1) 砌块靠紧柱壁，减少灰缝厚度 (2) 改善砂浆和易性，砌筑时灰缝饱满密实，厚浆随手压缝 (3) 控制砌块含水率，28d 龄期 (4) 控制抹灰厚度，配比、操作工艺 (5) 砌墙时规定锚入拉接筋 (6) 沿墙柱交界处挂钢丝网或纤维布
墙梁交界处水平裂缝	(1) 最上皮砌块未顶贴梁底 (2) 砌体沉缩过大 (3) 墙梁交界处灰缝不饱满 (4) 墙梁交界处灰缝过厚 (5) 砌块收缩 (6) 砌筑砂浆干缩、抹灰层 (7) 不同材料的变形率不同	(1) 用实心辅助砌块斜砌，砌块顶满铺砂浆顶紧梁底 (2) 控制最上一皮砌筑高度 (3) 控制日砌高度 (4) 沿墙梁交界处挂钢丝网或纤维布防裂 (5) 改善砂浆和易性，砌筑时灰缝饱满密实，厚浆随手压缝 (6) 控制砌块含水率，28d 龄期 (7) 控制抹灰厚度，配比、操作工艺
墙中部砌块周边裂缝、纵横裂缝	(1) 砌体收缩不均（砌块、灰缝、抹灰层干缩变形不一） (2) 采用不同材料砌筑 (3) 砌体沉降不均匀	(1) 控制墙体长度，或加构造柱 (2) 加钢网或纤维布防裂 (3) 用相同材料砌筑、填塞 (4) 日砌高度基本一致，预留拉结钢筋
表面不规则裂缝	(1) 抹灰层过厚，抹灰过早，未分遍操作 (2) 灰浆配比不当，用灰量过大	控制抹灰厚度，配比、操作工艺
抹灰层之间或与基层之间剥离空鼓	(1) 抹灰层与基层材料相差大，温度干湿变形不一致 (2) 基层与抹灰层粘结力底，未粘牢	(1) 控制抹灰厚度，配比、操作工艺 (2) 清理基层表层浮灰和污物，打底处理，控制含水率适量洒水或干燥后抹灰 (3) 分离压实抹灰 (4) 选用强度高的砌块，抹灰与基层材质相适应
门窗洞边角的裂缝	(1) 砌块收缩 (2) 砌筑砂浆干缩、抹灰层 (3) 不同材料的变形率不同 (4) 构造不合理，施工不当	(1) 改善砂浆和易性，砌筑时灰缝饱满密实，厚浆随手压缝 (2) 控制砌块含水率，28d 龄期 (3) 控制抹灰厚度，配比、操作工艺 (4) 加钢网或纤维布防裂 (5) 窗台板或过梁应坐浆饱满，垫平 (6) 门窗洞边加拉筋，加配水泥砂浆或混凝土边框

（3）室内墙面批嵌，粉刷及饰面砖粘贴施工宜在墙体顶部空隙补砌或嵌填作业完成后 14d 方可进行。房屋顶部楼层的内墙批嵌粉刷及饰面砖粘贴施工宜在屋面保温层乃至屋面工程完成后进行。外粉刷及饰面砖粘贴施工宜在屋面工程完成后进行，外墙的外表面宜采用浅色饰面材料。

（4）填充墙砌至接近平顶梁或板底时，应留一定空隙，待填充墙砌筑完毕应至少间隔 7d 后，方可继续补砌。

（5）多孔砖、小砌块的砌体灰缝厚度和宽度应为 8～12mm；粉加气块砌体应采用专用砂浆砌筑，水平灰缝厚度及竖向灰缝宽度不宜大于 15mm。

（6）砌体砌筑时应错缝搭砌，大砌块搭砌长度不宜小于被搭砌块长度的 1/3，且不得小于 100mm；小砌块搭砌长度不应小于 90mm，且竖向通缝不应大于 2 皮砌块。当某些部位无法满足其要求时，应在水平灰缝中设置 2φ6 钢筋网加强，加强筋长度不小于 500mm。

（7）砌体留置的拉结钢筋或网片的位置应与块体皮数相符合，且应置于灰缝中，埋设长度应符合设计要求。为保证钢筋的握裹力，埋设拉结筋的灰缝应采用 M10 水泥砂浆。

（8）使用砌筑砂浆砌筑的砌块，其水平和垂直灰缝的砂浆饱和均匀程度应大于等于 80%。

（9）多孔砖和小砌块不得浇水砌筑；粉加气块用砂浆砌筑时，如果气温高、砌块表面太干燥，宜在砌筑前 2h 适量喷水；用粘结剂砌筑时不得浇水。

（10）砌体砌筑应使用同种材质的块材，不宜混砌，应对不同材质块材的交接处进行加强处理，建议采用搭接铺设钢丝网片来进行加强。

（11）厨房、卫生间等防潮湿房间的加气块墙体应设高度不小于 200mm 的现浇混凝土(或混凝土砌块)导墙。

（12）砌筑砂浆应使用预拌砂浆或干粉砂浆，其各项技术性能与质量要求应符合相关技术规程的规定，并具有良好的和易性和保水性，砂浆稠度宜为 70～80mm，使用的砌筑砂浆，其搁置时间不应超过 3h。

（13）墙体材料的产品龄期都必须超过 28d 方可上墙。

4.2　砌体施工质量控制

在村镇住宅结构房屋中，砌体结构占有很大的比重，因为砌筑的施工量很大，而且砌体又为承重结构，所以加强对砌体在施工过程中的质量控制非常必要。砌体由砌材和砂浆组成。除了应使原材料满足质量要求以外，还必须掌握影响砌筑质量的主要因素：砖的浇水湿润程度、砂浆饱满度、临时间断处接槎是否牢固、组砌形式以及水平灰缝厚度等，对这些主要因素进行严格的质量检查、监督和控制。

4.2.1　砌筑前的质量控制

1. 浇水湿润

砖在砌筑前应提前 1d 浇水湿润，一般以水浸入砖周边 15mm 深为宜，同时使砖表面的浮灰随浇水被清理，否则砂浆水分被砖很快吸走，砂浆和易性降低，从而影响砂浆与砖的粘结，导致砂浆凝结后难以达到设计强度，从而在根本上降低了砌筑质量。

当采用空心砌块砌筑围护墙体时，为预防砌体干燥后产生开裂，应注意控制上墙砌块的湿度。因为空心砌块具有混凝土的特性，与普通烧结砖的材质差异很大，主要体现在湿胀干缩的特性。如果干缩变形超过了砌块块体或灰缝所允许的限量时，砌体就会产生开裂。

混凝土空心砌块与普通砖在砌筑时的区别是不能提前浸水或浇湿，若气温特别干燥，砂浆水分蒸发太快时，按《砌体工程施工质量验收规范》[8]GB 50203—2011规定，可在砌筑时略加喷湿至含水率5%～8%，并且应立即砌筑到位。

2. 砌筑前的准备工作

砌筑前不论采取一丁一顺、一丁三顺还是梅花丁组砌方法，先用干砖将砖的组砌方式排好，特别注意构造柱处大马牙槎五退五进（标砖）或三退三进（空心砖），排好后严禁改变组砌方式，并且不要用瓦刀砍砖，七分头应采取切割方法切割，减少浪费。制作足量的皮数杆，按照墙体高度，楼层标高，洞口位置等，画好皮数杆，使砖砌体的水平灰缝厚度控制在10±2mm之内。

对于砌块，编制砌块排版图是施工作业准备的一项首要工作，也是保证砌块墙体工程质量的重要技术措施。为便于指导施工和砌块准备，砌块墙体在施工前必须按房屋设计图编绘砌块排版图。砌块的排列应根据砌块规格、搭接规定、灰错缝要求、层高尺寸、门窗洞口尺寸、缝厚度和宽度、预留洞大小、构造柱位置、开关、插座敷设部位、管线、过梁与圈梁或拉接带的高度等进行错缝搭接排列。为了提高工效，减少加气混凝土砌块的现场切锯量，避免材料浪费，应尽量采用主规格砌块。将砌筑砌块的部位表面打扫干净，弹出墙体、门洞口等尺寸位置线；在结构墙柱上弹出墙体的立面边线，标出窗口位置。拉标高准线，用砂浆找平砌筑基层，用水平尺检查平整度。当最下一皮砌块的水平灰缝厚度大于20mm时，应用豆石混凝土找平；墙底部应砌烧结普通砖，或现浇混凝土坎台，其高度不宜小于200mm。卫生间等有防水要求的房间，四周墙下部设置高度为200mm的现浇混凝土带。应将砌筑砌块的部位表面打扫干净，弹出墙体、门洞口等尺寸位置线；在结构墙柱上弹出墙体的立面边线，标出窗口位置。拉标高准线，用砂浆找平砌筑基层，用水平尺检查平整度。当最下一皮砌块的水平灰缝厚度大于20mm时，应用细石混凝土找平；墙底部应砌烧结普通砖，或现浇混凝土坎台，其高度不宜小于200mm。卫生间等有防水要求的房间，四周墙下部设置高度为200mm的现浇混凝土带[9]。

4.2.2　砌筑过程中的质量控制

1. 砌筑方法的质量控制

在砌体工程施工中常采用的一些传统砌砖方法有："三一"砌砖法、铺浆挤砌法、坐浆砌砖法、括浆砌砖法和"二三八一"操作法。各种方法的操作要点及特点见表4.3。

砌筑方法操作要点及特点　　　　　　　　　　　　　　表 4.3

砌筑方法	操作要点	特点
"三一"砌砖法	一铲灰、一块砖、一挤揉	工人需采用大铲操作，砌体灰缝饱满、粘结好、整体性好、强度高、墙面清洁、劳动强度较大、砌砖效率较低
铺浆挤砌法	铺浆、取砖、压紧推挤	灰缝饱满、砌筑质量较高、劳动强度较低、砌砖效率高
坐浆砌砖法	铺浆、用尺刮平、砌砖并压实	灰缝均匀、墙身清洁美观
括浆砌砖法	瓦刀括浆、取砖、在砖上括浆、将砖用力按于墙上	刮满刀灰时灰缝饱满、工效较低
"二三八一"	两种步法、三种弯腰姿势、八种铺灰手法、一种挤浆动作，即双手同时铲灰、拿砖一转身铺灰一挤浆、括余灰弓一甩出余灰	具有"三一"砌砖法的特点，但工人不易疲劳、工效高

从表4.3可以看出，几种规范化的传统砌砖方法，为保证砌筑质量，均有一个用力动作，如"挤揉"，或"压紧"、"压实"、"用力按"、"挤"。通过这些动作，加强了砖与砂浆之间的粘结作用，并能保证水平灰缝砂浆的饱满度，从而确保砌体的砌筑质量。但在砌筑操作中经常存在一些不规范行为，如为提高工效，瓦工砌墙时，自己或叫辅助工先在砌筑面上铺上一条砂浆带，一手拿砖另一手用瓦刀迅速拨弄砂浆，将其大致平整后，放上砖用瓦刀轻轻敲上两下，括去余浆，则砌砖操作即告完成。可以看到，这种操作方法存在下列问题：

（1）砂浆带铺的过长，砂浆中的一些水分易被砖块吸收，从而影响砂浆与砖块之间的粘结。

（2）用瓦刀拨平砂浆，会造成砂浆层产生沟槽，从而保证不了水平灰缝砂浆的饱满度（观察发现水平灰缝砂浆饱满度一般仅能达到60%左右）。

（3）由于没有"挤揉"或"压紧"、"压实"、"用力按"、"挤"，使砖块与砂浆间接触不紧密，砌体的强度也会大大降低。

表4.3给出的几种传统砌筑方法有各自的特点，其中，不同的砌筑方法所砌筑的砌体质量是有差异的。施工中，瓦工的操作方法是否规范，对砌体强度的影响也十分明显。表4.4列出了两种砌筑方法对砌体抗剪强度影响的试验结果。

砌筑方法对砌体抗剪强度的影响　　　　　表 4.4

砌筑方法	砂浆强度(MPa)	砌体强度(MPa)	砌体强度比(%)
"三一"砌砖法	4.11	0.421	100
铺砌法		0.218	51.8

注：砌体试件用砖为烧结黏土多孔砖。

表4.4试验结果说明，在砌筑时有无"挤揉"或"压紧"砖块等动作，并发挥其应有的效果，会使多孔砖砌体的抗剪强度相差近一倍。对于普通砖砌体而言，虽然"挤揉"或"压紧"砖块等动作不会像在多孔砖砌体中明显影响砌体抗剪强度，但仍会对砖块和砂浆间的粘结牢固性、砂浆的饱满度有所影响，并进而影响到砌体的强度。

综上试验及分析看出，"三一"砌砖法对增强砌体强度来讲，的确是一种有效的砌筑方法，在施工中应予优先采用。

2. 砌筑过程的质量控制

(1) 砌砖时应尽可能采用桃铲，将砂浆满铺，避免用刀尖铺砂浆。使砂浆均匀、饱满，特别注意垂直灰缝的砂浆饱满度，规范规定，水平灰缝的砂浆饱满度不低于80%，垂直灰缝的砂浆饱满度不低于60%，如图4.12所示。做到随砌筑，随检查。

图4.12　灰缝饱满度及宽度控制

(2) 采用皮数杆拉线时，应采用双面挂线，拉线长度不应过长，否则应加腰线，保证水平灰缝平直厚度控制在8～12mm。同时按皮数杆事先画好的刻度，控制砌筑高度，保证楼层标高。

(3) 砌体在构造柱处、内外墙交接处和临时施工洞口处都需要留槎，如图4.13、图4.14所示。在构造柱处采用大马牙槎砌筑，标准砖留五皮，多孔砖留三皮，上、下应顺直以防止位置偏移，及时用靠尺吊线检查，同时也对墙体的平整度、垂直度进行控制；在内外墙交接处，临时施工洞口处，应留斜槎或踏步槎，在所有的留槎处，均要按不同的留槎位置预埋不同形式的拉结筋，如图4.15所示。拉结筋的长度要满足规范要求，每500mm高留一道(370mm墙体不得少于3根，240mm、120mm墙体不得少于2根)。

对砌体中所预埋的强、弱电箱体，线管、线盒，应随砌体砌筑进行安装和埋设，不得预留洞口，并对大于300mm的洞口上设过梁，对线管、线盒要求采用定点钻孔的方法，随墙体施工，不得在砌体完成后随意在砌体上打孔开槽，破坏砌体结构。

图 4.13　构造柱留槎　　　　　图 4.14　直槎未预留拉结筋，砌体质量差

拉结筋偏位　　　　　　　　拉结筋预埋不符合砌筑模数

植筋方式

图 4.15　拉结筋做法

（4）墙体砌筑应从房屋外墙转角定位处开始，按照设计图和砌块排版图进行施工。在墙的转角处和交接处立皮数杆，间距宜小于 15m。皮数杆上应标出砌筑皮数、灰缝厚度、砌筑标高。在皮数杆上相对砌块边线间拉基准线，砌块依基准线砌筑。

（5）砌块砌体的砌筑形式只有全顺式一种，即每皮砌块均为顺砌。填充墙砌筑应错缝搭砌。轻骨料混凝土小型空心砌块搭砌长度不应小于 90mm；加气混凝土砌块搭砌长度不应小于砌块长度的 1/3；墙体的个别部位不能满足上述要求时，应在灰缝中设置拉接钢筋或钢筋网片；竖向通缝不应大于 2 皮。

（6）砌筑砂浆应随铺随砌，砂浆饱满。水平灰缝和竖向灰缝的砂浆饱满度不得小于 80％；竖缝凹槽部位应用砌筑砂浆填实；不得出现瞎缝、透明缝。随砌随将伸出墙面的灰刮掉，缺灰处应补浆压实，待砂浆稍凝固后，墙面必须用原浆做勾缝处理。可采用钢筋在水平、垂直缝中用力勒，使灰缝砂浆更加饱满、密实、均匀。灰缝宜做成凹缝，凹进墙面 2mm。

（7）砌体灰缝横平竖直、均匀、密实，厚度和宽度正确。轻骨料混凝土小型空心砌块砌体的水平灰缝厚度和竖向灰缝宽度宜为 10mm，一般为 8～12mm；加气混凝土砌块砌体的水平灰缝厚度及竖向灰缝宽度分别宜为 15mm 和 20mm。

（8）墙体转角处和纵横墙交接处应同时砌筑。临时间断处应砌成斜槎，斜槎水平投影长度不应小于高度的 2/3。正常施工条件下，每日砌筑高度宜控制在 1.4m 或一步脚手架高度内。相邻施工段的砌筑高差不得超过一个楼层高度，也不应大于 4m。

（9）在砌筑中，需要移动砌体中的砌块或砌块被撞动时，应清除原砂浆，重新铺砌；门窗框与砌块墙体连接处应砌入埋有沥青木砖的砌块或混凝土砌块；水电管线、孔洞、管道、沟槽和预埋件等的敷设、安装、预留预埋，应按砌块排版图设计，在砌筑时与土建施工进度密切配合进行，不得在已砌筑的墙体上凿槽打洞；切锯加气混凝土砌块时，应采用专用工具等。

（10）填充墙砌至接近梁、板底时，应留一定空隙，待填充墙砌筑完并应至少间隔 7d 后，再将其补砌挤紧。砌块端与墙、柱应用砂浆挤严塞实。墙段长度大于 5m 时，墙顶应与梁底或板底拉接。

4.2.3　砌体工程冬期施工时的质量控制

建筑工程冬期施工规程（JGJ\T 104—2011 备案号 J 1189—2011）[10]规定：当室外日平均气温连续 5d 低于－5℃，即进入冬季施工期；当室外日平均气温连续 5d 高于 5℃，即解除冬季施工。在进入冬季施工前要收集当地冬季的气象资料，了解气温变化、持续时间、最低温度及最大风雪等资料，还要了解一周内的天气变化，并提前编制专项冬季施工方案，只有这样才能做到防患于未然。对于砌体工程冬季施工应有完整的冬季施工方案，对施工过程的质量控制应注意以下几个方面：

（1）采用暖棚法施工，块材在砌筑时的温度不应低于 5℃，距离所砌的结构底面 0.5m 处的棚内温度也不应低于 5℃；当采用掺盐砂浆法施工时，宜将砂浆强度等级按常温施工的强度等级提高 1 级。

（2）砂浆使用温度一般不应低于 5℃；每日砌筑高度及临时间断处的高度差，均不得大于 1.2m；门窗框的上部应留出不小于 5mm 的间隙；砌体水平灰缝厚度不宜大于 10mm；砌筑后，应及时用保温材料对新砌砌体进行覆盖，砌筑面不得留有砂浆。继续砌筑前，应清扫砌筑面。

（3）拌合砂浆宜采用两步投料法。在拌合砂浆前，水和砂可预先加热。水的温度不得超过 80℃；砂的温度不得超过 40℃。冬期施工砂浆试块的留置，除应按常温规定要求以外，尚应增留不少于 1 组与砌体同条件养护的试块，测试检验 28d 强度。

（4）砌筑砂浆和混凝土用砂和粗骨料，不得含有冰块和大于 10mm 的冻结块；砌体用砖或其他块材不得遭水浸冻；块材在砌筑前应清除冰霜；水泥宜采用普通硅酸盐水泥；在气温≤0℃条件下砌筑时，砌块可不浇水，但必须增大砂浆稠度。

参考文献

［1］邱丽霞. 关于墙体裂缝产生的原因和控制 ［J］. 科学之友. 2010(33)：62-63.

［2］杨润. 砌体结构裂缝产生的原因分析及其防治 ［J］. 魅力中国. 2010(36)：56-57.

［3］王钢. 建筑结构裂缝施工工程控制的对策研究 ［D］，天津：天津大学，2003.

［4］陈孟. 建筑砌体裂缝分析与鉴别 ［J］. 山西建筑. 2007, 33(21)：159-160.

［5］GB 50011—2010，建筑抗震设计规范.

［6］王赟，张波. 砌体结构裂缝分析与控制措施 ［J］. 建筑科学，2004，20(2)：55-57.

［7］孙小鸾. 框架填充墙裂缝形成机理以及防治对策研究 ［D］，南京：南京工业大学，2006.

［8］GB 50203—2011，砌体工程施工质量验收规范.

［9］混凝土小型空心砌块建筑技术规程(续)(报批稿) ［J］. 建筑砌块与砌块建筑，2003(6)：31-45.

［10］ JGJ\T 104—2011 备案号 J 1189—2011，建筑工程冬期施工规程.

第5章　混凝土工程质量通病及治理技术

随着人们生活水平的不断提高，建筑市场日趋完善和规范，对建筑质量的要求越来越高，各施工企业也往往通过打造精品名品工程来开拓市场，尤其是关系亿万家庭幸福安康的住宅工程。混凝土工程作为建筑施工中一个重要的工程。无论是工程量、材料用量，还是工程造价所占整个建筑工程的比例都比较大，造成质量事故的可能性也较大。在混凝土工程施工过程中，经常会发生一些质量通病，这既影响了结构的安全，又影响了施工的进度。如何最大限度地消除这些质量通病，是工程管理人员及施工人员急需解决的问题。因此在实际的建筑施工管理过程中，必须高度重视混凝土工程质量，了解混凝土工程的质量通病。对实际工作中混凝土工程可能存在的质量通病做好每项检查，并对通病进行分析与治理，避免在施工过程中发生质量事故，提高施工人员对混凝土结构工程质量的理论认识。本章内容根据工程实践经验及有关资料，对混凝土工程质量通病产生的原因及防治措施进行了总结。

5.1　混凝土裂缝形成机理及分类

混凝土裂缝是混凝土工程中最常见的一种缺陷，混凝土结构裂缝会引起液体渗漏，降低结构的持久强度，也会诱发保护层剥落、钢筋腐蚀、混凝土碳化等一系列问题，影响结构物的承载力和结构的耐久性，危害结构的正常使用。因此，预防和治理混凝土裂缝，有必要先对混凝土裂缝的形成机理及分类进行研究。

5.1.1　混凝土裂缝形成机理及分析理论

1. 混凝土裂缝形成机理

（1）常规裂缝机理

混凝土裂缝的产生往往不是由某个单一因素引起的，往往是由一种或多种因素共同引起，某些因素只是有助于裂缝的继续发展或加剧劣化。裂缝的研究属于结构材料强度理论范畴，它反映了固体材料中的某种不连续现象。混凝土的强度理论可以分为惟象理论、统计理论、构造理论和分子理论。

（2）混凝土结构的微观裂缝与宏观裂缝

如果混凝土的拉应力（或拉应变）超过了抗拉应力（极限拉应变），混凝土裂缝就会产生。混凝土裂缝可分为微观裂缝和宏观裂缝。微观裂缝是指裂缝宽度≤0.05mm 的裂缝，微观裂缝的特点是短而细，肉眼不可见。这种裂缝一般在混凝土凝结硬化时产生，由内应力或应力的转向而致，它可用混凝土的构造理论加以解释。微观裂缝的存在是混凝土材料本身固有的物理性质，对化学反应、刚度、泊松比、变形、强度、徐变、弹塑性等有较大影响。荷载实验表明，当混凝土受压时，荷载在 30% 的极限强度以下时，裂缝几乎不变动，在 30%～70% 的极限强度时，裂缝开始扩展或增加，到 70%～90% 极限强度时，微裂显著扩展并迅速增多，其裂缝之间相互串联起来，形成工程上广泛研究的宏观裂缝，直至完全破坏。

宏观裂缝是指裂缝宽度≥0.05mm 的裂缝，钢筋混凝土结构对裂缝控制的目的就是减少和减小可见的宏观裂缝。多数细小的宏观裂缝对钢筋混凝土结构的耐久性、使用功能和承载力的影响较小，但是会影响结构的观感，引起心理不安。当宏观裂缝的深度和宽度较大时，钢筋混凝土结构的抗渗性能就会减弱，导致水分、二氧化碳、二氧化硫、细颗粒、氯盐、硫酸盐及有机油类等有害物质渗入，使钢筋发生锈蚀，加速了混凝土的劣化，从而危害混凝土结构的承载力、使用功能和耐久性。

2. 混凝土裂缝机理的分析理论[1]

(1) 粘结滑移理论

在 20 世纪 40～60 年代，D. Watstein 等人开始建立和发展裂缝计算理论，他们创建的理论被认为是经典的裂缝理论。这个理论认为钢筋和混凝土之间的粘结性能是影响裂缝控制的主要因素，钢筋和混凝土之间的粘结会因裂缝的出现而发生局部破坏，进而使裂缝处钢筋与混凝土之间的变形不再协调，引起相对滑移。裂缝区间通常用裂缝间距 l_{cr} 来表示，在一个裂缝区间内，裂缝的开展宽度 δ 表示钢筋伸长量和混凝土伸长量的差，由此可知裂缝间距 l_{cr} 与裂缝开展宽度 δ 的大小成正比，而钢筋与混凝土之间粘结应力的分布和大小可以决定裂缝间距 l_{cr}。由此，这一理论推出：钢筋直径 d 与配筋率 μ 的比值是影响裂缝间距 l_{cr} 的主要因素，裂缝间距 l_{cr} 和钢筋的平均应变是影响裂缝宽度的主要因素，根据这一理论还可知混凝土表面裂缝宽度与钢筋表面处的裂缝宽度是一样的。

(2) 无滑移理论

在 1996 年，无滑移理论首次被英国水泥混凝土学会 G. D. Base、J. B. Read 等人提出。该理论指出，裂缝宽度如果在通常允许的范围之内，并不会破坏钢筋与混凝土之间的粘结力，此时的相对滑移很小，可以忽略不计，钢筋表面的裂缝宽度要比构件表面的裂缝宽度小得多。依据此理论，钢筋至构件表面的应变梯度控制着表面的裂缝宽度，即裂缝宽度会随着与钢筋距离的增大而增大，由此可知，钢筋的混凝土保护层厚度是影响裂缝宽度的主要因素。

(3) 综合理论

综合理论即结合了粘结滑移理论与无滑移理论。在 1971 年，日本学者

Y. Goto 通过在轴心拉杆的钢筋周围预埋注入了墨汁的导管，来观察试验后剖开的试件，发现内部的微裂缝出现在主裂缝附近以及变形钢筋的周围，破坏了主裂缝附近区段的粘结力，同时证明裂缝宽度最大的地方是在构件的外表面处，而钢筋表面处的裂缝宽度最小。这些试验观察现象为综合理论的研究提供了依据。综合理论不仅考虑了保护层厚度对裂缝宽度 δ 的影响，也考虑了钢筋和混凝土之间可能出现的滑移，相比前两种理论，更为合理。

5.1.2　混凝土裂缝的原因与分类

混凝土裂缝按其产生的原因主要分为四种：一是混凝土硬化前形成的塑性裂缝；二是混凝土发生体积变化时受到较大约束作用而形成的裂缝；三是混凝土在发生化学反应后体积膨胀而形成的裂缝；四是混凝土受到较大荷载作用而产生的裂缝。根据上述四种混凝土裂缝的特点，可将裂缝具体分为以下 10 种类型[2-6]。

1. 塑性塌落裂缝

混凝土在浇筑过程中或浇筑成型后，由于混凝土拌合物发生泌水，即在自重作用下骨料缓慢下沉、水向上浮，在混凝土初凝前出现塑性塌落裂缝。对于素混凝土，混凝土内部组成材料的下沉是均匀的；但对钢筋混凝土，混凝土沿钢筋下方继续下沉，而钢筋上面的混凝土被钢筋阻挡，致使混凝土沿钢筋表面产生顺筋裂缝。塑性塌落裂缝的深度一般只到达钢筋表面。

2. 塑性收缩裂缝

浇筑后的混凝土处于塑性状态时，如果天气炎热、水分蒸发量大、大风或混凝土自身水化热高，混凝土就会出现塑性收缩裂缝。对表面系数大且水灰比较大的薄壁构件，以及施工过程中未及时覆盖混凝土造成表层失水过快、混凝土初凝前未做二次搓毛压平时，也易产生塑性收缩裂缝。

3. 干燥收缩裂缝

混凝土硬化过程中，如果混凝土干燥失水，会引起体积收缩变形。混凝土干燥收缩主要是水泥石的脱水收缩，砂石骨料一般并不收缩反而能限制水泥石收缩。混凝土中毛细管孔隙的水分在干燥过程中会逐渐蒸发，毛细管孔隙变形会产生毛细压力，导致混凝土产生体积收缩。混凝土水灰比越大，毛细管孔隙也越多，混凝土体积收缩也相应越大。当混凝土周围存在的约束限制混凝土体积收缩时，混凝土内部将产生拉应力和拉应变。当其拉应力超过混凝土抗拉强度或其拉应变超过混凝土极限拉应变时，混凝土就会出现干缩裂缝。实验表明：水泥用量和水灰比越大，则混凝土干燥收缩变形也越大，且收缩延续时间越长；混凝土保湿养护不到位，则会加剧混凝土的早期收缩。

4. 温度收缩裂缝

混凝土在温度变化时会产生胀缩变形，其膨胀系数约为 $\alpha_C = 1 \times 10^{-5}\,\mathrm{m/^\circ C}$。

当超静定混凝土构件的变形受到约束时，如果产生的拉应力大于混凝土的抗拉强度，混凝土便会出现温度收缩裂缝。温度收缩裂缝产生的原因主要有两种：一是季节温度变化；二是混凝土内部水化热的散发速度不一致。

季节性温度收缩裂缝主要出现在屋面、山墙等部位。季节性温度收缩裂缝的特点是：顶层严重、下层轻；两端严重、中间轻；阳面严重、阴面轻。夏季时屋面直接受到太阳照射，屋面温度最高可达 55～65℃，而室内温度一般在 25～35℃；冬季时屋面温度为－10～15℃，而室内温度一般为 16～22℃，即屋面季节性内外温差将达到 25～30℃。当屋面保温、隔热达不到节能设计标准时，将导致混凝土构件间（如板、梁、柱等构件）产生较大的温度变形，加之混凝土构件存在约束，将导致产生温度收缩裂缝。同时季节性温差引起的变形具有长期循环变化的特点，除引起结构的局部（温差区域）裂缝外，还会引起位移变形的积累，如柱的偏斜等，可能发生二阶效应（P-Δ 效应），必要时应考虑对承载能力的影响。

水化热引起的裂缝主要为大体积混凝土的表面龟裂或结构形状突变处的裂缝。大体积混凝土水化热高，内外散热速度不一致，致使混凝土内部温度、表面温度以及外部环境温度相差过大，若存在的约束过大，就会产生水化热裂缝。工程经验表明，当混凝土内部与表面温差超过 25℃，混凝土表面温度与环境温度超过 15℃，最高浇注温度大于 28℃且混凝土断面温度变化梯度较大时，易出现温度收缩裂缝。

因约束条件和程度不同，混凝土构件的温度收缩裂缝存在较大差异，主要表现为：

（1）由于混凝土梁的约束，表面积较大、厚度较薄的现浇混凝土楼、屋面板易在端板四角部位出现 45°斜向裂缝，如图 5.1 所示。

（2）屋面板保温隔热未达到节能设计标准时，混凝土结构端部墙体会出现"八"字形裂缝。

（3）剪力墙内外温差较大时，由于框架柱的约束作用，造成剪力墙出现斜向或竖向裂缝，如图 5.2 和图 5.3 所示。

图 5.1　楼板 45°斜裂缝

图 5.2　混凝土墙体斜向裂缝

5. 地基沉降裂缝

当地基处理不满足要求时，特别是在严重的湿陷性黄土、冻胀土、膨胀土、盐渍土、软弱土等不良场地，时常会产生地基沉陷（膨胀）裂缝。该裂缝多为斜向裂缝，少数为竖向和水平裂缝。地基沉陷裂缝最初会出现在混凝土梁上，或在梁柱交界处。当上部主体结构刚度较大时也会出现在独立基础与柱根处。地基沉陷裂缝的特点是：底层严重、上层轻，外墙严重、内墙轻，开洞墙严重、实体墙轻。如图5.4所示。

图5.3　混凝土墙体竖向裂缝

(a)　　　　　　　　　　(b)

图5.4　地基沉降裂缝

6. 冻融裂缝

在寒冷或严寒地区，若混凝土含水量较大，且经历多次冻融，会出现混凝土裂缝，冻融裂缝是由于混凝土表面张力的作用，混凝土毛细孔隙中水的冰点随着孔径的减小而降低；另外凝胶不断增大，形成更大膨胀压力，当混凝土受冻时，这两种压力会损伤混凝土内部微观结构，只有当经过反复多次的冻融循环以后，损伤逐步积累不断扩大，发展成互相连通的裂缝，使混凝土的强度逐步降低，最后甚至完全丧失，如图5.5所示。

7. 钢筋锈蚀裂缝

当混凝土使用了超量氯离子的外加剂，或者处于腐蚀性气体或液体的环境中，或者混凝土保护层过薄或露筋，或者混凝土碳化深度超过混凝土保护层，致使钢筋锈蚀，引起钢筋体积膨胀，导致混凝土产生裂缝。钢筋锈蚀裂缝的特点是：通常为沿钢筋长度方向的顺筋开裂，裂缝宽度可达1.0～2.0mm以上；混凝土保护层局部剥落；钢筋在混凝土内有效截面减小，致使承载力下降；伴随时间延长会越来越严重。

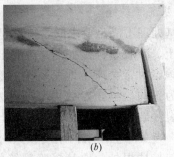

(a)　　　　　　　　　　　　　　(b)

图 5.5　冻融裂缝

8. 应力集中裂缝

由于设计构造和施工不当，混凝土构件会在应力集中部位产生裂缝。应力集中裂缝可分为收缩应力集中裂缝、温度应力集中裂缝和荷载应力集中裂缝。裂缝形态多为：斜向楔形状、劈裂状和放射状。混凝土结构应力集中裂缝主要分布在门窗洞口、平立面凹凸等截面突变处、结构刚度突变处以及集中荷载处等，参见图 5.6。裂缝出现后，应力集中裂缝还会随环境温度变化而变化。如图 5.6 所示。

(a)　　　　　　　　　　　　　　(b)

图 5.6　应力集中裂缝

9. 碱骨料反应裂缝

对露天或有水作用部位的混凝土结构，因混凝土原材料中的水泥、外加剂、骨料及水中的碱性物质与活性二氧化硅发生碱硅酸反应。反应生成物碱硅酸盐胶体体积膨胀，其体积将增大 3～4 倍。碱骨料反应裂缝通常在混凝土浇筑成型若干年后出现，反应生成物吸水膨胀使混凝土产生内部应力而开裂。因活性骨料在混凝土中一般是均匀分布，故混凝土发生碱骨料反应时，混凝土各部分均产生内部膨胀应力和变形，使混凝土表面大面积出现龟裂、膨胀性酥松状裂缝。如图 5.7 所示。

图 5.7　碱骨料反应裂缝

10. 界面裂缝

界面裂缝并不是混凝土结构本身的裂缝，而是混凝土构件与其他材料结构、围护构件或装修构件之间的可见裂缝，如图 5.8、图 5.9 所示。界面裂缝按其引起原因可分为以下几类：

图 5.8　门窗洞口处墙体斜裂缝

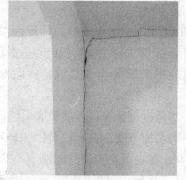

图 5.9　界面裂缝

（1）混凝土结构与砌体结构、钢结构等之间构造不恰当或变形差异造成的缝隙。

（2）混凝土构件与隔墙、填充墙之间构造不恰当而出现的可见缝隙。

（3）混凝土与抹灰层之间起壳、开裂。

前两种裂缝沿界面发展，形成整齐的裂缝形状；后者会引起抹面层龟裂起壳或剥落。此种裂缝对结构承载力和安全并无明显影响，只影响使用功能和观感而已。值得注意的是抹灰层起壳剥落可能伤人，存在安全隐患。

5.2　混凝土结构构件的裂缝防治和质量控制

裂缝防治的原则是预防为主、综合治理。在建筑设计、材料选用、施工过程以及正常使用维护等各个阶段均应采取有效措施，不仅体现了建筑工程裂缝成因的复杂和裂缝防治的困难，而且使从事建筑工程设计、施工和使用者具备综合防治裂缝的概念以及相应控制措施。

钢筋混凝土构件质量控制措施主要是依据国家法律法规和工程强制性标准，参考实际工程质量管理经验，并总结了各省市近年住宅工程建设中的经验教训后形成。本文中钢筋混凝土构件质量通病防治措施具有以下特点：一是与目前住宅质量投诉热点问题相结合，针对性较强；二是在各省市多数为强制性规定，在遵循规范、标准的基础上严格执行；三是从设计、施工、材料及管理等多方面进行综合控制。

5.2.1　混凝土构件裂缝防治的基本方法

工程经验表明，现浇钢筋混凝土结构住宅产生的裂缝具有规律性。其特点是：非荷载裂缝的数量明显多于荷载裂缝；裂缝多发生在混凝土因约束而产生的拉应力较大的部位，通常和承受荷载的关系并不明显；非荷载裂缝往往不会严重影响结构的受力性能，但会影响结构的耐久性以及正常使用。根据调查，各类结构构件裂缝数量较多且易裂部位如下[7-9]：

（1）在框架结构房屋中，框架梁易在以下部位出现裂缝：受屋面温度变化影响较大的顶层纵横向框架梁的截面上部区域；房屋长度较大甚至超过了规范规定设置的伸缩缝长度，其端部或中部的纵向框架梁易出现裂缝；横向框架梁截面中部。

（2）在剪力墙结构房屋中，易在以下部位出现裂缝：顶层和底层墙体；端开间内纵墙；端山墙；地下室的窗上墙（连系梁）和窗下墙；长度较大（>10m）的墙。

（3）在框架结构和剪力墙结构房屋中，现浇钢筋混凝土楼板易在以下部位开裂：两端阳角处及山墙处；平面体型凹凸交接处；与周围梁、柱、墙等构件整体浇筑且受约束较大的楼板；顶层屋面板；后浇带两侧的楼板；地下室顶板；开洞楼板的四角处；沿预埋管线的楼板上下表面处。

对以上出现裂缝的部位，目前在设计中通常采用"放"、"抗"或"抗放结合"的控制裂缝措施。"放"是指释放或减小易裂部位混凝土截面内的约束应力。"抗"是指在受力构件易出现裂缝的部位适当增加附加配筋量以抵抗约束拉应力或加强结构构件刚度或对地基进行处理。"抗放结合"就是将"放"和"抗"的裂缝控制措施结合起来同时在工程设计和施工中运用。控制措施主要包括：

（1）平面长度较长的房屋采用伸缩缝、沉降缝或抗震缝将其分割成若干个平面长度较短的独立结构单元。

（2）采用设置若干个后浇带、加强带等方法。实践证明，设置结构缝可取得较好的控制裂缝效果。但设置后浇带、加强带的措施有其局限性，只能减少混凝土中的部分约束拉应力，不能减小结构竣工后及使用过程中的干缩拉应力及温度拉应力。

应该注意到，在开裂前附加钢筋的应力较小，但裂缝一旦发生，附加钢筋能有效地限制裂缝的开展，减小裂缝宽度。目前，根据不同的实际工程情况，对于配置多少附加钢筋才能最有效地控制裂缝是值得研究的。混凝土工程中裂缝控制的目的通常主要是将裂缝宽度控制在无害或可容许的限度内，以避免水、气侵入裂缝内从而诱发钢筋锈蚀或渗漏。一般情况下，通过相应控制措施，将裂缝宽度控制在 0.2～0.3mm 以内，通常就不会严重影响到混凝土结构承载力安全、使用功能、耐久性和外观。

5.2.2　混凝土构件质量控制的基本要求

1. 原材料

砂的细度对混凝土裂缝有显著影响。砂越细，其表面积越大，就需要越多的水泥等胶凝材料包裹，就会增加水泥用量和用水量，使混凝土干燥收缩加大。根据工程实践经验，结合有关对砂细度与混凝土收缩关系的研究成果，得出以下结论：用于拌制现浇楼板混凝土的细骨料，不得采用细砂、特细砂，应采用中粗砂（细度模数≥2.3）[10]。

粗骨料是混凝土抵抗收缩的主要材料，当其他原材料用量不变时，混凝土的干燥收缩会随砂率的增大而增大。增加粗骨料的用量可以降低砂率，有利于控制混凝土的干燥收缩。但是如果不能合理的掺用掺合料，就会增多混凝土中毛细孔的数量，反而不利于防止混凝土的收缩，因此应对掺合料的用量加以限制。对于同时掺加两种及两种以上的掺合料情况，应做掺合料的适应性试验。故预拌混凝土每立方米粗骨料的用量不应少于 1000kg；含砂率应控制在 40% 以内；用水量不得大于 180kg/m³；粉煤灰量不得超过水泥用量的 15%；矿渣掺量不得超过水泥用量的 20%[11]。

根据各省市防治住宅工程质量通病示范工作的经验表明，预拌混凝土的坍落度一般在 100mm 以上，坍落度过大会增加混凝土的用水量与水泥用量，从而加大混凝土的收缩[12]。统计数据表明，混凝土坍落度每增加 20mm，每立方米混凝土用水量增加 5kg。混凝土沉缩变形的大小与混凝土的流态有关，混凝土流动性越大，相对沉缩变形越大，容易出现沉缩裂缝[13]。因此，在满足混凝土运输和泵送的前提下，坍落度应尽可能减小。楼板、屋面的混凝土坍落度宜小于120mm；高层建筑混凝土楼板坍落度根据泵送高度宜控制在小于 180mm 以内；多层及高层建筑底部的混凝土楼板坍落度宜控制在小于 150mm 以内[14]。当有离析时应进行二次搅拌，严禁向运输到浇筑地点的混凝土中任意加水。

混凝土结构若处在潮湿环境中，特别是室外和地下工程，其混凝土应采用非碱活性的骨料。如使用了无法判断是否为碱活性骨料或有碱活性骨料时，应采用

GB 175 等水泥标准规定的低碱水泥，并按照《混凝土碱含量限值标准》GECS 53：93 所示限制（见表 5.1）控制混凝土碱含量[15]。

混凝土碱含量限制 表 5.1

反应类型	环境条件	混凝土最大碱含量（按 Na_2O 当量计）/（kg/m³）		
		一般结构	重要结构	特殊结构
碱硅酸盐反应	干燥环境	不限制	不限制	3.0
	潮湿环境	3.5	3.0	2.0
	含碱环境	3.0	用非活性骨料	

2. 后浇带与施工缝

住宅建筑长度大于 40m 时，可设置后浇带[16]。根据工程实践，后浇带浇筑的时间主要考虑主体结构混凝土早期收缩的完成量，一般以完成主体构件收缩量的 60%～70%为宜，在正常养护条件下大约为 6 周时间。等混凝土早期收缩基本完成后，再浇筑成整体结构，既可减少混凝土收缩的影响，又能提高抵抗温度变形和结构（包括地基）变形的能力。后浇带应设在对结构受力影响较小的部位，宽度为 700～1000mm。浇筑后浇带的混凝土最好用微膨胀的水泥配制，以防止新老混凝土之间出现裂缝。在楼板中部设置后浇带时，后浇带两边应设置加强钢筋。

两次浇筑之间的接触面称之为施工缝，混凝土浇筑时不得随意留置施工缝。施工缝是混凝土结构的薄弱环节，会影响混凝土的整体性，使混凝土强度降低。《混凝土结构工程施工质量验收规范》（2011 版）GB 50204—2002 对施工缝留置的规定如下：应在混凝土浇筑前确定施工缝的位置，施工缝应留置在结构受剪力较小且便于施工的部位。通常在以下几个部位设置施工缝[17]：

（1）与板连成整体的大截面梁，宜留置在板底面以下 20～30mm 处；当板下有梁托时，留置在梁托下部。

（2）柱宜留置在基础的顶面、无梁楼板柱帽的下面、梁的上面。

（3）对于有主次梁的楼板，宜顺着次梁方向浇筑，应在次梁跨度的中间 1/3 范围内留置施工缝。

（4）墙宜留置在门口过梁跨中 1/3 范围内，也可留置在纵横墙的交接处。

（5）单向板宜留置在平行于板的短边的任何位置。

根据《混凝土结构工程施工质量验收规范》（2011 版）GB 50204—2002，在施工缝处继续浇筑混凝土时应符合以下规定：

（1）已浇筑的混凝土，其强度不应小于 $1.2N/mm^2$。

（2）混凝土应仔细捣实，使新旧混凝土紧密结合。

（3）使用泵车浇筑时可以采用润管砂浆，润管后用料斗接回，严禁无接浆浇筑混凝土。

（4）竖向结构混凝土浇筑前，应先均匀铺 30～50mm 厚与混凝土内砂浆相同成分的水泥砂浆。

（5）浇筑混凝土前，宜先在施工缝处铺一层与混凝土内砂浆成分相同的水泥砂浆。

（6）在已硬化的混凝土表面上，应清除水泥薄膜，松动石子以及软弱混凝土层，并充分湿润，冲洗干净，且不得有积水。

3. 混凝土浇筑

混凝土运至浇筑地点后应不分层离析，成分不变，并能保证施工所需的稠度。若混凝土拌和物出现离析或分层现象，浇筑前应进行二次搅拌。严禁向运输到浇筑地点的混凝土中任意加水。

为保证混凝土的密实性和强度，浇筑混凝土时必须分层浇筑和振捣。若一次投料过厚，会因振捣不实而影响混凝土的密实性。为使上下层混凝土一体化，应在下一层混凝土初凝前将上一层混凝土浇筑完毕。在浇筑上层混凝土时，须将振捣器插入下一层混凝土 5cm 左右以便形成整体。自由倾落高度不应大于 2m，当大于 2m 时应采用溜槽或串桶，混凝土应分层浇筑、振捣，分层振捣高度不得大于 600mm。

施工过程中应严格控制施工荷载。施工时的临时荷载应尽量分散布置，避免出现过大的集中荷载。在养护现浇板期间，如果混凝土的强度小于 1.2MPa，不得进行后续施工；如果混凝土的强度小于 10MPa，不得在现浇板上吊运、堆放重物。应减轻在吊运、堆放重物过程中对现浇板的冲击影响。混凝土浇筑后 24 小时内，严禁支模、加荷。

水平、竖向联系杆设置不合理或模板支撑未经计算，会引起支撑刚度不足。如果混凝土强度尚未达到一定值，由于楼面荷载的影响，就会加大模板支撑变形。混凝土在拆模时的强度未达到规范要求（见表 5.2），会导致挠曲增大，同时引起裂缝。故支撑模板的选用必须经过计算，除满足强度要求外，还必须有足够的刚度和稳定性，边支撑立杆与墙间距不得大于 300mm，中间不宜大于 800mm。根据工期要求，配备足够数量的模板，保证按规范要求拆模[17]。

底模拆除时的混凝土强度要求　　　表 5.2

构件类型	构件跨度（m）	达到设计的混凝土立方体抗压强度标准值的百分率（%）
板	≤2	≥50
	>2≤8	≥75
	>8	≥100
梁、拱、壳	≤8	≥75
	>8	≥100
悬臂构件	—	≥100

4. 混凝土养护和成品保护

据有关资料记载：风速为 16m/s 时，蒸发速度为无风时的 4 倍；相对湿度为 10％时，蒸发速度为相对湿度 90％的 9 倍以上。所以现浇混凝土构件浇筑前，应关注当天天气预报，如有异常干燥和大风天气时应采取防风保湿措施。若混凝土浇筑成型后未进行表面覆盖和浇水养护或养护时间不足，由于受风吹日晒，混凝土构件的表面游离水分会快速蒸发，造成水泥水化反应不充分，引起混凝土收缩，产生拉应力。

现浇混凝土构件浇筑后，应在 12h 内进行覆盖和浇水养护。混凝土养护时间和方法应根据所用水泥品种和气候条件确定：

（1）采用硅酸盐水泥、普通硅酸盐水泥拌制的混凝土，养护时间不应少于 7d。

（2）对掺用缓凝型外加剂或有抗渗性能要求的混凝土，养护时间不应少于 14d。

（3）后浇带的混凝土浇筑应在主体结构浇筑至少 60d 后进行，混凝土强度等级宜较其两侧混凝土高一个等级，并应采用补偿收缩混凝土进行浇筑，其湿润养护时间不少于 15d。

（4）养护用水应与拌制用水相同，淋水次数应能使混凝土处于湿润状态。

（5）夏季应适当延长养护时间，以提高抗裂能力；冬季当日平均气温低于 5℃时，不得浇水养护，且应适当延长保温和脱模时间，使其缓慢降温，以防温度骤变、温差过大引起裂缝[18]。

对外墙宜用塑料薄膜进行保护，防止混凝土表面受到污染。已浇筑的楼板、楼梯踏步的上表面混凝土要加以保护，必须在混凝土强度达到 1.2MPa 后方可上人，为防止现浇板受集中荷载过早而产生变形裂缝。冬季施工阶段覆盖混凝土表面时，要站在脚手板上操作，尽量不踏出脚印。混凝土浇筑振捣及完工时，要保持钢筋的正确位置，保护好洞口、预埋件及水电管线等。在混凝土施工过程中，对玷污墙面、楼面的水泥砂浆和遗洒在地面上的混凝土要及时清理干净，不得损坏棱角。门窗洞口、预留洞口、墙体及柱阳角在表面养护剂干后采用废旧的竹胶板或木模板做阳角养护。

5.3 混凝土板的质量控制和裂缝防治

近年来，混凝土板在各类建筑中逐渐得到推广与应用，现浇楼、屋面板裂缝成为了混凝土结构开裂最具代表性的问题，也是民用建筑质量投诉热点，所以混凝土板裂缝问题也就成为村镇住宅工程质量控制的重点问题。本小节内容根据多年的工程实践经验并参考了国内外一些专家对混凝土板裂缝防治的研究成果，分析了混凝土板裂缝产生的原因以及综合防治措施。

5.3.1　混凝土板的质量问题和原因

1. 混凝土板早期龟裂

浇筑混凝土后、终凝前，现浇楼板短时间内出现多处不规则、杂乱的网状细微开裂，如图 5.10 所示。主要原因是：混凝土浇筑时温度较高或气候干燥并伴有大风且养护不及时或不适当（如未能及时覆盖）将造成外露表面因高温或低湿、刮风而迅速失去水分，导致混凝土浇筑后初期干燥过快，最终出现塑性裂缝。

2. 混凝土板中线管位置裂缝

裂缝位于板内埋设线管的地方，裂缝分布沿线管走向。裂缝常常上下贯通，缝宽较大，如图 5.11 所示。

图 5.10　混凝土板早期龟裂

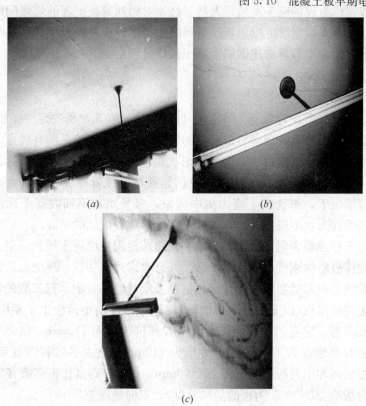

(a)　　　　　　　　　　(b)

(c)

图 5.11　混凝土板中线管埋设处的通胀裂缝

3. 混凝土板收缩和温度耦合作用产生的裂缝

住宅工程现浇楼板裂缝中，最常见、数量最多的是在不同楼层的外墙四周离阳
角一定距离处出现 45°斜向裂缝，如图 5.12
所示。在现浇楼板约束较小处，未发现类
似裂缝；在接近屋顶层处，则裂缝增多、
增宽、增长。主要原因是：由于在混凝土
双向的温度和干缩变形的耦合作用下，出
现多条 45°斜向裂缝，特别是在楼板平面形
状变化大，阳角多的部位。这些部位的楼
板同时承受刚度相对较大的纵横向剪力墙
或梁的约束，限制了楼板的自由伸缩。

图 5.12　混凝土板收缩与温度裂缝

5.3.2　混凝土板的质量控制措施

钢筋混凝土板是混凝土结构的重要受力构件之一，也是施工中质量较难控制
的重要环节，作为现场施工及监理人员，必须对钢筋混凝土板的质量问题引起高
度重视。概括起来，钢筋混凝土板质量问题主要出现在板的设计、材料与加工的
控制等几个方面。本节将讲述钢筋混凝土板质量控制的方法和措施。

1. 板的设计措施

(1) 建筑设计

根据《建筑抗震设计规范》GB 50011—2010，第 3.4 条规定[19]，为防止由
于建筑平面不规则而导致现浇楼板裂缝的出现，住宅的建筑平面宜规则，避免平
面形状突变。因为住宅的建筑平面不规则，如楼板缺角引起的 L 形平面凹角处或
带有外挑转角阳台的凸角板端、楼板在相邻板跨连接处厚度相差过大、局部开
洞、错层等情况下，都会产生应力集中现象，极易出现钢筋混凝土现浇楼板裂
缝。当楼板平面形状不规则时，宜设置梁使之形成较规则的平面。

理论与工程经验表明，增大板厚能有效地减轻现浇混凝土楼板开裂。若楼板
厚度小，则楼板整体刚度过差，易变形。综合考虑建筑功能、现浇板配筋要求和
板内预埋管线等因素的影响，各省市根据楼板质量通病防治示范工程的经验，对
钢筋混凝土现浇楼板(以下简称为现浇板)的设计厚度最小值给出了相应的规定：
安徽省、江苏省、宁夏回族自治区、山西省和杭州市为 120mm；湖北省、广东
省、河南省和福建省为 100mm；上海市为 110mm。绝大多数省市规定：厨房、
浴厕等潮湿房间和阳台板厚度不得小于 90mm。板厚与跨度比值取值宜为 $1/35\sim$
$1/30$，单向板应 $\geqslant L/30$(L 为板的短向跨度)，双向板应 $\geqslant L/40$[20]。

阳台、雨篷、檐口等悬臂混凝土构件因裂缝而导致的安全性和耐久性问
题，容易引发恶性事件(折断、坠落等)。悬臂构件的根部容易出现负弯矩裂缝

且裂缝开口向上，容易发生渗水、冻融而引起钢筋锈蚀，从而导致承载力减小。从设计的角度看，处于露天条件下的悬臂构件不宜设计成板式构件，而宜采用挑梁作为承载受力构件。故悬臂构件宜采用挑梁式而不宜采用悬臂板形式。当挑出长度 $L \geqslant 1.5 \mathrm{m}$ 时，应采用梁式结构；当 $1.0 \mathrm{m} \leqslant L < 1.5 \mathrm{m}$ 且需采用悬挑板式时，其根部板厚不小于 $L/10$ 且不小于 $120 \mathrm{mm}$。受力钢筋直径不宜小于 $12 \mathrm{mm}$[21]。

(2) 构造配筋

试验研究与工程实践均表明：板中裂缝形态与钢筋的间距和直径有关。在相同的配筋率和承载力条件下，直径小（细）而间距不大（密）的配筋方式可以改善裂缝的分布形态，对控制裂缝宽度有利。设计规范规定了在板厚不同时板中钢筋间距的规定：板中受力钢筋间距，当板厚 $h \leqslant 150 \mathrm{mm}$ 时，不宜大于 $200 \mathrm{mm}$；当板厚 $h > 150 \mathrm{mm}$ 时，不宜大于 $1.5h$，且不宜大于 $250 \mathrm{mm}$[22]。当平面有凹口时，凹口周边楼板的配筋量宜适当增大；洞口削弱处应每侧配置附加钢筋。

理论上简支板在支座处弯矩为零，但实际上理想的简支并不存在，在支承处总会存在一定的嵌固作用，从而产生负弯矩。现浇板在非受力方向的侧边上会因边界约束而出现板面负弯矩裂缝。在现浇简支板的支座部位，为避免支座约束可能产生的负弯矩裂缝，在简支板支座处配置适当的负弯矩钢筋是必要的。常见的有下列三种情况：

① 在现浇混凝土板与主梁交界处，在设计角度上并无支承传力关系，板的受力钢筋与梁平行。但实际上一体浇筑的梁对板具有嵌固约束作用，形成负弯矩，会在主梁侧边板上形成负弯矩裂缝。因此如果现浇板的受力钢筋与梁平行，应沿着梁的长度方向配置上部钢筋，上部钢筋的间距不大于 $200 \mathrm{mm}$ 且应与梁垂直，其直径不宜小于 $8 \mathrm{mm}$，且满足以下规定[22]：板中单位长度内的构造钢筋面积不宜小于受力钢筋面积的 $1/3$；构造钢筋伸入板内的长度从梁边算起每边不宜小于板计算跨度的 $1/4$。

② 与周边支承结构整体浇筑的混凝土板，由于支座嵌固作用而引起负弯矩，特别容易沿周边发生板面裂缝。因此应在与支承结构整体浇筑混凝土板的边缘上配置必要的上部构造钢筋，板边上部设置垂直于板边的直径不少于 $8 \mathrm{mm}$、间距 $200 \mathrm{mm}$ 的构造钢筋，并应符合以下规定[22]：构造钢筋的截面面积宜大于跨中相应方向的纵向钢筋截面面积的 $1/3$；自梁边或墙边伸入板内的钢筋长度，在单向板中宜大于受力方向板计算跨度的 $1/4$；在双向板中宜大于板短跨方向计算跨度的 $1/5$；在板角处，应沿两个垂直方向、放射状或斜向平行布置钢筋；当柱角或墙的阳角凸出到板内且尺寸较大时，构造钢筋伸入板内的长度应从柱边或墙边算起，且应按受拉钢筋锚固在梁内、墙内或柱内。

③ 嵌固在砌体墙内的现浇混凝土板在设计时应按简支处理，但事实上为弹

性嵌固，存在一定负弯矩。因此应配置板面构造钢筋，防止可能出现的板面负弯矩裂缝。嵌固在砌体墙内的现浇混凝土板配筋应符合以下规定[22]：其上部与板边垂直的构造钢筋直径应大于 8mm，间距小于 200mm；在两边嵌固的板角部位，其约束作用更加明显，负弯矩较大，应配置双向的上部构造钢筋，伸入板内的钢筋长度从墙边算起宜大于板短边跨度的 1/4；伸入板内的钢筋长度，从墙边算起，宜大于板短边跨度的 1/7；沿板的受力方向配置的上部构造钢筋，其截面面积宜大于该方向跨中受力钢筋截面面积的 1/3。

（3）温度收缩裂缝配筋

由于混凝土收缩和温度变化在现浇楼板内引起的约束拉应力，导致现浇板开裂严重。设置温度收缩钢筋有助于减少这类裂缝。现浇板配筋除应满足静力计算要求外，还应考虑混凝土收缩、温差应力、板厚和板筋保护层施工允许误差等不利因素的综合影响。在房屋下列部位的现浇混凝土楼板、屋面板内应配置抗温度收缩钢筋[23]：①住宅两端阳角处及山墙处的楼板；②住宅凹凸角处的楼板；③与周围梁、柱、墙等构件整体浇筑且受约束较强的楼板；④住宅顶层的屋面板；⑤向阳外墙相邻的楼板。

受力钢筋和分布钢筋在抵抗一定温度、收缩应力作用、形成整体受力、控制裂缝形态方面都起到了积极作用。所以抗温度、收缩钢筋可利用现浇混凝土内受力钢筋通长布置或设置构造分布钢筋。构造分布钢筋应满足以下要求[24][25]：

① 分布钢筋布置方向应垂直于受力钢筋，板的上、下表面沿纵、横两个方向的分布配筋率均不宜小于 0.15%，且分布钢筋的截面面积不宜小于受力钢筋截面面积的 15%。

② 分布钢筋间距不宜大于 250mm，直径不宜小于 6mm；对集中荷载较大处，应增加分布钢筋量，间距不宜大于 200mm；在温度和收缩应力较大处，间距宜取为 150～200mm，并在未配筋板内布置抗温度和收缩应力钢筋。

③ 在顶层楼板和屋面板处，温差造成的约束应力较大，应增加钢筋量。

在支座处，连续板承受负弯矩，板底钢筋在理论上不承受拉力，但板底钢筋在温度收缩应力较大的区域仍有可能受拉。所以，如果混凝土连续板处于温度-收缩应力较大的区域，对于板底伸入支座的正弯矩钢筋，其锚固长度宜大于 5d[26]。

如果现浇混凝土板的温度、收缩应力较大，可在周边支承梁、墙中心线处设置控制缝。在浇筑混凝土后，通过插入铁片、塑料片或木条（初凝后取走），可以形成薄弱部位，引导混凝土裂缝出现在梁、墙轴线部位，进而减小了板内约束应力（应变）的积聚，以控制板中间接裂缝的发生。沿梁、墙顶部的裂缝不影响结构的承载力及外观，且控制缝可用以后浇筑的混凝土加以掩盖。

在现浇板刚度急剧变化处、洞口削弱处等易引起收缩应力集中处，钢筋间距不应大于 150mm，直径不应小于 6mm，并应在板的上表面布置纵横两个方向的温度收缩钢筋，板底板面通长钢筋配筋量 $A_s \geqslant 3bh/1000$。室外悬臂板挑出长度 $L \geqslant 400mm$、宽度 $B \geqslant 3000mm$ 时，应配抗裂分布钢筋，直径不应小于 6mm，间距不应大于 200mm。悬吊于梁下的外墙混凝土装饰板，不论整浇或后浇，均应设置足够的抗裂纵筋，限制裂缝宽度[27]。

　　房屋两端开间及转角房间在山墙与纵墙交角处，山墙与纵墙的温度变形会导致板角产生较大的主拉应力，现浇混凝土板在板角部往往出现 45°斜向裂缝。较好的构造措施是在屋面、层面阳角、建筑物两端的单元（保证 2 开间并不少于 6000mm 范围）、厨卫间和跨度 $\geqslant 3.9m$ 的现浇板应设置双层双向钢筋，钢筋间距不宜大于 100mm，直径不宜小于 8mm[28]。这些钢筋不仅是承受板在角端嵌固在墙中而引起的负弯矩，更重要的是起到协调转角墙体与板在受到温度变化时的变形，保证共同工作。当外墙转角处设置放射形钢筋时，钢筋的数量不应少于 7Φ10，长度应大于板跨的 1/3，且不得小于 1.5m，钢筋间距不宜大于 100mm[29]。故现浇混凝土板角部的上部构造钢筋可沿两个垂直方向布置，也可按 45°方向斜向布置（如图 5.13 所示）。

图 5.13　转角处楼板钢筋布置

2. 材料和施工

楼板混凝土应采用硅酸盐水泥或普通硅酸盐水泥拌制，并控制掺合料的掺量。此种混凝土的早期强度较高，能够抵抗混凝土早期收缩、温度等应力，减少混凝土结构的开裂。

当混凝土强度过高，水泥用量和用水量势必增加，会导致现浇板后期收缩加大，使现浇混凝土楼板产生裂缝。为有效控制混凝土的收缩，江苏省规定住宅中现浇钢筋混凝土楼板强度等级不宜大于 C30；湖北省规定现浇钢筋混凝土楼板强度等级不宜小于 C20，且不宜大于 C40，水泥强度等级不应高于 R42.5，普通强度等级的混凝土水泥用量宜为 $270 \sim 450kg/m^3$。

若施工管理差，在现浇楼板近支座处的上部负弯矩钢筋绑扎结束后，楼板混凝土浇筑前，部分上部钢筋常常被工作人员踩踏下沉，使其不能有效发挥抵抗负

弯矩的作用，使板的实际有效高度减少，结构抵抗外荷载的能力降低，容易出现
裂缝。因此应严格控制现浇板的厚度
和现浇板中钢筋保护层的厚度。在混
凝土浇筑前应做好板厚控制标识，在
每 1.5～2m 范围内设置一处标识。
阳台、雨篷等悬挑现浇板的负弯矩钢
筋下面，应设置间距不大于 300mm
的钢筋保护层垫块(马凳)，保证在浇
筑混凝土时钢筋不位移和不被下踩；
施工时必须铺设架空通道，防止混凝
土浇筑后遭踩踏，如图 5.14 所示。

图 5.14　楼板钢筋间距大且位置偏移

　　由于现浇板中线管出现十字交叉的现象较多，如图 5.15 所示，对混凝土板断
面的削弱过多，易造成楼板出现沿现浇板预埋线管方向的楼面裂缝。当楼板内需要
埋置管线时，现浇板的设计厚度不宜小于 110mm，宜使用钢管作为现浇板内的线
管。严禁将水管水平埋设在现浇板中。必须将现浇板中的线管布置在钢筋网片之
上，如果是双层双向配筋，应布置在下层钢筋上。在交叉布线处，应采用线盒，线
管不宜立体交叉穿越，对于三层及三层以上的管线布置，严禁交错叠放。线管的直
径应小于 1/3 楼板厚度，沿预埋管线方向应增设 $\phi6@150$、宽度不小于 450mm 的钢
筋网带，线管不应平行布置与两边间距在 150mm 以内[30]，如图 5.16 所示。

图 5.15　管线布置过于密集

图 5.16　管线上部的附加配筋

　　现浇板浇筑时，混凝土板必须使用平板振动器振捣。由于混凝土的泌水、骨
料下沉，易产生塑性收缩裂缝，因此混凝土初凝前宜进行二次振捣和初次抹压工
艺。二次振捣后应进行表面一次抹压，终凝前应进行表面二次抹压，以减少板表
面的细微龟裂[31]。

5.4　混凝土梁的质量控制和裂缝防治

　　钢筋混凝土梁是用钢筋混凝土材料制成的梁。钢筋混凝土梁既可作成独立

梁，也可与钢筋混凝土板组成整体的梁-板式楼盖，或与钢筋混凝土柱组成整体的单层或多层框架。钢筋混凝土梁形式多种多样，是房屋建筑、桥梁建筑等工程结构中最基本的承重构件，应用范围极广。本节内容介绍了混凝土梁的质量问题及原因分析，以及混凝土梁质量控制的技术措施。

5.4.1　混凝土梁的质量问题和原因

1. 混凝土梁侧面竖向裂缝和龟裂缝

竖向裂缝一般沿梁长度方向基本等距，裂缝高度多在梁高中部呈中间大两头小的趋势，一般裂缝深度可达 100～200mm 或贯穿；当对混凝土湿度养护不足时，龟裂缝多在梁上下边缘出现，且沿梁长非均匀分布，裂缝深度浅，为表层裂缝。

2. 混凝土梁水平顺筋裂缝

水平顺筋裂缝一般沿钢筋方向开展，随着时间增长而越来越严重。钢筋锈蚀、混凝土保护层过薄、掺用含氯外加剂都会使钢筋混凝土梁出现顺筋裂缝。这种裂缝会导致钢筋和混凝土之间的粘结率降低，将降低承载力。

3. 混凝土梁腹干缩裂缝

混凝土停止湿养护后，在混凝土梁上出现沿梁腹竖向延伸的裂缝。一般情况下，该裂缝上接楼板底，下至梁底。裂缝呈细长梭形，即中间宽，两端小。原因是梁、柱的混凝土在停止湿养护后，混凝土发生自然干缩。随着时间的推移，裂缝宽度和长度会有所增长。当梁的截面高度较大时，如果梁两侧沿竖向高度内没有设置足够的通长腰筋，不能足以抵抗梁腹的干缩裂缝。该类裂缝有时在钢筋混凝土梁腹的两侧对称地发生，容易被误认为"断梁"。事实上，主梁梁腹裂缝一般只发生在混凝土保护层范围内，不易深进主筋和箍筋包裹的混凝土核芯区。

4. 混凝土连续梁负弯矩裂缝

混凝土连续梁负弯矩裂缝主要出现在近支座部位或主次梁交接部位，裂缝宽度上大下小，闭合于梁下口受拉主筋处。开裂原因是钢筋混凝土梁上口负弯矩过大，导致负弯矩受拉区开裂。

5.4.2　混凝土梁的质量控制措施

1. 设计

固端梁在支座处往往有较大的负弯矩配筋，随着弯矩包络图的变化，梁顶的负弯矩钢筋可以逐根切断。但负弯矩钢筋切断后的延伸长度不足，对结构的承载力不利。由于斜弯裂缝以及沿钢筋发生的销栓剪切裂缝，受力钢筋的锚固受力被削弱，须增加延伸长度以保证构件应有的抗力。梁的纵向受力钢筋应符合下列规定[24]：

（1）伸入梁支座范围内的纵向受力钢筋不应少于 2 根。

（2）纵向钢筋的直径：当梁高不小于 300mm 时，不应小于 10mm；当梁高小于 300mm 时，不宜小于 8mm。

（3）架立钢筋的直径：当梁跨小于 4m，不宜小于 8mm；当梁跨为 4～6m 时，不宜小于 12mm；当梁跨大于 6m 时，不宜小于 16mm。

（4）在梁的配筋密集区，为方便混凝土浇筑，可以采用并筋（钢筋束）的配筋形式加大钢筋的间距。

（5）梁的上部纵向钢筋的净间距不应小于 30mm 和 $1.5d$；梁的下部纵向钢筋的净间距不应小于 25mm 和 d。当下部纵向钢筋多于两层时，两层以上钢筋水平向的中距应比下面两层的中距增大一倍；各层钢筋之间的净间距均不应小于 25mm 和 d，d 为纵向钢筋的最大直径。

当在梁负弯矩区切断钢筋时，如剪力较大（$V > 0.7 f_t bh_0$）且断点仍在负弯矩区内，支座截面负弯矩纵向受拉钢筋应延伸至正截面受弯承载力计算不需要该钢筋的截面以外的延伸长度，l_{d2} 不小于 $1.3h_0$ 且不小于 $20d$ 处截断；且从该钢筋强度充分利用截面伸出的延伸长度 l_{d1} 不小于 $1.2l_a + 1.7h_0$。

钢筋混凝土悬臂梁是易裂且导致安全事故的构件。原因是悬臂梁承载负弯矩，产生的裂缝开口向上，容易遭到水浸、冻融及腐蚀性介质的影响；同时悬臂梁根部的弯矩和剪力最大，且无多余约束，易发生折断、倒塌等事故。故对悬臂梁的钢筋配置应满足以下规定[25]：

① 应有不少于两根上部钢筋伸至悬臂梁外端，且向下弯折不小于 $12d$；

② 其余钢筋不应在梁上部截断，应按规范要求向下弯折 45°或 60°，且在梁下边的锚固长度不小于 $10d$。

当梁和支承部分的刚度相差较大时，往往按简支计算，但实际梁端仍受到部分约束。故应在支座区上部设置纵向构造钢筋，且应满足以下规定：

① 钢筋截面面积不应小于梁跨中下部纵向受力钢筋计算所需截面面积的 1/4，且不应少于两根。

② 纵向构造钢筋自支座边缘向跨内伸出的长度不应小于 $0.2l_0$，l_0 为梁的计算跨度。

近年来随着梁截面高度增大，梁长也增加，加上混凝土收缩，往往会在梁的侧面出现收缩裂缝。此类裂缝垂直于梁的轴线，成枣核状，中间宽而两端细，延伸至梁顶板底和梁的下配筋区域。为避免此类收缩裂缝，当梁的腹板高度 $h_0 \geq 450$mm 时，在梁的两个侧面应沿高度配置纵向构造钢筋，每侧纵向钢筋（不包括梁上、下部受力钢筋及架立钢筋）的截面面积不应小于腹板截面面积 bh_w 的 0.1%，且间距不宜大于 200mm[2]。

当梁、柱由于钢筋直径过大或钢筋配置方式而形成混凝土保护层过大、超过40mm时,裂缝宽度不易满足要求,且过厚的混凝土保护层开裂剥落时容易发生事故。通常办法是在保护层中配置细而密的钢筋网片,避免因混凝土厚度过大而不受钢筋约束。在梁的受拉钢筋部位的混凝土保护层中配置构造钢筋网片,可控制裂缝的开展,改变裂缝间距及裂缝的形态(细而密),从而限制裂宽。因此当梁、柱中纵向受力钢筋的混凝土保护层厚度大于 40mm 时,应对保护层采取有效的防裂构造措施(如配置构造钢筋网片)。

2. 施工

应同时浇筑混凝土梁、板,可采用"赶浆法",先浇筑梁,根据梁高分层浇筑成阶梯形,当浇筑到板底位置时,再与板的混凝土一起浇筑,随着阶梯形的不断延伸,连续向前进行梁板混凝土的浇筑工作。浇筑与振捣必须紧密配合,第一层的下料应慢一些,等梁底充分振实后再下第二层料,保持水泥浆沿梁底包裹石子向前推进,每层混凝土均应振实后再下料。振捣时不得触动钢筋及预埋件。

如果梁、柱节点处的钢筋很密集(如图 5.17 所示),浇筑混凝土时应采用小粒径石子同强度等级的混凝土灌实,仔细振捣密实。

图 5.17 梁中钢筋密集

5.5 混凝土墙、柱的质量控制和裂缝防治

混凝土墙、柱是建筑结构中最为主要的受力构件之一,其混凝土施工的质量直接关系到整个建筑结构的质量,若质量控制不严格将会留下安全隐患,给人们的生命财产安全造成威胁,虽然随着我国建筑科学的不断发展,施工工艺有了很大的进步,建筑材料有很大程度的提高,对工程质量的要求及控制也越来越严格,但是在实际工程中可能由于施工人员的重视程度不够,施工方法存在问题,原材料质量不过关等原因而造成墙柱结构混凝土出现一些质量问题。本节内容总结了混凝土墙柱常见的一些质量问题及原因,并提出了混凝土墙、柱质量控制的措施。

5.5.1　混凝土墙、柱的质量问题和原因

1. 混凝土墙竖向和八字形裂缝

剪力墙变形裂缝一般呈竖向，从下层楼板至上层楼板，且平行于短边，裂缝宽度不等，裂缝中部宽两端窄，呈枣核形，主要有表面缝、深层缝和贯穿缝三种。剪力墙变形裂缝的另一种常见类型为八字形裂缝，多发生于窗洞角部，成斜向发展，有正八字形和反八字形两种。

2. 混凝土柱龟裂

在拆模时或拆模后，水平裂缝多沿柱四角出现，呈现不规则的龟裂裂纹。裂缝原因主要有两个方面：

（1）木模板干燥，吸收了混凝土的水分；

（2）未进行充分潮湿养护，致使产生横向裂纹。

3. 混凝土柱顺筋裂缝

裂缝沿柱子主筋布置方向开展，其缝长度和宽度会随时间增长而逐步恶化，深度一般接近混凝土保护层厚度，属钢筋锈蚀裂缝。

5.5.2　混凝土墙、柱的质量控制措施

1. 设计

剪力墙从受力上看主要承受压力和剪力，但因墙体较薄，配筋不多，仍可能出现裂缝。且受混凝土收缩、温度变化以及施工等因素的影响，墙体裂缝时有发生。因此，在设计混凝土剪力墙时，钢筋混凝土剪力墙的水平方向和竖直方向分布钢筋的配筋率 ρ_{sh}（$\rho_{sh}=A_{sh}/bs_v$，s_v 为水平方向分布钢筋的间距）和 ρ_{sv}（$\rho_{sv}=A_{sv}/bs_h$，s_h 为竖直方向分布钢筋的间距）不应小于 0.2%。对剪力墙温度、收缩应力较大的部位，宜适当提高水平分布钢筋的配筋率。钢筋混凝土剪力墙水平方向及竖直方向分布钢筋的直径不应小于 8mm，间距不应大于 300mm[31]。

地下室的混凝土纵墙长度较大时，易发生因混凝土收缩等原因引起的竖向裂缝，往往会影响感观和使用功能（渗漏）。因此，除受力钢筋以外，地下室的混凝土墙体中宜适当增加水平构造钢筋，以控制墙体开裂。水平构造钢筋的配筋率不宜小于 0.4%，间距不宜大于 100mm。厚度大于 160mm 的剪力墙应设置双排分布钢筋网；厚度小于 160mm 的剪力墙宜在其重要部位配置双排分布钢筋网。双排钢筋网应沿墙的两个侧面布置，且应采用拉结联系。拉筋直径不宜小于 6mm，间距不宜大于 700mm；对重要部位的剪力墙宜适当增加拉筋的数量[32]。

当混凝土墙体开洞时，由于截面受到削弱，应力传递在此不连续，加上洞口角部容易应力集中等因素的影响，往往发生裂缝。因此，对于剪力墙洞口上、下两边的水平纵向钢筋，除应满足洞口连梁正截面受弯承载力要求以外，还应布置

数量不少于 2 根、直径不小于 12mm 的钢筋。纵向钢筋自洞口边伸入墙内的长度不应小于规范规定的受拉钢筋锚固长度。

对现浇剪力墙结构的端山墙、端开间内纵墙、顶层和底层墙体，均宜按计算所需钢筋量适当配置水平和竖向分布钢筋数量。洞边钢筋不得沿洞口弯折而必须延伸到墙内锚固。剪力墙洞口连梁应沿全长配置钢筋，箍筋直径不宜小于 6mm，间距不宜大于 150mm。门窗洞边的竖向钢筋应按受拉钢筋锚固在顶层连梁高度范围内。

2. 施工

由于墙、柱混凝土强度等级相同，墙、柱混凝土可同时浇筑。外墙距底板500mm 高处设置施工缝，在施工缝处设置止水带。墙体混凝土一次浇筑到梁底(或板底)，且高出梁底或板底 3cm(待拆模后，剔凿掉疏松混凝土，直至露出石子为止)。

当墙体混凝土浇筑方量较大时，采用泵送混凝土输送。当浇筑方量较小时(10m^3 以内)，采用塔吊入模。在浇筑混凝土墙之前，先在底部均匀浇筑 50mm 厚与墙体混凝土成分相同的减石子砂浆。砂浆放入吊斗内，并用铁锹入模，不应用吊斗直接灌入模内，使砂浆大量粘结在水平钢筋上。

在振捣过程中，应将振捣棒插入下层混凝土 50mm，以促使上下层混凝土结合成为整体。振捣棒与洞边的距离应在 300mm 以上，每一振点的持续时间以表面呈现浮浆为宜，振捣棒的移动间距应小于 40cm。对于钢筋密集部位及洞口部位，应同时振捣洞口两侧以避免漏振，下灰高度也应保持一致，宜分开大洞口的洞底模板，并对其浇筑振捣[33]。

浇筑墙体混凝土的过程应连续进行，内外墙混凝土的浇筑应分别按照自身的浇筑顺序进行，每层混凝土的浇筑厚度宜控制在 500mm 左右，浇筑混凝土上下层的间隔时间不应超过 2h，应预先安排好混凝土下料点位置、振捣棒操作人员数量及振捣插入点位置。

墙上口找平，浇筑完墙体混凝土之后，将上口甩出的钢筋加以整理，用木抹子按标高线增减混凝土，将墙上表面混凝土找平，高低差控制在 10mm 以内。

在浇筑混凝土柱之前，应先在底部铺垫与混凝土配合比相同的减石子砂浆，底部砂浆厚度宜为 50mm。应分层浇筑柱混凝土，每层柱混凝土的浇筑厚度为500mm，振捣棒不得触动钢筋及预埋件，振捣棒插入点要均匀，防止过振或漏振。

柱高在 2m 以内，可在柱顶直接下灰浇筑；超过 2m 时应在布料管上接一软管，伸到柱内，保证混凝土自由落体高度不超过 2m。下料时软管在柱上口来回挪动，使之均匀下料，防止骨浆分离。

柱混凝土一次浇筑到梁底或板底，且高出梁底或板底 3cm(待拆模后，剔凿掉疏松混凝土，直至露出石子为止)。施工缝留在梁或板下面并设置软性止水条，由于柱和梁(或板)的混凝土强度等级不同，在浇筑梁、板混凝土时，先浇筑柱头高等级的混凝土，且在混凝土初凝后再浇筑低等级梁、板混凝土。

混凝土柱、墙可采用塑料膜密闭包裹保湿养护或喷混凝土养护剂。

5.6　混凝土构件保护层厚度的质量控制

混凝土结构构件钢筋保护层厚度偏差达不到验收标准要求是常见的质量通病之一。钢筋保护层是指包裹在结构构件受力主筋外面具有一定厚度的混凝土保护层，其厚度是指受力主筋外皮到构件外表面的尺寸，即混凝土保护层是最外层钢筋表面与混凝土表面(包括连接筋、箍筋及表面筋)间的距离。欧洲规范《混凝土结构设计》EN 1992-1-1：2004 规定[34]：混凝土名义保护层厚度 c_{nom} 定义为最小保护层厚度 c_{min} 加上设计允许误差 Δc_{dev}：

$$c_{nom} = c_{min} + \Delta c_{dev} \qquad (5.1)$$

式中：$c_{min} = \max\{c_{min,b}; c_{min,dur} + \Delta c_{dur,\gamma} - \Delta c_{dur,st} - \Delta c_{dur,add}; 10mm\}$；

$c_{min,b}$——粘结要求的最小保护层厚度；

$c_{min,dur}$——环境条件需要的最小保护层厚度；

$\Delta c_{dur,\gamma}$——附加安全厚度；

$\Delta c_{dur,st}$——应用不锈钢减小的保护层厚度；

$\Delta c_{dur,add}$——采用其他保护措施减小的保护层厚度。

混凝土保护层的作用如下：在正常使用极限状态下保证结构正常工作的作用；满足钢筋粘结、锚固的要求，使钢筋充分发挥其计算所需的强度；满足构件耐久性的要求，使钢筋因有混凝土的保护而不易锈蚀；满足防火要求，不致因火灾使钢筋很快达到软化点。

钢筋混凝土结构构件承载力依靠混凝土与钢筋的共同工作，才能保证粘结力的安全传递。钢筋混凝土结构构件的实际承载能力大小与混凝土和钢筋之间的握裹力有关，主要包括钢筋凹凸不平的表面与混凝土之间的咬合力、混凝土收缩与钢筋表面的摩擦力和混凝土与钢筋之间的粘结力三个部分[22]。钢筋必须有一定厚度的混凝土保护层，以保证钢筋与混凝土共同工作。钢筋与混凝土之间的握裹力会因钢筋的保护层过小或没有保护层而丧失，进而影响共同工作的基础；但是，如果保护层的厚度过大，构件设计计算的有效高度就会下降，结构的承载力也会降低。因此，保护层的质量在结构承载力中起着很重要的作用。

《混凝土结构设计规范》GB 50010—2002 增加了耐久性设计的内容。混凝土结构的耐久性是指混凝土材料抵抗自身和自然环境双重因素长期破坏作用的能力，即保证混凝土结构经久耐用的能力。混凝土结构耐久性差是多种因素共同作用的结果，混凝土保护层是其中的一个主要因素，如果钢筋的保护层密实性差且很薄，混凝土保护层就容易受到氯盐的侵蚀或被碳化，进而会使混凝土中的钢筋发生锈蚀。锈蚀达到一定程度时，混凝土保护层就会因锈蚀体积膨胀而开裂、剥落，进而会加剧锈蚀，削弱钢筋断面，降低结构安全性。

混凝土是较好的耐火材料，在一定的温度范围内混凝土与钢筋的膨胀系数基本接近。当环境温度急剧升高时，两者的热膨胀差异将会急剧变化，钢筋受热膨胀加大，强度下降，两者失去共同工作的条件，造成结构破坏。所以从结构适当的耐火性能方面考虑，也需要保证混凝土保护层的厚度。

5.6.1　混凝土保护层的质量问题和原因

实际工程的检测数据表明，现浇混凝土板上部钢筋的保护层厚度往往偏大，下部钢筋保护层偏小，大多数梁、柱的箍筋保护层厚度偏小，梁底箍筋钢筋保护层偏小或偏大，如图 5.18 所示。

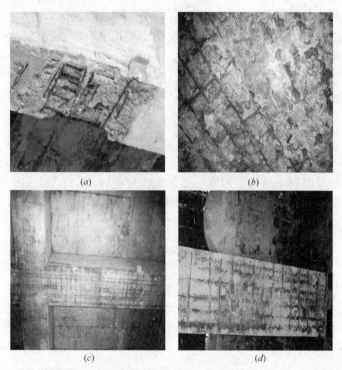

(a)　　　　　　　　　　　　(b)

(c)　　　　　　　　　　　　(d)

图 5.18　梁底和板底的混凝土保护层厚度不足

当施工质量控制较差时，板面钢筋的保护层厚度往往偏大，而板底钢筋保护层的厚度偏小，甚至较多工程板底钢筋的保护层厚度接近于零。通常采用分离式配筋(跨间截断)的方法来现浇楼板的支座板面钢筋，导致整体性较差。当施工荷载直接作用在板面上时，会引起板面钢筋下陷，导致保护层厚度明显偏大；如果控制板底钢筋保护层厚度的砂浆块，放置的很少或不放，也会引起混凝土浇捣后板底钢筋的保护层厚度偏小甚至接近于零。混凝土中的氢氧化钙与二氧化碳会发生碳化反应。当碳化深度达到钢筋表面时，钢筋会因缺少混凝土的碱性保护作用而发生钢筋锈蚀。钢筋的混凝土保护层偏大，也使钢筋混凝土构件的有效厚度减小，从而减小构件的承载力，出现荷载裂缝。

混凝土保护层厚度不符合要求的原因主要有以下几个方面[35-36]：

（1）设计不合理，局部楼板中水电线管的累计厚度太高，超过了板厚；梁柱节点处的主次梁钢筋直径较大，使纵横向钢筋相互阻碍，无法保证保护层厚度。

（2）在支模或浇筑混凝土时，施工人员随意踩踏、晃动钢筋，振捣器振动时接触到了钢筋，使钢筋偏离了正确的位置，如负弯矩钢筋和挑梁钢筋被踩踏下沉，造成混凝土保护层不到位。混凝土施工标高控制不准，也会引起混凝土楼板施工超厚，造成钢筋保护层偏大。

（3）没能理解垫块的作用，对垫块的质量不予重视，造成以下情况的发生：常用石子或其他东西代替；垫块的强度低，易破碎；垫块的数量少，仅用"随打随提"的方法，造成因漏提而露筋；垫块钢筋绑扎不牢，失去应有的作用。钢筋垫得过高，明显减小了截面的有效高度。

（4）施工时，由于计算和制作误差，造成钢筋下料、制作时尺寸和钢筋位置不准确，从而导致梁柱节点等部位的钢筋贴模、移位。

5.6.2　混凝土保护层质量控制措施

1. 设计

严格按照《混凝土结构工程施工质量验收规范》（2011 版）GB 50204—2002中的规定：受力钢筋的混凝土保护层厚度应符合设计要求，当设计无具体要求时，不应小于钢筋直径[22]。并应符合表 5.3 规定。

钢筋的混凝土保护层厚度（mm）　　　　　　　　　表 5.3

环境条件	构件名称	混凝土强度		
		低于 C25	C25 及 C30	高于 C30
室内环境	板、墙、壳	15		
	梁和柱	25		
露天或室内高湿度环境	板、墙、壳	35	25	15
	梁和柱	45	35	25
有垫层	基础	40		
无垫层		70		

注：1. 工厂在正常室内环境下生产的预制构件，如果混凝土的强度等级不低于 C20 且施工质量有可靠保证，其混凝土的保护层厚度可比表中的规定值少 5mm，但是，对于预制构件的预应力钢筋（包括冷拔低碳钢丝），其保护层厚度不宜小于 15mm。
　　2. 对于钢筋混凝土受弯构件，钢筋端头的保护层厚度一般为 10mm；对于预制的肋形板，其主肋的保护层厚度可参考梁的保护层厚度进行设定。板、墙、壳中分布钢筋的保护层厚度不宜小于 10mm；梁柱中箍筋和构造钢筋的保护层厚度不宜小于 15mm。当梁、柱中纵向受力钢筋的混凝土保护层厚度大于 40mm 时，应对保护层采取有效的防裂构造措施。

2. 材料和施工

用碎石做梁、板、柱及基础等的钢筋保护层垫块时，钢筋稍有振动，碎石就会产生移动，起不到保护垫块的作用，所以要严禁使用碎石或短钢筋头作为钢筋保护层的垫块。梁、板、柱、墙、基础的钢筋保护层宜优先选用塑料垫卡来支垫钢筋；当采用砂浆垫块时，要保证砂浆的强度、受力面积、厚度及绑扎要求，强度应不低于 M15，面积不小于 40mm×40mm[37]，如图 5.19 所示。从目前使用情况来看，采用塑料垫块效果比较好，梁、板、柱都有专用的保护层垫块，能用于各种房屋建筑，而且脱模后在混凝土表面不留任何疤痕。

(a)　　　　　　　　　　　　　　(b)

图 5.19　塑料垫卡和砂浆垫块

对于现浇钢筋混凝土楼板应采用钢筋支架来支撑钢筋，以保证钢筋在混凝土构件中的位置，防止因施工中踩踏钢筋而不能充分发挥钢筋的作用。如果分布钢筋和板面受力钢筋的直径均小于 10mm，宜采用钢筋支架来支撑钢筋。支架间距为：如果采用 Φ6 分布筋，支架间距不宜大于 500mm；如果采用 Φ8 分布筋，支架间距不宜大于 800mm[38]。受支撑钢筋与支架应绑扎牢固。当分布筋和板面受力钢筋的直径均大于 10mm，宜采用马镫作为支架。在纵横两个方向的马镫间距应都不大于 800mm，并要与受支承的钢筋绑扎牢固。当板的厚度≤200mm 时，可用 Φ10 的钢筋制作马镫；当 200mm≤板的厚度≤300mm 时，应用 Φ12 的钢筋制作马镫[39]；当板厚度≥300mm 时，制作马镫的钢筋应适当加大，参见图 5.20。

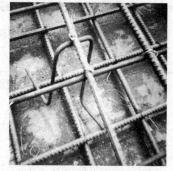

图 5.20　马镫

对于柱、墙，可采用塑料垫卡或挂丝砂浆块控制保护层厚度，垫块间距不应大于 500mm×500mm。当墙体钢筋直径≤10mm 时，两排钢筋网片间应设置支撑筋。支撑筋直径≥14，间距≤500mm，呈梅花状布置[40]。

钢筋安装位置的偏差应符合表 5.4 规定[17]。发现偏差时应及时纠正。

钢筋安装绑扎时允许偏差和检验方法(mm)　　　　　　表 5.4

项目		允许偏差	检查方法
绑扎骨架	宽、高	±5	尺量
	长度	±10	
受力钢筋	间距	±10	尺量
	排距	±5	
箍筋、构造筋间距		±10	尺量连续 5 个间距
钢筋弯起点位移		±10	尺量
受力主筋保护层	基础	±5	尺量受力主筋外表面至模板内表面垂直距离
	梁、板	±3	
	墙板、楼板	±3	

5.7　混凝土外观质量通病治理

混凝土养护后的质量检验主要为外观质量。混凝土表面外观质量应符合质量验收规范的要求，不应有大面积和大量的蜂窝、麻面、孔洞、露筋、缝隙及夹层、缺棱掉角和裂缝等。《混凝土结构工程施工质量验收规范》(2011 版)GB 50204—2002 中对混凝土外观质量缺陷的定义参见表 5.5[17]，给出了确定现浇结构外观质量严重缺陷、一般缺陷的基本原则。各种缺陷的数量和面积限制可由各地根据实际情况作出具体规定。毛龙泉、沈北安等编写的《建筑工程施工质量检查与验收手册》中，对一般缺陷作了定义说明[41]，参见表 5.6。

现浇混凝土结构外观质量缺陷　　　　　　表 5.5

名称	现象	严重缺陷	一般缺陷
露筋	构件内钢筋未被混凝土包裹而外露	纵向受力钢筋有露筋	其他钢筋有少量露筋
蜂窝	混凝土表面缺少水泥砂浆而形成石子外露	构件主要受力部位有蜂窝	其他部位有少量蜂窝
孔洞	混凝土中孔穴深度和长度均超过保护层厚度	构件主要受力部位有孔洞	其他部位有少量孔洞
夹渣	混凝土中夹有杂物且深度超过保护层厚度	构件主要受力部位有夹渣	其他部位有少量夹渣

续表

名称	现象	严重缺陷	一般缺陷
疏松	混凝土中局部不密实	构件主要受力部位有疏松	其他部位有少量疏松
裂缝	缝隙从混凝土表面延伸至混凝土内部	构件主要受力部位有影响结构性能或使用功能的裂缝	其他部位有少量不影响结构性能或使用功能的裂缝
连接部位缺陷	构件连接处混凝土缺陷及连接钢筋、连接件松动	连接部位有影响结构传力性能的缺陷	连接部位有基本不影响结构传力性能的缺陷
外形缺陷	缺棱掉角、棱角不直、翘曲不平、飞边凸肋等	清水混凝土构件有影响使用功能或装饰效果的外形缺陷	其他混凝土构件有不影响使用功能的外形缺陷
外表缺陷	构件表面麻面、掉皮、起砂、沾污等	具有重要装饰效果的清水混凝土表面有外表缺陷	其他混凝土构件有不影响使用功能的外表缺陷

混凝土外观质量缺陷的定义　　　　　　　　表 5.6

质量缺陷	构件类型	缺陷尺寸
少量露筋	梁、柱 基础、墙、板	钢筋的露筋长度一处不大于 10cm，累计不大于 20cm 钢筋的露筋长度一处不大于 20cm，累计不大于 40cm
少量蜂窝	梁、柱 基础、墙、板	蜂窝面积一处不大于 500cm²，累计不大于 1000cm² 蜂窝面积一处不大于 1000cm²，累计不大于 2000cm²
少量孔洞	梁、柱 基础、墙、板	孔洞面积一处不大于 10cm²，累计不大于 80cm² 孔洞面积一处不大于 100cm²，累计不大于 200cm²
少量夹渣	梁、柱 基础、墙、板	夹渣层深度不大于 5cm，长度一处不大于 5cm，不多于二处 夹渣层深度不大于 5cm，长度一处不大于 20cm，不多于二处
少量疏松	梁、柱 基础、墙、板	疏松面积一处不大于 500cm²，累计不大于 1000cm² 疏松面积一处不大于 1000cm²，累计不大于 2000cm²

5.7.1 混凝土外观质量缺陷

混凝土工程施工过程中，经常会出现一些外观质量缺陷，这些缺陷既影响美观，还可能会影响到结构的安全，因此，找出混凝土工程表面外观缺陷对其成因进行分析，提出行之有效的防治措施是十分必要的。常见的混凝土外观质量缺陷主要表现在以下几个方面[42-46]：

1. 混凝土表面损伤，缺棱掉角

现象：构件边角处或洞口直边处，混凝土局部掉落，不规整，棱角缺损，如图 5.21 所示。

图 5.21　混凝土表面损伤、缺棱掉角

产生的原因：模板表面未涂隔离剂或未清理干净粘有杂物，模板表面不平、翘曲变形；拆模时间过早，混凝土强度不够；振捣不仔细，边角处未振实；拆模时，撞击敲打，损坏棱角；拆模后构件棱角被碰撞等。

2. 麻面、蜂窝、露筋、孔洞，内部不密实

现象：混凝土表面局部出现缺浆粗糙或有许多小凹坑，形成粗糙面，如图 5.22 所示；构件主要受力部位的混凝土中，孔穴深度和长度均超过保护层厚度，但不超过截面 1/3 的缺陷，如图 5.23 所示；钢筋混凝土结构内纵向受力主筋、分布筋或箍筋局部裸露在结构构件表面，如图 5.24 所示；混凝土表面缺少水泥砂浆，石子外露的深度大于 5mm 但小于保护层厚度的缺陷；混凝土局部酥松，砂浆少，碎石多，碎石之间出现类似蜂窝状的空隙、窟窿，如图 5.25 所示；混凝土结构内有空隙，局部或全部无混凝土；蜂窝空隙特别大，钢筋局部或全部裸露，如图 5.26 所示。

图 5.22　混凝土蜂窝、麻面

图 5.23　混凝土孔洞

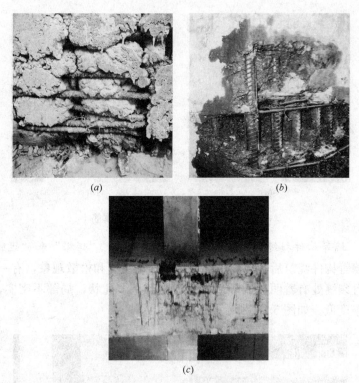

图 5.24　混凝土局部露筋

　　产生的原因是：混凝土配合比的设计不合理或现场计量有误；没有对模板涂隔离剂或没有把模板清理干净；模板的拼缝不严密，在拼缝处出现漏浆；混凝土浇筑时，振捣不密实、漏振；钢筋在钢筋混凝土节点处很密集，混凝土的石子粒径过大，会引起浇筑困难，振捣不仔细；底模未放置垫块或垫块脱落，导致钢筋紧贴模板；混凝土搅拌不均匀，和易性差；浇筑时一次性投料过多，没有分层捣实；拆模时破坏了混凝土保护层等。

图 5.25　混凝土不密实、蜂窝

(*a*)　　　　　　　　　　　　　　(*b*)

图 5.26　混凝土孔洞、大面积露筋

3. 柱、墙等构件接缝处和施工缝处产生"烂肚"、"烂根"和"烂脖"

柱、墙等构件浇筑后，顶面根部和端部出现粗糙和松散现象，有一定的延伸长度。而且裂缝处有着明显的颜色变化，内部呈多孔状，局部不密实，砂浆多、骨料少、强度低。如图 5.27 所示。

图 5.27　混凝土柱"烂肚"和"烂根"

产生的原因是：施工缝的位置留得不当，振捣不密实；模板安装完毕后，接茬处未清理干净，留有残渣；对施工缝的老混凝土表面未作处理或处理不当，形成冷缝；接缝处模板拼缝不严、漏浆等。

4. 混凝土表面出现裂缝

模板及其支撑不牢固，产生变形或局部沉降；养护或拆模不当；混凝土和易性差，浇筑后产生离析分层；大面积现浇混凝土由于温度收缩产生裂缝。

5. 混凝土冻害

实验表明温度每降低 1℃，水化速度降低 5%～7%。当混凝土温度降低到 4℃时，水的体积开始产生膨胀。混凝土温度降到 -3℃左右、水温低于冰点时（非纯净水的冰点值一般低于 0℃），混凝土中的游离水开始结冰。游离水结冰后，水化反应停止，水结冰后体积约膨胀 9%。此时产生的冻胀力大于混凝土的初期强度，使混凝土发生不同程度的冻胀破坏。混凝土骨料周围有一层水膜或水泥浆膜，受冻后粘结力受到严重损害。解冻后不能恢复，粘结力完全丧失，致使混凝土强度降低约 15%。混凝土受冻后强度损失最大可达到 50%，抗渗性能完全丧失。而且，冰块融化后冰块所占体积变成了空隙，从而降低了混凝土的密实性和耐久性。

产生的原因是：没有有效的冬季施工方案，准备工作不足；没有优先使用硅酸盐水泥拌制冬季施工混凝土，或者在采用矿渣水泥等不宜冬季使用的水泥时，补偿措施不足；无有效加热、保温、养护措施（特别是在柱头、墙顶、楼板端头等伸出钢筋接茬处保温不严）；未加抗冻早强剂或掺量不准，不均匀；拆模过早，当混凝土强度不足 1.2MPa 时就拆模，混凝土被撬裂，粘模，掉角或混凝土未达到"临界强度（3.5MPa）"，早期受冻。

6. 混凝土表面凹凸不平或板的厚薄不一致，表面不平整

产生的原因是：混凝土浇筑后，未用抹子找平压光，造成表面粗糙不平；模板未支撑在坚硬土层上，或支撑面不足，或支撑松动、泡水，致使新浇筑混凝土早期养护时发生不均匀下沉；混凝土未达到一定强度时，上人操作或运料，使表面出现凹凸不平或印痕。

7. 混凝土柱、墙松顶

松顶是指混凝土柱、墙和基础浇筑后，在距顶面 50～100mm 高度内出现粗糙和松散现象。有着明显的颜色变化，内部呈多孔状，局部不密实，砂浆多、骨料少，混凝土强度低。

产生的原因是：混凝土配合比不当，水灰比大；坍落度大，振捣后粗骨料下沉，造成上部松顶；混凝土振捣时间过长，造成离析分层，气体浮于顶部；浇捣速度过快，上层未排完水分就二次浇捣，使顶部形成一层含水量大的砂浆层。

8. 混凝土夹渣

构件主要受力部位的混凝土内，存在水平或垂直的松散混凝土或夹杂物且深

度超过保护层厚度；施工缝处混凝土结合不好，存在缝隙或夹有杂物，造成结构整体性差。

产生的原因是：施工缝或后浇带未经接缝处理，应将表面水泥浆膜或松动石子凿除，或未将松散混凝土层及杂物清除，并充分湿润，就继续浇筑混凝土；在施工停歇期间木块、锯末、泥土、砖块等杂物掉在混凝土表面，未认真检查清理，再次浇筑混凝土时混入混凝土内，在施工缝处造成杂物夹层；柱头浇筑混凝土时，如果间歇时间较长，易掉进杂物，未认真处理就浇筑上层柱，造成施工缝处出现夹层；底层交接处未灌接缝砂浆层，接缝处混凝土振捣不密实。

9. 模板拆除后，混凝土构件表面出现酥松、脱落等质量缺陷

质量缺陷使得构件表面混凝土强度比内部混凝土强度低很多，混凝土表面出现酥松、脱落后，会出现露筋现象，造成钢筋锈蚀。

产生的原因：混凝土浇筑时，木模板未浇水湿润或湿润不够，使与模板接触的混凝土中的水分被吸入模板，水化反应不能充分进行；在高温且刮风的天气浇筑混凝土，当拆除模板后未适当进行覆盖浇水养护；在冬季低温情况下浇筑混凝土时，由于环境温度低，又未采取保温措施，混凝土表面受冻，从而造成酥松、脱落。

5.7.2　控制混凝土外观质量缺陷的施工技术

1. 表面麻面的质量控制

（1）在使用木模板浇筑混凝土前，须先用水进行湿润但不能留积水，把模板清洗干净，模板上不得粘有干硬水泥砂浆等杂物。

（2）为防止浇筑时模板漏浆，模板的缝隙应拼接严密。

（3）选用质量好且保质期长的脱模剂，脱模剂要涂刷均匀，严防漏刷。

（4）混凝土浇筑时，应分层均匀振捣密实，避免漏捣，每层混凝土均匀振捣至气泡排除为止。

（5）不宜过早拆模，拆模时混凝土必须有足够的强度。

2. 表面蜂窝的质量控制

严格控制配合比，保证材料计量准确。混凝土搅拌均匀，坍落度适宜，颜色一致。浇筑混凝土时，其自由倾落高度不得超过 2m，若超过 2m，要采取串筒、溜槽等措施下料。捣实混凝土拌合物时，插入式振捣器的移动间距不得大于其作用半径的 1.5 倍，分层振捣混凝土时，浇注层的厚度不得超过振动器作用部分长度的 1.25 倍。混凝土振捣时，必须掌握好每点的振捣时间，合适的振捣时间为：混凝土不再显著下沉，出浆呈水平状态，不再出现气泡，并将模板边角填满密实。为保证上下层混凝土结合良好，振捣棒插入下层混凝土 5cm，平板振捣器在相邻两段之间应搭接振捣 3～5cm。浇注混凝土时，若发现有模板走动、变形或

漏浆，应立即停止浇注，并在混凝土初凝前修整完好。

混凝土的振捣时间，根据混凝土的坍落度和振捣有效作用半径参考表 5.7 规定。

混凝土振捣时间与混凝土坍落度、振捣有效作用半径的关系　　表 5.7

坍落度(mm)	0～40	40～80	80～130	130～180	180～200	200 以上
振捣时间(s)	22～28	17～22	13～17	10～13	7～10	5～7
振捣有效作用半径(cm)	25	25～30	25～30	30～35	35～40	35～40

3. 混凝土孔洞的质量控制

在钢筋密集的地方采用细石混凝土进行浇注，使钢筋间隙能被混凝土充分填充，并认真振捣密实。如果机械振捣有困难，可采用人工捣固。在预留孔洞及预埋件处，应在两侧同时下料。使用插入式振捣器时，可采用垂直振捣的方法，使振捣棒与混凝土表面呈 40°～45°的斜向振捣或垂直于混凝土表面进行振捣。振捣器插入点应均匀排列，可采用交错式或行列式顺序移动，为避免漏振不得混用。每次移动距离不大于振捣棒作用半径的 1.5 倍，一般振捣棒的作用半径为 30～40mm。防止砂、石中混有黏土块、冰块、模板、工具等杂物。

4. 混凝土露筋的质量控制

浇筑混凝土前，认真检查钢筋位置和保护层厚度，发现偏差时及时纠正。为保证混凝土保护层的厚度，要注意固定好垫块，应每隔 1m 左右在钢筋上绑一个水泥砂浆垫块。钢筋较密集时，应选用适当粒径的骨料，保证混凝土配合比准确和和易性良好。碎石最大粒径不得超过结构截面最小尺寸的 1/4，同时不得大于钢筋净距的 3/4。结构截面较小或节点处的钢筋密集时，可用细石混凝土浇筑。为防止钢筋移位，严禁振捣棒撞击钢筋。在钢筋密集处，可采用直径较小或带刀片的振动棒进行振捣。保护层处混凝土要仔细振捣密实。施工时不得踩踏钢筋，若钢筋被踩弯或脱扣，及时调直，补扣绑好。

5. 缺棱掉角

木模板在浇筑混凝土前充分湿润，混凝土浇筑后认真浇水养护。拆除钢筋混凝土结构承重模板时，混凝土应具有足够的强度，达到 1.2MPa 以上，以防表面及棱角受到损坏。拆模时注意保护棱角，吊运时避免模板撞击棱角。加强成品保护，对于处在人多、运料等通道处的混凝土构件阳角，拆模后可用槽钢或草袋等将阳角保护好。冬季混凝土浇筑完毕，做好覆盖保温工作，防止混凝土受冻。

6. 缝隙和夹渣

接缝处的锯末、木块、泥土、砖块等杂物必须清除干净，并用清水将接缝表面冲洗干净。在已硬化的混凝土表面上继续浇筑混凝土前，应先除掉表面水泥薄膜、松动碎石、垃圾杂物和松散混凝土层，并充分湿润和冲洗干净，但不得有积水。浇筑前，施工缝宜先铺抹一层水泥浆或 5～10cm 厚与混凝土内成分相同的水泥砂浆，并加强接缝处混凝土振捣。

在施工缝或后浇带处继续浇筑混凝土时，若间歇时间超过规定，则按施工缝处理。混凝土抗压强度不小于 1.2MPa 后才允许继续浇筑混凝土，并可采取对混凝土进行二次振捣，以提高接缝处混凝土强度和密实性。二次振捣是指混凝土浇筑后，在一定时间内的振动，一般为浇筑后 1～4h，即在混凝土初凝之前（接近初凝时），此时混凝土坍落度虽已消失，丧失了流动性，但仍处于塑性状态，混凝土晶体结构经二次振捣虽破坏，但仍能闭合。二次振捣具体的适宜时间，需根据水泥品种、水泥用量、混凝土的坍落度和气温等因素决定。混凝土施工缝处理方法与抗拉强度关系见表 5.8。

混凝土施工缝处理方法与抗拉强度关系　　　　　　　　　表 5.8

项次	处理方法	抗拉强度百分比（%）
水平缝	不除去旧混凝土上的水泥薄膜（浮浆）	45
	铲去约 1mm 浮浆，直接浇筑新混凝土	77
	铲去约 1mm 浮浆，施工缝上铺水泥浆	93
	铲去约 1mm 浮浆，施工缝上铺水泥砂浆	96
	铲去约 1mm 浮浆，施工缝上铺水泥浆，约 3h 后在振捣一次	100
垂直缝	用水冲洗接槎	60
	接槎面浇水泥砂浆或素水泥浆	80
	铲去约 1mm 浮浆，浇水泥浆或砂浆	85
	铲平接槎凹凸处，浇水泥浆或砂浆	95
	接槎面浇水泥砂浆或素水泥浆，在混凝土塑性状态最晚期（3～6h）在振捣	100

注：假定无接缝的混凝土抗拉强度为 100%。

7. 柱、墙等构件松顶

严格控制混凝土配合比，水灰比、坍落度不能过大，以减少混凝土拌合物泌水。可以掺减水剂或早强剂，减少用水量，以提高混凝土早期或后期强度，减少混凝土收缩和改善混凝土和易性。应合理安排好浇筑混凝土柱的次序，适当放慢混凝土的浇筑速度，混凝土浇筑至柱、墙顶时应分二次浇捣和二次抹面，并排除泌出的水水分。连续浇筑高度较大的墙或柱时，应分段浇筑，分层减水。若混凝土墙或柱顶面碎石少、表面疏松时，可将松散的混凝土和突出的骨料颗粒凿除，用水冲刷干净湿透，然后支模用比原标号高一级的细石混凝土补好，并认真养护。

8. 墙、柱等构件"烂根"

对模板根部，可采取堵嵌措施来防止隙缝在浇捣时发生漏浆。浇筑时用同样

的混凝土配合比砂浆接浆。严格控制混凝土水灰比，通过试配来选择合适的配合
比。控制一次下料厚度，防止混凝土离析。均匀排列振动棒的插点，采用交错式
或行列式的顺序移动，为避免漏振，应快插慢拔，循序振捣。柱、墙根部应在下
部浇完后，间歇 1～1.5h，待下部混凝土沉实后再浇上部混凝土。

9. **表面不平整**

在浇筑混凝土之前，应在模板上弹出墨线以控制平整度或在模板四周定出水
平控制标志。在混凝土浇筑后，先用直刮尺按水平标志刮平一道，然后用木抹子
拍平压实，最后用铁抹子压光。模板支架应支撑在坚实的地基上，若基土软弱，
可用夯机夯实。支架和模板要有足够的刚度和稳定性，使混凝土浇筑后不至于变
形。混凝土浇筑完毕后，要加强养护，当混凝土强度达到 $1.2N/mm^2$ 以上时才
可在已浇结构上走动、施工。

10. **混凝土酥松脱落**

浇筑混凝土之前，应向木模板浇水，使其充分湿润。气候干燥时，应定期对
混凝土浇水，加强养护，避免混凝土表面水分快速蒸发。冬季低温时，要采取保
温措施，为混凝土强度的增长提供有利条件。

5.7.3　混凝土外观质量缺陷修补

(1) 麻面：主要影响混凝土外观，但对混凝土结构承载力影响较小。表面作
粉刷的，可不作处理；表面无粉刷的，应在麻面部位浇水充分湿润后，再用原混
凝土配合比的细石砂浆，将麻面抹平压光。修补完后，应用草帘子或草袋进行保
湿养护。

(2) 露筋：将外露钢筋上的混凝土残渣和铁锈清理干净，用水冲洗湿润，再
用 1:2 或 1:2.5 的水泥砂浆抹压平整。若露筋较深，将松散混凝土和凸出的颗
粒凿除，冲刷干净湿润，用高一强度等级的细石混凝土捣实，认真养护。

(3) 蜂窝：对小蜂窝，可先用水冲洗干净，然后用 1:2 或 1:2.5 的水泥砂
浆修补；对大蜂窝，则先凿除突出的松动碎石和蜂窝处薄弱松散的混凝土，尽量
形成喇叭口，外口大些，然后用清水冲洗干净湿润，再用高一级的细石混凝土仔
细填密捣实，加强养护。

(4) 孔洞：处理现浇混凝土梁柱的孔洞应首先采取安全措施，在梁底用支撑
顶住，然后将空洞处松散的混凝土和凸出的石子凿除，要凿成倾斜状，以便浇筑
混凝土。为使新旧混凝土结合良好，应将剔凿好的孔洞用清水冲洗，或用钢丝仔
细清刷，并充分湿润，保持湿润 72h 后用比构件高一强度等级的半干硬性豆石混
凝土仔细分层浇筑，强力振实。为避免新旧混凝土接触面上出现收缩裂缝，可掺
膨胀剂补偿收缩。凸出结构面的混凝土待达到 50% 强度后再凿除，表面用 1:2
的水泥砂浆抹光。对面积大而深进的孔洞，清理后，在内部埋压浆管、排气管，

填充清洁碎石，表面抹砂浆或浇筑薄层混凝土，然后用水泥压力灌浆。

（5）"烂根"：将烂根处松散混凝土和软弱颗粒凿去，洗刷干净后，用比原混凝土高一强度等级的细石混凝土填补，并加强养护。

（6）酥松脱落：对于表面较浅的酥松和脱落，可将酥松部分的混凝土凿去，冲洗干净并充分湿润后，用1：2或1：2.5的水泥砂浆抹平压实。对于较深的酥松、脱落，可将酥松和突出的颗粒凿去，冲洗干净并充分湿润后安装模板，用高一强度等级的细石混凝土浇筑，充分振捣，并加强养护。

（7）缝隙夹渣：缝隙夹层不深时，补强前先搭临时支撑加固后，方可凿除夹层中的杂物和松散混凝土，用清水冲洗干净，充分湿润后再用1：2或1：2.5的水泥砂浆填满密实。缝隙较深时，凿除夹层中的杂物和松散混凝土，用压力水冲洗干净后支模，采用提高一强度等级的细石混凝土捣实并认真养护，或将表面封闭后进行压浆处理。

（8）缺棱掉角：较小缺棱掉角，可将该处松散石子凿除，用钢丝刷刷干净，清水冲洗后并充分湿润，用1：2或1：2.5的水泥砂浆抹补齐整。较大缺棱掉角，冲洗剔凿清理后，重新支模用高一强度等级的细石混凝土填灌捣实，并适当养护。

（9）松顶：将松顶部分砂浆层凿去，冲洗干净并充分湿润后，用高一强度等级的细石混凝土灌注密实，并适当养护。

（10）表面不平整：用细石混凝土或1：2水泥砂浆修补找平。

参考文献

[1] 赵英策，高鹏，徐嵩基. 混凝土裂缝产生机理、分类与成因综述 [J]. 工程与建设. 20 (5)：409.

[2] 贡金鑫，魏巍巍，胡家顺. 中美欧混凝土结构设计 [M]. 北京：中国建筑工业出版社，2007.

[3] 何星华，高小旺. 建筑工程裂缝防治指南 [M]. 北京：中国建筑工业出版社，2005.

[4] 赵国藩，李树瑶，廖婉卿等. 钢筋混凝土结构的裂缝控制 [M]. 北京：海洋出版社，1991.

[5] 冯乃谦，顾晴霞，郝挺宇. 混凝土结构的裂缝与对策 [M]. 北京：机械工业出版社，2006.

[6] 罗国强，罗刚，罗诚，混凝土与砌体结构裂缝控制技术 [M]. 北京：中国建材工业出版社，2006.

[7] 中国建筑科学研究院. 混凝土结构设计 [M]. 北京：中国建筑工业出版社，2003.

[8] 龙建光. 钢筋混凝土构件裂缝研究与工程应用 [D]. 长沙：中南大学硕士论文，2006.

[9] 袁康. 钢筋混凝土现浇板温度——收缩裂缝机理分析与开裂研究 [D]. 石河子：石河子大学硕士学位论文，2007.

[10] JGJ 55—2000，普通混凝土配合比设计技术规程.

[11] GB 50164—92，混凝土质量控制标准.

[12] 南京市建设委员会. 南京市住宅工程质量通病防治导则 [S]. 2004.

[13] 杭州市建设工程质量安全监督总站. 杭州市住宅工程质量通病防治导则 [S]. 2005.

[14] JGJ 3—2002，高层建筑混凝土结构设计规程.

[15] 中国工程建设标准委员会. 混凝土碱含量限值标准 GECS 53：93. 1993 [S]. 北京：中
国建筑工业出版社，1993.

[16] GB 50096—2011，住宅设计规范.

[17] GB 50204—2002，混凝土结构工程施工质量验收规范（2011 版）.

[18] JGJ 104—97，建筑工程冬期施工规程.

[19] GB 50011—2010，建筑抗震设计规范.

[20] 江苏省建设厅. DGJ 32/J 16—2005，江苏省住宅工程质量通病控制标准 [S]. 2005.

[21] 青岛市城乡建设委员会. 青岛市住宅工程质量通病防治技术措施二十条 [S]. 2006.

[22] GB 50010—2010，混凝土结构设计规范.

[23] 韩素芳，耿维恕. 钢筋混凝土结构裂缝控制指南 [M]. 北京：化学工业出版社，2006.

[24] 国家标准《混凝土结构设计规范》修订组. 混凝土结构设计规范（征求意见稿）
[S]，2010.

[25] 《住宅建筑规范》编制组. 住宅建筑规范实施指南 [M]. 北京：中国建筑工业出版
社，2006.

[26] 中国工程建设标准化协会标准. 钢筋混凝土连续梁和框架考虑内力重分布设计规程
CECS51：93 [S]. 北京：中国计划出版社，1994.

[27] 广东省建设厅. 广东省住宅工程质量通病防治技术措施二十条 [S]，2005.

[28] 福建省建设厅. 福建省住宅工程质量通病控制技术导则（征求意见稿）[S]，2007.

[29] 安徽省建设厅. 安徽省住宅工程质量通病防治技术措施（试行）[S]，2009.

[30] 山西省建设厅. 山西省住宅工程质量通病防治细则 [S]. 2004.

[31] 宁夏回族自治区建设厅. 宁夏住宅工程质量通病防治导则 [S]. 2006.

[32] 腾智明. 钢筋混凝土基本构件 [M]. 北京：清华大学出版社，1987.

[33] 於崇根等. 住宅工程创无质量通病手册 [M]. 北京：中国建筑工业出版社，1998.

[34] Eurocode. Basis of Structure(EN 1992-1-1：2004) [S]，2004.

[35] 湖北省建设厅. 湖北省住宅工程质量通病防治导则 [S]，2007.

[36] 中国建筑科学院. 钢筋混凝土结构设计与构造——85 年设计规范背景资料汇编
[C]，1985.

[37] 烟台市住房和城乡建设局. 烟台市住宅工程质量通病防治办法 [S]. 2010.

[38] 中山市建设局. 防止和减少混凝土结构裂缝的技术措施（试行）[S]. 2006.

[39] 唐山市建设局. 唐山市住宅工程质量通病防治措施 [S]. 2009.

[40] 大连市城乡建设委员会. 大连市住宅工程质量通病防治导则 [S]. 2006.

[41] 毛龙泉，沈北安等. 建筑工程施工质量检查与验收手册 [M]. 北京：中国建筑工业出
版社，2002.

[42] 深圳市建设工程质量监督总站. 新版建筑设备安装工程质量通病防治手册 [M]. 北京：

中国建筑工业出版社，2005.

[43]　江苏省建筑工程质量监督总站. 江苏省建筑安装工程质量通病防治手册 ［M］. 北京：中国建筑工业出版社，2001.

[44]　彭圣洁. 建筑工程质量问题与防治 ［M］. 北京：中国建筑工业出版社，2001.

[45]　穆宗石. 住宅工程质量控制手段和措施 ［M］. 北京：中国建筑工业出版社，2000.

[46]　何贤书，连蔚虹，朱明生. 住宅工程质量检验指南 ［M］. 南京：东南大学出版社，1999.

第6章 装饰装修工程质量通病及治理技术

优良的结构质量是建筑物成功的保障，而装饰装修工程体现着建筑物的外在形象，其质量的优劣，直接影响着建筑物的观感及使用功能。由于装饰装修工程涉及的关联工序较多，因此，更容易出现通病性的质量问题。这些问题不仅会影响建筑物的外观质量，也会不同程度地影响建筑物的使用功能。因此，要建设出优良的建筑物，不仅要保证主体结构的质量，也要克服装饰装修工程中的质量问题。

本章内容根据以往的工程经验及文献资料，归纳了每一项装饰装修工程质量通病的种类，分析了问题产生的原因，总结了质量问题的防治措施，就装饰装修工程中最常见的几种质量通病进行阐述，以让我们的建筑产品更加美观，更方便使用。内墙作为装饰装修工程的基底，外墙作为建筑物的形象代表更要求有良好的工程质量。

6.1 内墙普通抹灰最常见质量通病及防治措施

内墙抹灰工程的空鼓、开裂等现象，已成为当前建筑工程的质量通病且长期存在，给建设方和使用方都带来诸多烦恼。因此，有必要分析其原因以进行预控。对建筑物的用户来说，既影响装饰美观和使用功能，也会引发一些用户的疑虑，因而成为建筑工程质量投诉的热点。解决这个问题，施工单位技术负责人和项目部管理人员应引起高度重视，把这个建筑施工的薄弱环节作为质量控制的一个重点。

6.1.1 内墙空鼓、裂缝的防治

空鼓、开裂是墙装饰工程中最常见的质量问题。如不及时处理，在基层变形、撞击荷载等作用下会出现脱落等严重病害，并影响外观。因此，我们在材料选用、配制及施工操作中应予以高度重视。内墙装修工程的质量通病主要分为以下几个方面[1]：

1. 墙体与门窗框交接处抹灰层空鼓、裂缝、脱落（如图 6.1，图 6.2 所示）

现象：工程竣工后，门窗框两侧墙面出现抹灰层空鼓、裂缝或脱落。

原因：主要是由于基层处理和操作不当，预埋木砖（件）位置不当，数量不足

或砂浆品种选择不当等原因造成。

图 6.1　窗框交接处抹灰开裂　　　　图 6.2　墙体交接处抹灰开裂

防治措施：不同基层材料交汇处宜铺钉钢板网，每边搭接长度应大于 10cm。门窗框塞缝宜采用混合砂浆，塞缝前先浇水湿润，缝隙过大时，应分层多次填嵌，砂浆不宜太稀，门洞每侧墙体内预埋木砖不少于三块，木砖尺寸应与标准砖相同，并经防腐处理，预埋位置正确。加气混凝土砌块墙与窗框联结时，应先在墙体内钻深约 10cm，直径 4cm 的孔，再以相同尺寸的圆木蘸上 107 胶水打入孔内，每侧不少于四处。

2. 墙面抹灰层空鼓裂缝(如图 6.3 所示)

现象：墙抹灰后过一段时间，往往在不同基层墙面交接处，基层平整度偏差较大的部位，墙裙、踢脚板上口，以及线盒周围、砖混结构顶层两头、圈梁与砖砌体相交等处出现空鼓、裂缝情况。

原因：

(1) 基层没处理好，清扫不干净，没按不同基层情况浇水。

图 6.3　墙面抹灰层开裂

(2) 墙面不平，一次抹灰太厚；砂浆和易性差，硬化收缩大，粘结强度低。

(3) 各抹灰层砂浆配合比相差太大，操作不当，没有分层抹灰。

防治措施：

(1) 抹灰前对凹凸不平的墙面必须剔凿平整，凹处、墙面脚手架孔和其他洞用 1：3 水泥砂浆填实找平。

(2) 基层太光滑则应凿毛或用 1：1 水泥砂浆加 10% 的 107 胶先薄薄刷一层。基层抹灰前要先浇透水，砖基应浇水两遍以上，加气混凝土基层应提前浇透。

(3) 砂浆和易性、保水性差时，可掺入适量的石灰膏或外加剂。

(4) 对加气混凝土基层面抹灰的砂浆强度等级不宜过高。

(5) 水泥砂浆、混合砂浆及石灰膏等不能前后覆盖交叉涂抹，应分层抹灰。

（6）不同基层材料交接处宜铺钉钢板网。

3. 墙裙、水泥窗台产生空鼓、裂缝（如图 6.4 所示）

现象：墙裙或水泥砂浆窗台施工后过一段时间出现空鼓或裂缝，尤其是在墙裙或窗台与大面积墙面抹灰交接处。

原因：内墙抹灰常用石灰砂浆，水泥砂浆墙裙直接做在石灰砂浆底层上。为了赶工，当天打底灰，当天抹找平层，压光面层时间掌握不准，没有分层施工。

图 6.4　水泥窗台空鼓、开裂

防治措施：

（1）采用的水泥强度等级不宜过高，也可掺加一定数量的粉煤灰。

（2）各层抹灰应当采用比例相同的水泥砂浆或是水泥用量偏大的水泥混合砂浆。

（3）底层砂浆在终凝前不允许抹第二层砂浆。

（4）掌握好各层的施抹时间。

6.1.2　内墙抹面工程其他质量问题的防治

内墙的空鼓、开裂是内墙抹灰工程中常见的质量通病，此外，墙面的析白、起泡、开花等现象也是施工和使用中常见的质量问题。轻则影响建筑物外部观感质量，重则破坏了建筑物外墙的防水、防渗功能。现就其几种常见的质量问题进行阐述[2-4]。

图 6.5　墙面抹灰层析白

1. 墙面抹灰层析白（如图 6.5 所示）

现象：在墙面抹灰后过一段时间，往往在墙体表面会析出一些白色絮状物质。

原因：水泥在水化过程中产生氢氧化钙，在砂浆硬化前受水浸泡渗聚到抹灰面与空气中二氧化碳化合成白色碳酸钙出现在墙面。在气温低或水灰比大的砂浆抹灰时，析白现象更严重。另外，若选用了不适当的外加剂时，也会加重析白产生。

防治措施：应在保持砂浆流动条件下掺减水剂来减少砂浆用水量，减少砂浆中的游离水，这样就减轻了氢氧化钙的游离且渗至表面；加分散剂，使氢氧化钙分散均匀，不会成片出现析白现象，而是出现均匀的轻微析白；在低温季节水化过程慢，泌水现象普遍时，适当加入促凝剂以加快硬化速度。

2. 抹灰面不平，阴阳角不垂直、不方正(如图 6.6 所示)

图 6.6　抹灰面不平

现象：墙面抹灰后，经质量验收，抹灰面平整度、阴阳角的垂直或方正达不到要求。

原因：抹灰前没有事先按规矩找方、挂线、做灰饼和冲筋，冲筋用料强度较低或冲筋后过早进行抹面施工；冲筋离阴阳角距离较远，影响了阴阳角的方正。

防治措施：

(1) 抹灰前按规矩找方、横线找平、立线吊直，弹出基准线和墙裙(或踢脚板)线。

(2) 先用托线板检查墙面平整度和垂直度，决定抹灰厚度。

(3) 常检查和修正抹灰工具，尤其避免木杠变形后再使用。

(4) 抹阴阳角时应随时检查角的方正，及时修正。

(5) 罩面灰施抹前应进行一次质量验收，不合格处必须修正后再进行面层施工。

3. 墙面起泡开花或有抹纹(如图 6.7 所示)

现象：面层出现大小不等的起泡或麻点、开花。

图 6.7　墙面起泡开花、有抹纹

原因：抹完罩面后，砂浆未收水就开始压光，压光后产生起泡现象；石灰膏熟化不透，过火灰没有滤净，抹灰后未完全熟化的石灰颗粒继续熟化，体积膨胀，造成表面麻点和开花；底子灰过分干燥，抹罩面灰后水分很快被底层吸收，压光时易出现抹纹。

防治措施：应待抹灰砂浆收水后终凝前进行压光。纸筋石灰罩面时，须待底子灰五六成干后再进行。石灰膏熟化时间不少于 $30d$，淋灰时用小于 $3mm \times 3mm$ 筛子过滤，采用磨细生石灰粉时最好也提前 $2\sim3d$ 化成石灰膏。底层过干应浇水湿润，再薄薄地刷一层纯水泥浆后进行罩面。

4. 阳角不牢(如图 6.8 所示)

现象：门窗洞口、墙阳角抹灰层脱落。

原因：在门窗洞口及过道墙阳角处没有做护角，强度低，受外力碰撞易于脱落。

防治措施：在大面抹灰前，在阳角处用 1∶3 水泥砂浆打底，待砂浆稍干后，用水泥素浆抹成小圆角。

图 6.8 阳角不牢

6.2 外墙普通抹灰最常见质量通病及防治措施

建筑物的外衣是装饰色彩各异的外墙，建筑物外墙不但对建筑物内部结构起到保护作用，而且在外墙上采用不同的覆盖表层，还能起到美化建筑物外观的效果。

目前，我国正在新建的建筑物外墙用料已逐步由块料面层(瓷砖、马赛克)转向为外墙涂料。对于使用了多年的以瓷砖、马赛克为主的这类外墙面，难免出现不同程度的粉化、裂纹和各种玷污，即使经常清洗也难以恢复原貌。所以，需要对外墙进行重新涂饰，赋予新的色彩。目前市场上出现了瓷砖翻新这一施工新技术，改块料面层为各色涂饰面层，为旧的建筑物外墙出新问题提供了很好的解决办法。但是无论是对新建筑物外墙进行涂饰，还是对旧建筑物外墙进行出新，都不能忽视建筑物外墙涂饰处理时应注意的质量通病。外墙质量通病主要是指外墙墙体表面所采用的装饰覆盖层的基层与面层的质量通病。它们既是外墙体的保护层，又是外墙建筑物的装饰层。这些质量通病主要包括外墙块料面层、涂料基层的裂缝、粉化、脱落、退色、渗漏以及使用年限短等缺陷。如果处理不好这些问题，那么出新只能是短期行为。

6.2.1 外墙抹灰饰面空鼓、开裂

目前外墙空鼓、开裂成为建筑工程的质量通病，分析其原因，改进工艺和操作方法是减少和消除这一通病的重要措施。解决外墙空鼓和开裂，主要是解决外墙砂浆底子、结合层、面层的粘结力的问题。空鼓和开裂有时在施工过程中就出现，有时要经过一段时间甚至竣工后经过使用才出现，外墙抹灰饰面空鼓、开裂

的现象及原因可总结为以下几个方面[5-8]：

外墙抹灰饰面空鼓、开裂的现象：外墙面与结构层（混凝土或砖墙）之间因粘贴、结合不牢而出现的空鼓、开裂现象，如图6.9，图6.10所示。

图6.9　外墙面空鼓、开裂　　　　　　　图6.10　外墙面开裂

外墙抹灰空鼓、开裂的原因：导致外墙抹灰空鼓、开裂的原因基本上有两类：即结构自身的不稳定因素（内因）和施工工艺的差异（外因）。调查分析说明施工工艺和现场管理问题起着决定性的作用。

（1）结构在变形过程中产生的应力集中、变形扩散

仔细观察不难发现，开裂大多出现在外墙转角和层间分格以及门窗、洞口的附近。我们知道，框架结构在垂直荷载作用下，弯矩所引起的最大内力应在结构的层间，且纵横交接的大角处是产生应力集中的部位，因此也是结构在内力作用下产生塑性变形最大的部位。

砂浆面层的空鼓开裂是结构在荷载作用下产生塑性变形的外在表现。从结构在水平荷载作用下的内力效应来看，应力仍集中在上述部位，在地震区5级以下的有感地震每年都有几十次甚至上百次，住宅多为六层以下的砖混结构的地区，其刚度分布是不均匀的，层间是圈梁环绕的一个近似整体的楼盖结构，其刚度与墙体相比变化较大，钢筋混凝土圈梁的变形能力要比砖墙大得多。当圈梁在水平荷载作用下产生弹塑性变形时，外墙体只能产生塑性变形—开裂；同样，当大角处构造柱发生弹塑性变形时，大角处墙体为保持整体变形一致，必将产生同等变量的塑性变形。因此，这是导致外墙抹灰面层空鼓、开裂的内在因素。

（2）墙面浇水不透或不均匀

由于砖的吸水率很高，墙面不浇水或浇水不透容易造成其吸收砂浆中的水分，而使水泥缺少足够的水来完成水化反应，影响底层砂浆的强度增长，亦即底层砂浆与墙面的粘结力降低。因此，在面层砂浆的强度增长过程中将会促使底层砂浆与墙面剥离，发生较大的挠曲变形，从而产生空鼓、裂缝。墙面浇水不均匀，必然使不同部位水泥水化反应的程度存在差异，进而造成砂浆强度增长的不均匀。由于其内部应力的作用，在砂浆强度较低的部位产生应力集中效应，从而变形龟裂，并随之伸展扩大。

(3) 一次抹灰层太厚(一次成活)或各层抹灰作业跟得太紧

一方面，由于施工操作不当及砂浆自身的重力作用，易使底层砂浆与墙体初始形成的粘结力发生破坏，而对砂浆产生挠动或与墙体发生相对位移。同时，砂浆内部组成的重新分布也影响了砂浆与墙体的粘结；另一方面，由于砂浆内外层水化反应快、慢的差异，造成了砂浆内外层强度增长的不等，在其内部应力效应的作用下，产生空鼓、裂缝。

(4) 夏季施工砂浆失水过快或停放时间过长，抹灰后没有适时浇水养护等都会使砂浆的保水性差、不能有完全的水化反应，造成砂浆的强度降低，与墙面的粘结力差，从而产生空鼓、裂缝。

(5) 冬季施工缺少有效防护措施，抹灰层硬化前受冻，致使水泥无法进行水化反应，不能正常凝结硬化、增长强度。若凝结硬化过程中，由于昼夜温差较大，冻融循环，也会破坏砂浆与墙体的粘结，造成空鼓、裂纹。

(6) 基层处理不好，清扫不干净，如层面落灰、凹凸不平，使抹灰层薄厚不均，其强度亦有差异。且其凝结硬化过程中产生的收缩内力是多方向的，从而使砂浆在薄弱部位产生收缩裂纹。

(7) 施工中急于成活(表现在一次成活和基层凹凸不平上)，在抹灰面上撒干水泥粉，使砂浆中的水分被吸到面层来，下层砂浆缺水或脱水使强度降低，粘结力差，面层水泥浆则干硬收缩而造成整个抹灰层空鼓、裂纹。

(8) 水泥砂浆的灰号过高。

(9) 墙面不分格或分格太大。

(10) 留槎不合理，位置不正确。

(11) 配比不准确，没有掺加防止裂纹的阻裂纤维或适当的白灰或石粉。

(12) 使用小窑水泥或高强度水泥。

(13) 表面压的太光。

墙面开裂与空鼓的防治措施：在轻质墙体、保温层上抹灰，空鼓开裂问题相当普遍。不同材料墙体的交接，抹灰装修更容易产生空鼓裂缝。因此，如何采取必要的技术措施，抓住材质把关、基底处理、严格操作及认真养护四大环节以减少甚至不出现空鼓裂缝现象。

1. 把好材料关

认真检查抹灰所用材料是否符合要求：

(1) 砂子：应采用粒径适宜的中砂并过筛，不得使用细砂或粉砂拌制砂浆。

(2) 石灰膏：应使用淋制石灰膏，并保证淋制时间。

(3) 水泥：水泥标号、品种应适宜，要考虑既便于压光交活又不致因表面强度过高而产生空鼓和开裂。

(4) 界面处理剂应采用经由资质鉴定机构充分肯定的材料，并有出厂证明及工艺标准，使用说明和质量标准，便于按要求使用。

（5）砂浆配制：砂浆配制一定要按厂家提供的设计要求严格计量，并用机械拌合。

（6）其他材料：其他有关添加剂等材料必须符合抹灰工程的使用要求。

2. 基底施工与处理

现在的抹灰基底，分为加气混凝土砌体基底、空心砌块基底、混凝土基底等，为保证抹灰不出现或少出现空鼓裂缝，必须从基底施工抓起，保证基底施工质量并做一定的处理。无论是混凝土基底还是加气混凝土砌体基底，均应采用混凝土界面剂进行基底处理，界面剂施工应注意以下几个问题：

（1）优选界面剂。界面剂质量的好坏对于防止抹灰空鼓至关重要，因此要进行考察优选，慎重选择。

（2）界面剂一定要按生产厂家的要求比例进行配制、涂刷，在涂刷前将基底冲洗干净。

（3）界面剂在涂刷后的 2d 之内要进行喷水养护，除了界面剂进行处理外，也可以采用其他经试验证明有效的方法进行处理。

对于加气混凝土填充墙施工，还应注意以下几个问题：

（1）加气混凝土砌块一定要控制龄期，一般要控制在 28d 以上。

（2）砌块在砌筑前一定要浸透，浸水深度应大于 2cm，严禁干砌。

（3）砌筑砂浆强度、饱满度要符合设计要求。

（4）梁下砌体填充要待加气混凝土砌体砌筑 7d 以后进行，并填塞密实。

（5）对于砌体的缺棱掉角以及脚手架眼等处要填堵密实。

（6）填充墙砌筑完成距抹灰的时间间隔不应小于 28d，因此要提前做好施工进度安排。

3. 严格按规程操作

要防止保温墙抹灰空鼓裂缝问题，除了把好材料关，做好基底处理之外，很重要的一点就是在抹灰施工过程中严格按规范操作，按提前所审订的施工方案以及经验收合格的样板间、样板墙的施工工艺进行施工。在施工中应强调以下几点：

（1）当基底处理完毕后，墙面要适当浇水润湿，浇水一定要适度，做到抹灰时表面无浮水，以防止抹灰滑坠、开裂，故应在抹灰前一天，用喷洒式浇水（两遍），在提前浇水的前提下，若抹灰时，表面已基本干燥，仍应适当洒水润湿以利接合。

（2）抹灰必须分层进行，尤其是基层垂直度与平整度较差时，抹灰厚度局部应分层垫平（每遍厚度宜为 7～9mm），中间抹灰每层完成后，应用力抹压一遍，再用木抹子搓毛，并且应在第一遍抹灰达 6～7 成干（一般间隔 2d，不少于 24h）达到基本完成收缩后，再进行第二遍抹灰，以多层建筑为例，我们通常要求一遍抹灰从顶到底一次完成，然后进行下一遍抹灰的方法，期间要注意加强已完工抹灰的养护工作。最后一遍抹灰必须原浆压光。

（3）砂浆配制一定要按设计要求进行，砂浆标号可稍高于设计标准，但绝不能低于设计标准。

（4）要控制砂浆的使用时间，应该控制在水泥初凝前使用，高等级水泥砂浆视天气情况一般控制在 2h 以内，水泥混合砂浆应控制在 3h 以内，严禁砂浆结硬后重新加水拌制使用，更不得使用落地灰。

（5）为了有效防止抹灰出现裂缝，也可考虑加设钢丝网。钢丝网的固定要牢固，以保证用力抹压时不致晃动或颤动，钢丝网的接茬处应钉牢、压平，不得有翘边或弹动现象，由外向内挤压抹灰时应将灰浆压入网内与基层粘结。为做到与基层的有效结合，可考虑采取下述措施：在基层上先抹一层底灰，趁底灰尚软即钉钢丝网，将网卧入砂浆中，立即在网上抹灰，使其与底灰有效结合，将网夹入底灰而形成整体。用钢丝网作防开裂措施时，应注意将钢丝网置于面层外侧。

（6）抹灰完成后要认真进行养护，抹灰完成待面层基本干燥后应按期洒水养护，以避免出现干缩裂缝或加剧开裂程度，养护时间视天气情况不应低于 7 昼夜。实践证明通过以上技术措施有效降低了墙面抹灰空鼓开裂的发生概率，使开裂空鼓下降到了可容许范围之内，取得良好效果。上述工期措施仅供参考，主要关键点是在实践中不断总结经验，尤其是做样板时应对施工所用的各种材料情况、施工工艺过程进行详细的记录，发现问题及时解决，如无问题在大面积推广时严格按所定的程序进行操作，以保证整个工程质量符合要求。

6.2.2 外墙渗漏的防治

外墙渗漏的现象：因为混凝土中存在空隙裂缝，砌体的块材和砂浆也存在空隙和裂缝，外墙渗漏后，水进入其中，致使材料表层剥蚀；同时内部剩余水被挤压后，使材料内部也产生压应力，从而引发裂缝或致使裂缝进一步扩展。如图 6.11 所示。

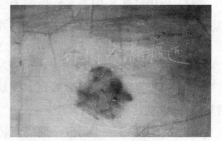

图 6.11 外墙渗漏

外墙渗漏产生的原因：

1. 墙体方面

（1）墙体砌筑质量不高。工程实践表明：因构件线膨胀系数不同，致使材料内部剪应力超出其抗剪强度，引起结构开裂，这是建筑外墙开裂渗漏的一大主因。如由于钢筋混凝土构件的线膨胀系数比砖砌体大出一倍，容易形成分布在墙与梁、柱交接部位的横、纵向有规律裂缝；同样，温度线膨胀系数存在较大差异还可造成门窗框与墙体交接周边处产生渗漏水，或由于砌筑砂浆强度不同产生的材质差异造成承重墙与非承重墙在墙体交接处出现裂缝，由此形成渗漏，具体如下：①砖层水平灰缝砂浆饱满度不足80%，竖向灰缝无砂浆，为雨水渗漏预留了内部通道。②框架结构中填充墙砌至接近梁底或板底时，未经停歇，即砌斜砖顶至梁、板底，以后随着砌体因灰缝受压缩变形，造成墙体下沉，斜砌砖体与梁、板间形成间隙，外墙抹灰或刮糙时，在此间隙处形成裂缝。③框架柱与填充墙间的拉结筋不满足砖的模数，砌筑时折弯钢筋压入砖层内，形成局部位置砌体与柱间产生较大的间隙，抹灰时该处易产生裂缝。

（2）外墙洞口处理不当，具体如下：

① 料口封堵砌筑时，与原有洞口接槎不严。

② 目前的框架结构住宅工程中的填充墙，基本上为非承重的灰砂砖或小型砌体。在运输与施工过程中容易产生破损、缺棱掉角等缺陷，易在外墙砌体形成渗水。工程竣工后，住户在墙体上凿取空调管洞、太阳能热水器管孔、排气扇孔洞等，造成墙体及外粉刷裂缝。

③ 剪力墙施工时的螺栓套管在内外粉刷前，未认真进行封堵或漏封堵。

2. 选料方面

目前，建筑施工多采用高标号商品混凝土，其本身易加剧墙体干缩变形。砌体材料的选用，多以轻质多孔砖替代实心砖，虽有利于改善墙体隔热性能、减轻墙体自重，但却降低了建筑外墙的整体防水能力。此外，将添有外加剂和矿物掺和料的大流动性泵送混凝土用于墙体材料，其特点是体积稳定性差、收缩量大，当墙体分布筋配筋量不足时，易形成结构的早期非受力裂缝，从而引起渗漏。

3. 施工方面

施工方面原因很多，具体如下：

（1）外墙装饰采用吸水性强的无釉面砖，或使用本身抗渗及抗老化性能均较差的饰面涂料而未对基层做必要的防水处理，墙面找平仅使用普通水泥砂浆。

（2）饰面砖背面砂浆未贴满，加之施工勾缝时存在砂眼或细裂纹，造成雨水渗入，形成蓄水腔，由积水形成的水压力引起重力渗漏。

（3）外墙基层抹灰厚薄不均，或基层水分未干透即覆盖涂饰，造成墙面收缩裂缝。

（4）门窗洞口尺寸超偏，造成安装门窗框时空隙大小留置不当，或进行门窗框安装二次施工嵌填塞缝不密实。

（5）砂浆拌和不匀、稠度过大、砂过细、含泥量大、抹灰操作时未进行二次压实，引起砂浆找平层质量差，当天气炎热、阳光直射时易导致水分蒸发过快，形成抹灰层裂缝。

（6）采用一次性大面积抹灰、再切缝的施工做法，外墙抹灰时未预埋分格条，或分隔缝留置位置、宽窄、间距不当，形成砂浆收缩裂缝。

(7) 主体结构施工不良，导致墙面平整度及墙、梁、柱界面连接处理不符合要求，形成开裂。

(8) 施工组织管理不善，如未采取有效措施消除施工淌水对下一楼层砖缝砂浆的冲刷破坏作用，由此形成渗漏缝隙。土建与相关专业互不配合，造成事后任意开凿砸洞，从而使部分墙体在管线埋置部位留下渗漏隐患。

外墙渗漏的防治措施：

1. 选料对策

墙体渗漏首先是不合格材料引起的，所以首要的对策就是选料。首先，应选用经实践证明具有良好防渗性能的外墙材料；其次，是杜绝在外墙施工中使用不合格材料，以此避免施工过程中误用外观尺寸及内在质量不合格的材料。

2. 设计对策

工程设计特别是结构构造设计是防止建筑外墙发生渗漏的前提和基础。在工程开工前，应深入研究建筑外墙的抗渗设防要求，认真熟悉设计图纸，做到尽可能预先发现可能导致渗漏的设计疏漏和缺陷。

3. 施工对策

(1) 外墙砌筑所使用的砖块，为提高砌体防水能力，应选择棱角齐全的砖朝外面，且在砌筑过程中不得打砖，当墙的长度与砖模数不符时，不足模数部分由实心砖或素混凝土调整。外墙砌体砌筑完毕应尽量避免凿砸，如有预埋暗管，砌筑砌体时可事先于安装管道两侧留缝，缝间竖向每隔 600mm 留拉结钢筋，拉结筋伸入墙内各 250mm，砌后浇 C20 细石混凝土。同时对脚手架眼、缆绳孔等造成墙体缺陷的要先修补完成后方可打底粉刷，不留隐患。

(2) 施工技术人员要对工人进行技术交底，同时加强抽查。严禁干砖上墙，严格控制砂浆配合比，保证砂浆饱满度，水平缝要满铺砂浆，用勾抹子仔细补喂灰浆勾填的方法来保证外侧竖缝质量。斜顶砌上下灰缝，应于抹灰前 3 天于外墙操作架上再检查一次，遇有未勾又沉裂的应补勾填实，沉裂缝应剔出宽度不小于 10mm 的大缝，以保证重勾填实。

(3) 温差造成的裂缝，首先应把龟裂的打底凿去，加上钢丝网片，再用高标号水泥砂浆分层抹实，并注意养护。而后再进行面层施工，就可有效防止裂缝的产生，达到减少墙体渗漏的目的。若顶层窗下八字裂缝、窗下竖向裂缝等现象出现，可采用在顶层窗台加通长配筋混凝土封顶窗盘的方法，增强刚度，减少裂缝。

(4) 对于基层产生裂缝，首先要保证外墙打底不得太厚，对局部太厚处要采用钢丝网来加强；其次外墙打底应分次、分层，打底在终凝前要防止曝晒或雨淋，加强养护。

（5）对于外墙铺贴面砖的建筑物，外墙施工前必须事先进行技术交底。在铺贴过程中一定要有挤浆工艺，且在勾缝前要全面检查空鼓情况，勾缝要保证密实度，勾缝完毕后要注意湿润养护，密缝擦缝不得遗漏，勾缝深度建议要严格控制，凹入度不宜太大，最好勾成圆弧形平缝。质量管理方面要建立多级复查控制制度，以保证每道工序的质量。

（6）窗台、遮阳板、雨篷等水平构件应按要求进行找坡且找坡方向要正确，与墙面接触部分应处理成泛水圆弧角，防止倒泛水或积水。窗框周边应提位勾缝打胶，窗后塞口要塞紧密，窗洞上方须做滴水线槽（宽度深度均不小于 10mm）。屋面施工时应特别注意女儿墙根，施工缝应高于屋面板，而后再砌筑女儿墙墙体，这样即使施工缝处产生微小裂缝，也不会造成女儿墙墙根渗水。

（7）新材料可用来防止外墙渗漏。在外墙抹灰的水泥砂浆中加入杜拉纤维，与没有加杜拉纤维的抹灰水泥砂浆相比，其抗裂性能提高 80％，抗渗性能提高 60％。

6.2.3　外墙脱落的防治

随着国民经济的快速发展，各种建筑外墙装饰材料也随之增多。但仍有大部分建筑物采用外墙面砖等装饰物进行装饰。由于在施工过程中，外墙基层处理及铺贴方法不妥，易发生外墙饰物脱落，甚至连同基层一起坠落。为了防止外墙饰物的脱落，施工时必须在基层处理和铺贴方法上狠下工夫，才能保证外墙面砖铺贴质量，预防坠落事故的发生，本节内容将外墙脱落的现象，原因及相应的防治措施进行了总结[9-11]。

外墙脱落现象：外墙墙皮脱落，底层材料外露。如图 6.12，图 6.13 所示。

图 6.12　外墙脱落、底层材料外露　　　　　图 6.13　外墙饰面砖脱落

产生原因：

(1) 基层、面层所用材料本身原因：选用的原材料质量不合格。例如，材料的孔隙率比较大，容易含水，属于亲水性材料。其抗渗、抗冻性能差，导致外墙基面层材料的强度降低、体积膨胀，不能抵抗大气的风化。降低了外墙材料使用的耐久性。

(2) 由于贴面砖的墙面层自重大，使底子灰与基层之间产生较大的剪应力，粘贴层与底子灰之间也有较小的剪应力。如果基层表面偏差较大，基层处理或施工操作不当，各层之间的粘结强度很差，面层就产生空鼓，甚至于从建筑物上脱落。

(3) 施工原因：外墙在施工时，新墙体或基层水分未干透，就立即覆盖涂饰，待基层风干时，产生收缩缝隙，或是外墙施工基层抹灰厚薄不均，产生不均匀收缩，贴块料有空鼓，缝隙未填实，施工形成空洞等，从而引起脱落。例如：泛水、雨篷以及门窗临边处未做防水处理等因施工问题造成的外墙质量通病，是不可忽视的原因。

(4) 砂浆配合比不合格，水泥质量不合格。砂的含泥量大；砂浆配合比计量不准确；稠度控制不好；砂子中含泥量过大等。在同一施工面上，采用几种不同的配合比砂浆，引起不同的干缩率而开裂、空鼓。加料顺序颠倒；砂浆搅拌不均匀；人工拌合时水灰比控制不好，使和易性差、保水性差。砂浆品种与设计不相符，或掺外加剂后无相应措施等都会造成砌筑砂浆强度低，满足不了设计的强度，导致砖砌体的水平裂缝、竖向裂缝和斜向裂缝，造成脱落。

(5) 饰面层各层长期受大气温度的影响，由表面到基层的温度梯度和热胀冷缩，在各层中也会产生应力，如果面砖粘贴砂浆不饱满，面砖勾缝不严，雨水渗透后受冻膨胀和上述应力共同作用，使面层被冻坏。

防治措施：

(1) 在外墙涂饰材料的选用上应尽量考虑材料的耐久性，注重涂饰材料在各方面技术指标的优良性。选用弹性、抗裂、防水好的材料作为外墙涂饰材料。

(2) 外墙在施工时，应严格按照施工规范和设计图纸的要求进行，同时要将外墙防水项目逐步列入施工要求上。在建筑物上设置广告牌应慎重考虑统一规划安排，减少人为破坏。

(3) 在结构施工时，外墙应尽可能按清水墙标准，做到平整垂直，为饰面工程创造良好条件。基层抹灰前，基层墙面应在施工前一天浇水，要浇透浇匀。让基层吸足一定的水分，以抹上底子灰后，用刮杠刮平，搓抹时砂浆还很潮湿柔软为宜。

(4) 面砖在使用前必须清洗干净，并隔夜用水浸泡，晾干后才能使用。使用未浸泡的干面砖，表面有积灰，砂浆不易粘结，而且由于面砖吸水性强，把砂浆中的水分很快吸收掉，容易减弱粘结力；面砖浸泡后没有晾干，湿面砖表面附水，使贴面砖产生浮动，都能导致面砖空鼓。

（5）粘贴面砖砂浆要饱满，但使用砂浆过多，面砖不易贴平，如果多敲，会造成浆水集中到面砖底部或溢出，收水后形成空鼓，特别在垛子，阳角处贴面砖时更应注意，否则容易产生阳角处不平直和空鼓，导致面砖脱落。

（6）在面砖粘贴过程中，要做到一次成活，不宜多动，尤其是砂浆收水后纠偏挪动，容易引起空鼓。粘贴砂浆在使用过程中不要随便掺水和加灰。

（7）认真做好勾缝。勾缝用1∶1水泥砂浆，砂子过窗纱筛。

6.2.4　外墙涂饰的质量通病

城市的规划最重要的部分就是环保，对建筑外墙的装饰不仅保护了外墙的表面，使其外光鲜亮，让人心情舒爽。同时，建筑外墙的装饰也保护了建筑的内部结构，使建筑的寿命增长。但是现在的建筑外墙涂饰存在着一些通病，对建筑的质量有很大的损坏。这里，我们列举了几个方面的问题，反映了就目前而言建筑外墙涂饰的一些质量问题，以及处理这些问题的一些解决的方案[12]。

现象：外墙块料面层、涂料基层的裂缝、粉化、脱落、退色、渗漏以及使用年限短等缺陷。如图6.14，图6.15所示。

图6.14　外墙块料面层脱落　　　　图6.15　外墙涂料基层粉化、退色

产生的原因：

1. 基层、面层所用材料本身原因

选用的原材料质量不合格，如材料空隙率较大，易含水，属于亲水性材料。其抗渗、抗冻性能差，导致外墙基面层材料强度降低、体积膨胀，不能抵抗大气的风化，降低了外墙材料使用的耐久性。

2. 施工原因

外墙在施工时，新墙体或基层水分未干透就立即覆盖涂饰，待基层风干时，产生收缩缝隙。或是外墙施工基层抹灰厚薄不均，贴块料有空鼓，缝隙未填实，施工形成空洞等原因。

3. 环境因素的原因

外墙材料在使用过程中，长期受到自然因素和使用因素的破坏。天然的石材、陶瓷、砂浆与混凝土都属于亲水性材料，长期暴露在外，受到空气温度和湿度的交替变化引起外墙基层、面层材料的膨胀和收缩，会使基面层材料产生裂缝、起壳、小块脱落，从而失去装饰性和使用功能性。

4. 使用损坏的原因

人为的机械作用同样对外墙造成伤害。如在外墙表面凿洞、打孔安装空调；在门窗临边安装防盗铁栅金属网；在外墙与屋顶墙上安装广告牌等。防水处理不好会渗漏；对金属的保护不好会产生锈蚀，污染了外墙表面，造成人为的侵害。

防治措施：

(1) 外墙涂饰材料的选用应尽量考虑材料的耐久性，注重涂饰材料在各方面技术指标的优良性，选用弹性、抗裂、防水性能好的材料。

(2) 外墙在施工时，应严格按照施工规范和设计图纸的要求进行。同时要将外墙防水项目逐步列入施工要求，在建筑物上设置广告牌应慎重考虑统一规划安排，减少人为破坏。

(3) 可根据外墙的使用情况和材料的特点，采取相应措施，设法减轻大气或周围介质对装饰材料的破坏，提高材料本身对外界环境的抵抗作用。

(4) 及时做好已遭到侵蚀破坏外墙表面的保护修复工作。采用先进的材料进行保护处理。

(5) 在对新旧建筑物进行外墙处理时应注意处理方案的先进性、可行性，注重材料性价比。

6.3　门窗质量通病及防治措施

随着市场经济的快速发展和人民生活水平的不断提高，人们对房屋建筑质量的要求也越来越高。目前，塑钢门窗、铝合金门窗等以其外形美观、重量轻、采光面积大、传导系数低和耐酸碱腐蚀等优点，并具有良好的气密性、水密性和隔声性，在工程中使用越来越广泛。但目前在施工方面依然存在一些问题，现在就以塑钢门窗和铝合金门窗施工谈一下质量问题。

6.3.1　门窗渗漏水的防治

村镇住宅使用过程中门窗的渗漏现象最为常见，也较难治理。它对居民的日常生活影响很大，造成的经济损失更是无法估计，本节内容对门窗渗漏水的现象、成因及有关的防治措施进行了总结[13-14]

现象：日常使用中有时会发现铝合金门窗框周边同墙体连接处出现渗漏水，尤其窗下角为多见，其次是组合窗的拼接处出现渗水。如图6.16，图6.17所示。

图6.16　窗外渗水　　　　　　　图6.17　窗外渗水、密闭不严

门窗渗漏的原因：

1. 门窗形式选择不合理

90系列铝合金推拉门窗抗风雨性能差，经过实践证明，只适合用于室内门窗，而不适用于外墙门窗。但实际上，90系列推拉窗经常被应用于外墙门窗，甚至是高层建筑。90系列推拉窗存在以下弊端：一是窗扇上方离上滑顶部有过大的空隙，没有限位，当遇到比较大的风时，风力将窗扇抬起而使窗扇与下滑之间间隙增大；另外，由于下滑两道轨道不能切排水几何面，雨水排放不畅，积留在下滑槽中。所以在风压作用下，雨水从窗扇与下滑的间隙中返入室内。二是窗扇上方距离上滑槽的两侧壁间隙过大，且窗扇的锁扣在两侧勾企处，两扇的勾企无法扣紧，在风力作用下，两勾企之间的缝隙增大，雨水从缝隙进入室内。

2. 型材选择和节点构造不合适

设计时未严格按照铝合金门窗设计规范进行验算，型材选择不合适，型材断面尺寸小，材质过薄。节点采用平面拼接，拼缝处缝隙过大。安装后窗的平面刚度极差，在手推和风压作用下，有明显的晃动感，造成框与墙体间、型材拼接处变形，严密性差，雨水乘隙而入，造成渗漏。这种情况在组合安装中较为多见。下框选料过小，截面尺寸不符合标准规定，且不按规定将其抬高，有的甚至将窗框埋进窗台抹灰层中，致使雨水易渗入室内。

3. 门窗外框同墙体连接固定不当

铝合金门窗外框同墙体的连接是其固定牢固、可靠的关键，如果连接固定不当，则造成松动、变形、裂缝。铝合金门窗外框同墙体在连接件安装时，常常出现以下不符合要求的情况：

（1）连接件材料的宽度、厚度不符合要求，有的采用1mm左右的白铁皮，有的采用铝板条，使连接件刚度差，易变形。

（2）连接件同墙的固定没有根据不同的墙体材料而采用相应的连接方法，不论是砖墙标准砖、多孔砖、砖砌块或混凝土墙均用钢钉、射钉固定，不易达到固定牢固的作用。

（3）连接点设置间距大，固定点太少。由于铝合金门窗框不能牢固地固定在洞口墙体上，使用过程中在撞击、风压、温度等影响下，造成固定点松动、变形、裂缝，导致窗周渗漏。

4. 门窗框同墙体间的填嵌材料选择不当或填嵌不密实

现行施工验收规范规定：铝合金门窗外框与墙体的缝隙填塞，应按设计要求处理。若设计无要求时，应采用矿棉条或玻璃棉毡条分层填塞。少数施工沿用钢门窗安装方式，在施工中用水泥砂浆填嵌缝隙。即使选用软性材料填嵌时，填嵌也达不到饱满密实的效果。在温度影响下，铝型材同水泥砂浆结合处产生温度裂缝，造成渗漏。此外，用水泥砂浆填塞缝隙，还导致铝型材腐蚀、窗门框变形、结露等情况，影响隔音保温效果。

5. 密封胶打注不当

铝合金门窗框与洞口之间的缝隙应用密封胶封严。目前不少施工单位在打注密封胶时，不留设槽口，密封胶涂抹在阴角处，窗下槛涂抹在抹灰层同型材平面上，密封胶的宽度厚度难以控制。打注胶时，未做表面清洁处理，粘结不牢，注胶不连续，所形成的胶带容易脱落，起不到封闭作用。

6. 型材密封处未用胶密封

施工规范要求铝合金型材在横向竖向组合时，应采用套插，搭接长度宜为10mm，并用密封胶密封。实际施工中，型材组合时，漏注密封胶的情况较为普遍。又如在窗扇、窗框割角拼接处，明螺钉连接处、橡胶条断开处，均没有采取可靠有效的密封，形成渗水通道。

7. 窗框下槛泻水孔设置不合理

铝合金窗下槛设置的泻水孔应能保证槽内积水顺畅的排除。有些施工单位，不论多大的窗，泄水孔的设置仅开一个孔，孔径偏小，极易堵塞，造成槽内积水。尤其是推拉窗槽内积水不能顺畅排出时，在风压作用下，造成内槽翻泡，甚至将雨水吹入室内。

8. 施工方法不当

（1）门窗洞口偏差大且未作处理，使窗一侧缝隙偏小，另一侧则缝隙偏大。缝隙较小则造成塞缝困难、填塞不饱满，形成渗漏路径。缝隙太宽则塞缝砂浆层太厚容易开裂，形成渗水通道；

（2）塞缝前未清洗干净窗洞边的灰尘，使砂浆与窗洞混凝土粘接不上，形成裂缝层；塞缝砂浆未按配合比严格搅和，常常人工拌和，砂浆质量差；

（3）外墙面砖勾缝材料不合理，干硬后产生裂隙，面砖粘贴层空鼓，防水层施工质量差，抹灰底层空鼓开裂；

（4）外墙装饰层与窗框相接处未留凹槽，或用玻璃胶代替硅酮密封胶勾缝；

（5）门窗安装前，不校正其正侧面垂直度，窗框向内；

（6）安装玻璃的橡胶密封条或阻水毛刷条不到位或出现脱落，倾斜而渗水。

门窗主要渗水部位及相应原因：

1. 窗台渗水

（1）塞缝前未清理，塞缝不实，外墙抹灰空鼓。

（2）密封膏裂缝，有砂眼，与墙、窗粘结不牢。

（3）窗台里低外高。

2. 窗框渗水

窗框一般采用直角拼接，由于拼装时未预先采取注胶等防渗措施，拼接处存在缝隙，雨水进入框中必然从缝隙处渗漏。

3. 窗扇渗水

窗扇一般采用直角拼接，与窗框一样，拼接时未采取防渗措施，存在缝隙，部分窗扇在加工、运输、安装过程中发生变形，窗扇关闭后密封性差，必然引起渗水。

4. 窗侧面渗水

主要是塞缝不实、密封膏密封性差等原因引起渗漏。

门窗渗漏的预防措施：

1. 设计

设计上应对防水部位进行专门的设计，这是预防铝合金门窗渗漏的根本措施。

（1）外墙装饰层的设计

严格按有关规定和建筑物的等级设计防水层。尽量采用外墙防水喷涂，少采用外墙面砖。采用外墙面砖时，使用具有防水功能、带有柔性的新材料作为勾缝材料。

（2）窗台构造设计

采用 100mm 高的细石混凝土窗台压顶，一方面混凝土的密实度远大于砖墙和砂浆灰缝，另一方面便于用射钉安装铝窗框。应该避免窗台里低外高或一样高的设计方案，外窗台应有一定的坡度，高差不得小于 20mm 且不得咬框。

（3）门窗设计

选择门窗时，应考虑合理的窗型、节点，并给出详细的门窗图表，以控制加工、安装质量。由于推拉门窗比平开门窗节点少，拼缝简单，质量易控制，且安装后相对变形量较小，故设计时尽量采用推拉门窗。尽量选用挡水断面高的窗框，增加门窗的密封道次和门窗的锁点。

（4）型材设计

应根据工程特点和当地气候条件进行抗风压强度计算，合理地选择铝型材的种类和型号,并提供纵横向杆件连接点详图,提出性能指标要求,以便控制加工及安装质量。同时,为减小门窗的变形,所设的铝型材必须有足够的厚度,以保证其刚度。尽量选用同一厂家,同一系列门窗型材,不要简单拼凑。

(5) 填充料设计

应采用 PVFOQM 发泡膨胀填缝剂进行窗框周边塞缝。该材料在大气中能扩大 150 倍,呈泡沫状,挤出 1h 后可用小刀切割,填缝密实性好,防水性能强。

2. 加工制作

(1) 门窗制作时,必须严格按设计图纸和规范要求进行加工,控制型材组合的质量,下料长度、冲切角度要准确,使拼接缝间隙在规范的允许偏差内。

(2) 横管与竖管(横向与竖向构件)组合时,应采取套插方式,套插尺寸不得小于 10mm,搭接缝要用密封胶密封牢靠。

(3) 按现行拼装方式(90℃或 45℃角)组合的框、扇,须注胶或加耐腐蚀的填充材料拼接,但表面密封胶、填充材料显露应不明显。

(4) 框上螺钉孔拧丝前应注胶,并保证拧丝后密封胶溢出不明显,螺钉应选用铜或不锈钢材质。

(5) 榫口拼接处用专门的榫口胶进行密封;所有的组装缝隙、螺钉、铆钉眼孔都要用防水密封胶密封。

(6) 打胶不得遗漏,打胶前要用专门的铝材清洁剂清洁表面灰尘,使密封胶与铝材连接紧密不会脱离。

3. 配件选择

除了防水垫片和密封胶,主要影响铝合金门窗雨水渗漏性能的还有密封胶条。铝合金门窗使用的密封胶条五花八门,形状各异,而且不同的型材厂家配套的胶条都不一样,不像塑料门窗基本可以通用,能保证配合质量。如果铝合金门窗胶条的本身质量不达标,设计不当,厚度不适合,装配不合理,都会造成雨水渗漏。比如,内平开窗的框扇配合胶条,其形状的设计水平,尺寸的精确度等要求都非常高,它能把窗扇上排出的雨水引导下来,通过排水槽排出室外。如果形状不好,尺寸不对,就达不到此项功能。另外,如果固定窗上的楔形胶条厚度偏大,装玻璃时操作会非常困难,甚至压碎玻璃;如果厚度偏小,玻璃和胶条之间就会有缝隙,埋下雨水渗漏的隐患。

4. 安装

(1) 安装前首先要严格控制预留洞口的尺寸,标出门窗安装的基准线,作为安装时的标准。安装要求同一立面上门窗的水平及垂直方向应整齐一致,调整框与墙体周围的缝隙,保证四周的缝隙均匀,上下顺直,缝隙宽度宜为 20mm 左右。如在弹线时发现预留洞口的尺寸有较大偏差,应及时调整和处理:正偏差大于 40mm 应用细石混凝土补齐,正偏差小于 40mm 用砂浆分层抹平,负偏差应凿打整齐，使窗洞与窗框缝隙保持在 $10\sim15mm$ 之间。

（2）连接牢固是保证门窗不渗水的关键环节之一。门窗外框与洞口的连接要牢固，外框是以锚固板作为连接件固定在墙体上的。预埋铁件到门窗口角部的距离不得大于 $180mm$，预埋铁件的间距不得大于 $500mm$；预埋铁件的宽度不得小于 $25mm$，厚度不得小于 $1.5mm$。其固定方法应根据墙体的类型进行选择：若为混凝土墙体时，可采用 $4mm$ 或 $5mm$ 的射钉固定；若为砖砌体时，可采用冲击钻打不小于 $10mm$ 的孔，再用塑料膨胀螺栓固定，严禁采用射钉或水泥钉固定。

（3）若为混凝土小型砌块时，则应采用先预埋铁件，再用细石混凝土嵌填密实或在洞口附近用砖砌体过渡。嵌填框与墙体四周缝时，应先用矿棉条、玻璃丝毡条、泡沫塑料条或泡沫聚氨酯条分层嵌填。门窗框周边的缝隙填嵌密实后，要打密封胶，按规范要求应在缝隙外表留 $5\sim8mm$ 宽的槽口，用来填嵌密封材料。塞缝前窗台应冲洗干净，塞缝的防水砂浆要搅拌均匀，塞缝要专人负责，认真施工。塞缝砂浆达到强度后，用小锤子轻轻敲打，检查有没有空鼓，若有应采用灌浆处理。

（4）为了使窗框中的雨水排出，应在靠两边框位处开 $5mm$ 宽的泄水槽，相应部位的密封胶亦应开槽，以保证框内的积水能顺畅排出。镶玻璃所用的橡胶密封条应有 $20mm$ 的伸缩余量，并在四角斜面断开，断开处必须用密封胶粘牢，避免因其产生温度收缩裂缝。密封条及毛刷条必须镶贴到位，防止该处成为渗水的薄弱环节。外密封条是隔气、防水的重要部件，安装时应特别注意，密封条抗老化性能应优良，规格合适，其嵌固在窗扇上应牢靠，遇转角处应切成 45℃ 角并用硅胶粘结牢固，不得留有缝隙。门窗关闭后其密封条应处于全部受压状态。

（5）门窗洞外侧靠框边处须留槽，它是保证密封胶的粘结性和密封性的重要措施，施工时必须保证。而填嵌密封材料时槽口内必须清理干净并保持干燥，密封胶填嵌后，其表面不得有缝隙、气孔等。为防止水从窗框周边、砂浆的微小缝隙里渗透，可采用成膜性或渗透性防水材料堵塞其中的毛细孔道。

在外墙装饰层施工中，应注意以下事项：

①　用抗裂性好的勾缝材料勾面砖缝，减少裂缝的产生；

②　严格控制外墙面砖、抹灰底层、防水层施工质量，避免空鼓，开裂形成渗水通道；

③　与窗框连接处，应留有 $5\times7mm$ 的槽便于勾打硅酮中性密封胶与窗框连接。

5. 验收整改

门窗安装后，应严格进行检查验收。因渗漏而整改时，必须以试水为主要检测手段，检查重点为硅胶填嵌情况、拼装缝隙和门窗洞的渗漏性。铝合金门窗堵漏以密封膏封堵为主，门窗洞渗漏以补砂眼、涂刷防水涂料为主。由于设计施工等原因，门窗尤其是框周围渗水部位较多，其中以 GB 7108—86 中规定的前三种渗漏现象居多。为解决该问题，可以采用逐樘试水整改，对铝合金门窗渗漏主要采用拼缝处填嵌硅胶，门窗洞采用 WL-1 外墙防水剂和 M150 永久高效防水剂涂刷、喷洒等措施，会取得好的效果，有效解决铝合金门窗的渗漏问题。

（1）对于铝合金窗型材间隙渗漏，通常可采用打胶的办法堵漏，即将拼角不严密处或拼接渗漏处清理干净，用中性硅胶注入嵌填密封止水；

（2）固定点处渗漏，凿开固定点处粉刷层，重新粉刷应掺入 10％的抗渗抗裂剂；

（3）对于安装工序不当或成品保护不当产生的裂缝处，采用补打密封胶的办法，封闭渗漏部位的微小裂缝阻止外界水源的进入；

（4）对于窗台渗漏，特别是窗台出现线流状渗漏时，将窗台细石混凝土凿去，清理干净后，重新浇灌；

（5）因硅胶密封不到位处渗漏，通过补打中性硅胶即可达到防止渗漏的目的。

6. 施工管理

加强操作工人的技术培训，熟悉质量标准，严格按图纸、技术交底、施工规范进行制作、安装。严把材料质量关，检查主要材料出厂合格证和检验报告，主要材料包括型材、玻璃、滑轮、窗撑、螺钉、窗锁、毛条、橡皮条、密封胶等。检查要点为：型材的机械性能、化学成分、表面氧化膜必须符合标准要求；外露的五金附件必须采用不锈钢或镀铬金属件；其他配件必须符合相应的标准规定。严把成窗的加工质量，铝合金门窗必须有出厂合格证和三性试验报告。

加强门窗的安装质量监控。检查隐蔽验收记录，重点检查窗框与墙体连接是否符合规定要求；检查窗框位置、高度及偏差是否符合设计要求和质量标准；检查表面保护膜是否可靠；窗扇安装时，检查胶条、毛条是否到位、牢固，有无短、缺角、离位现象；玻璃胶是否光滑、平整、粗细均匀，有无漏打、脱胶现象；最后要进行喷水抽检试验，检查有无渗漏现象。

6.3.2　门窗变形、松动等问题的防治

有些门窗装修好了时间一久会出现变形，有的可能没法正常开关，门窗的变形、松动质量问题普遍发生，成为居民的忧患，也引起了很多消费者的关注，本节将门窗变形、松动等问题的现象、原因及相关的防治措施进行了系统总结[13-14]。

1. 门窗变形

现象：塑钢门窗的窗扇、框体出现弯曲或扭曲变形、关闭不灵活、密封性不

良。如图 6.18，图 6.19 所示。

图 6.18 塑钢门窗扭曲变形　　　　图 6.19 塑钢门窗变形

产生的原因：

（1）塑钢门窗型材选择不当，壁或厚或薄，或未按规定设置增强型钢。

（2）同墙体的连接方法不当，框体四周未填嵌软质材料，形成"伸缩缝"。

（3）拼樘料同墙体未作可靠的连接固定。

（4）安装连接螺丝有松有紧。

（5）框周间隙填嵌材料过紧。

防治措施：

（1）塑钢门窗型材应选用多腔型，壁厚不小于 2.2mm。内衬钢板厚度不小于 1.2mm。

（2）门窗框同墙体的连接应采用固定片连接，固定片用 1.5mm 的冷轧钢板制作，宽度大于或等于 15mm。安装位置应距窗角、中横框、中竖框 150～200mm，间距为 600mm。固定片不得装在中横框、中竖框接头上，以免外框膨胀受阻而产生变形。

（3）门窗框同墙体间应留 15～20mm 缝隙，为了保证门窗安装后可以自由胀缩，窗与墙体缝隙的内腔应填充弹性材料。

（4）填充软质材料时，不应填塞过紧过松，以免门窗框受挤压变形。

（5）塑料型衬内腔应按设计规定增设增强型钢，设计无规定时，当外框料长超过 1500mm 时，应设增强型钢；中梁和横梁超过 700mm 时要设增强型钢；水平推拉窗、居室门均应设增强型钢。增强型钢同型材应用螺丝连接紧固，以增加刚度，防止变形。

（6）拼樘料必须设增强型钢，内衬型钢应比拼樘料长 10～15mm，上下同墙体做可靠的固定。窗框同拼樘料应卡接，用螺丝双向紧固，间距不小于 600mm。

(7) 各种固定螺丝扭紧的松紧程度应基本一致，不得过松过紧。

2. 铝合金、塑钢门窗开关不灵活，关闭不严

现象：启闭门窗时有阻滞现象，开关需要很大力气，框扇搭接宽度小，周边缝隙不均。如图 6.20 所示。

图 6.20 门关闭不严

产生的原因：

(1) 门窗框或扇变形，密封条松动脱落。

(2) 五金配件损坏。

(3) 安装质量差，超出允许偏差甚多，又未予及时调整。

防治措施：

(1) 门窗安装要符合安装工序，随时检查和调整每道工序的安装质量。

(2) 窗框及窗洞均要划出中线，窗框装入洞口时要中线对齐，框角做临时固定，仔细调整窗框的垂直度、水平度及直角度，误差应在允许偏差范围内。

(3) 门窗扇入框前应检查对角线及平整度偏差，入框后要用钢板尺、塞尺检查框扇的搭接宽度、周边缝隙，直至符合要求。

(4) 正确安装五金零件，发现损坏应及时更换。

(5) 做好成品保护及平时的使用保养，防止外力冲击，不得悬挂重物，否则会使门窗变形。使用时要轻开轻关，延长其使用寿命。

3. 铝合金门窗安装不牢固，整体刚度差

现象：铝合金门窗框同墙体连接处开裂；推拉或启闭门窗时，框扇抖动；受风压或用手推压时，窗框变形大、晃动，给人以不安全感。

产生的原因：

(1) 门窗型材选择不当，规格偏小，型材厚度偏薄。

(2) 门窗框同墙体的连接、固定方法不当。

(3) 组合门窗拼接时构造不合理，连接不牢固，受力后产生变形。

防治措施：

(1) 铝合金门窗应按门窗洞口尺寸、安装高度选择合适的型材。用于住宅工程的铝合金型材断面，平开窗形式的不小于 55 系列；推拉窗的不小于 55 系列；内阳台平开窗的不小于 75 系列。铝合金窗型材的壁厚不小于 1.4mm，门的型材壁厚不小于 2mm。

(2) 门窗框安装时，应采用连接件同墙体做可靠的连接。连接件距框边角的

距离不应大于 180mm，连接件之间的间距不大于 5mm。连接件应采用厚度不小于 1.5mm 的薄钢板，并有防腐处理。连接方法一般采用膨胀螺栓、射钉或开叉铁脚埋入墙体内，不得用圆钉将门窗框直接钉入墙体固定。

（3）安装组合门窗时，要注意合理设置中挺、中档，确保拼接杆件及门窗的整体刚度，连接的规格间距应符合要求，并应连接紧密。铝合金门窗安装后，可用力推压门窗框作检查，如发现摇动或变形大于 $L/200$ 时，应进行加固处理。

4. 塑料门窗五金配件损坏的现象、原因与防治措施

现象：五金配件固定不牢固、松动脱落，滑轮、滑撑铰链等损坏，启闭不灵活。

产生的原因：五金配件选择不当，质量低劣；紧固时未设金属衬板，没有足够的安装强度。

防治措施：

（1）选用的五金配件的型号、规格和性能应符合国家现行标准和有关规定，并与选用的塑钢门窗相匹配。

（2）对宽度超过 1m 的推拉窗或安装双层玻璃的门窗，宜设置双滑轮或选用滚动滑轮。

（3）滑撑铰链不得采用铝合金材料，应采用不锈钢材料。

（4）用紧固螺丝安装五金件，必须内设金属衬板，衬板厚度至少应大于紧固件牙距的两倍。不得紧固在塑料型衬上，也不得采用非金属内衬。

（5）五金配件应最后安装，门窗锁、拉手等应在窗门扇入框后再组装，保证位置正确，开关灵活。

（6）五金件安装要注意保养，防止生锈腐蚀。在日常使用中要轻开轻关，防止硬开硬关，造成损坏。

5. 推拉窗下滑槽槽口积水

现象：推拉窗的滑槽内常会有积水，而且积水在风压作用下会渗入室内，造成窗盘内积水，给用户带来不尽烦恼。

产生的原因：没有开设排水孔道，或排水孔道被杂物堵塞，使滑槽内的积水不能顺畅排出。

防治措施：

（1）外墙面的推拉窗必须设置排水孔道，排水孔间距宜为 600mm，每樘门窗不宜少于 2 个。孔的大小应保证槽内积水迅速排出。

（2）塑钢窗的排水孔道大小宜为 4mm×35mm，距离拐角 20～140mm。孔位应错开，排水孔道要避开设有增强型钢的型腔。

（3）安装玻璃或注密封胶时，注意不得堵塞排水孔。

（4）推拉窗安装后应清除槽内砂浆颗粒及垃圾，并作灌水检查，槽内积水能

顺畅排出的为合格，否则应予以整改，直至做到合格。

6. 玻璃安装松动，橡胶密封条脱落

现象：玻璃安装不居中，玻璃同窗框的缝隙不均，橡胶密封条未紧贴玻璃与窗框，安装不平整。用手敲玻璃有松动声。如图 6.21 所示。

产生的原因：

(1) 安装玻璃时没有及时清除槽口内的杂物，使玻璃与槽口不对中。

(2) 玻璃同玻璃槽口的缝隙不均，橡胶条与玻璃、玻璃槽接触不良，凸出玻璃槽口，用手能轻易地将密封条拉脱。

(3) 在转角处橡胶条未断开，未注胶粘结。

防治措施：

(1) 安装玻璃前要认真清除槽口内的杂物，如砂浆、砖屑、木块等。玻璃安放时应认真对中，保证两侧间隙均匀，并及时校正固定，防止碰撞移位，偏离槽口中心。

(2) 橡胶密封条不能拉得过紧，下料长度比装配长度长 20~30mm。安装时应镶嵌到位，表

垫高的窗扇一角

图 6.21 玻璃安装松动

面平直，与玻璃、玻璃槽口紧密接触，使玻璃周边受力均匀。在转角处橡胶条应做斜面断开，并在断开处注胶粘结牢固。

(3) 用密封胶填缝固定玻璃时，应先用橡胶条或橡胶块将玻璃挤住，留出注胶空隙，注胶深度应不小于 5mm。在胶固化前，应保持玻璃不受振动。

7. 玻璃同门窗扇之间的缝隙不足

现象：玻璃同门窗扇之间的缝隙过小

产生的原因：在安装玻璃时，没有按规定设置垫块或玻璃下料尺寸偏大，无法安放垫块，使玻璃直接与玻璃槽接触，周边空隙不均，玻璃重量不能得到很好的支撑，严重造成窗扇变形。

防治措施：

(1) 按规定安装玻璃垫块，使玻璃重量得到支撑，避免窗扇变形。安装在竖框中的玻璃应在下方设两块承重垫块，搁置点离玻璃垂直边缘的距离为玻璃宽度的 1/4 且不小于 150mm。其他方向应设定位块，以固定玻璃确保四周缝隙均匀。

(2) 玻璃垫块应选用硬度为 80 度的硬橡胶，其宽度应大于所支撑的玻璃厚度，长度不小于 25mm，厚度一般为 2~6mm。

(3) 玻璃就位前应检查垫块位置，防止因碰撞、振动造成垫块脱落，位置不准，排水孔道堵塞。

（4）严格控制玻璃裁割尺寸，玻璃尺寸与框扇内尺寸之差应等于两个垫块的厚度。

8. 玻璃安装朝向不对

现象：家居装潢中越来越多地采用镀膜玻璃、压花玻璃、磨砂玻璃作为特殊的装修用材，但是，施工时有时会出现未按规定的朝向安装，影响光线反射和装饰效果。

产生的原因：施工时玻璃朝向装反。

防治措施：

（1）注意玻璃安装的朝向，安装压花玻璃和磨砂玻璃时，压花玻璃的花纹应向室外，磨砂玻璃的磨砂面应向室内。

（2）镀膜玻璃应安装在最外层，单面镀膜玻璃的镀膜层应朝向室内。

（3）裁割玻璃时，边缘不得出现缺口和斜曲，裁割压花玻璃和彩色玻璃时，应使图案一致，接缝应吻合。

（4）注意不要用带酸性的洗涤剂清洗玻璃的镀膜层。

6.4　墙体结露、涂料霉变的防治

寒带地区，冬季气温寒冷，室内墙体结露、发霉（长毛）现象已成为影响住宅、学生公寓类建筑工程质量的一种通病，成为住宅、学校学生公寓用户集中投诉的热点。墙体结露、发霉不仅影响居室美观，而且会使室内潮湿，给居住者的生活带来诸多的不便。虽然不能危及房屋结构安全，但却降低了房屋的使用质量和耐久性，增加了墙体的导热性，使室内卫生环境和温度都有所降低，影响居民的正常生活和工作。为此，我们针对室内墙体表面结露的问题，从设计和施工方面分析原因，探讨了其预防措施。

6.4.1　墙体结露的防治

墙体结露现象在北方寒冷地区的住宅建筑中经常发生，已经成为普遍的现象，给房屋的管理者和居住者带来了很大的难题，本节总结了墙体结露的现象，对结露的原因进行了分析，并对墙体结露现象的防治措施进行了总结[15-22]

结露的产生及其危害：

结露是在一定的温度和湿度条件下，围护结构表面温度低于某个温度值时，表面出现冷凝水的现象，此时的温度就称为露点温度。如果在冬季，围护结构内表面温度低于露点温度，就会产生结露现象。结露有许多危害：结露会使墙体变潮，墙皮发霉、脱落，助长病菌滋生，破坏室内装修及室内环境，影响居住者的心情及身心健康；结露还能破坏结构的安全，无论是砖混结构还是框架结构的墙体及屋面板，如果产生结露，就会变潮，同时产生冻胀、开裂，形成安全隐患。

现象：如图 6.22 所示。

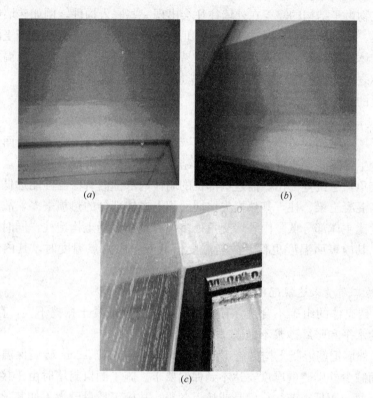

(a)　　　　　　　　　　(b)

(c)

图 6.22　墙体结露

1. 蒸汽渗透现象

围护结构表面凝结和内部凝结是由水蒸气在墙体内表面冷凝成水的现象。众所周知，空气中的水蒸气是随着空气的温度不同而变化的。温度越高，空气中的水蒸气含量越大。夏天由于室外气温高，所以室外空气中水蒸气比冬季要多；恰恰相反，冬季由于门窗紧闭，室内温度，加之人的呼吸以及厨房烧饭、洗晾衣服等活动，增加了室内空气的水分。当空气中的相对温度达到 100% 的空气温度即为露点温度，空气便不再吸收水蒸气，这时的水蒸气便开始凝结成水了，成为饱和蒸汽，也就是我们称结露潮湿现象。当水蒸气通过围护结构时，会在材料的空隙中凝结成水或冻结成冰。致使材料受潮，进一步降低了围护结构墙体的保温性能。

2. 空气渗透现象

当围护结构两边的空气具有压力时，空气由高压处通过围护结构进入低压处的现象称为空气渗透。从墙体保温角度上看空气增加了房间的热损失。主要容易产生空气渗透的部位有围护外墙、外门窗框等。特别是具有两面外墙的东北或西北角的房间。

3."冷桥"现象

建筑物由于结构的需要在外墙往往会出现一些嵌入构件，例如砖墙中的钢筋混凝土梁、柱、垫块等。对这些构件在北方寒冷地区，由于钢筋混凝土的导热系数比砖砌体的导热系数要大，热量很容易从这些部位传出去。这些保温性能较低的部位称之为"冷桥"。在"冷桥"部位最容易产生冷凝水。

产生的原因：

1. 设计原因

由于墙体结构构造不合理，"热桥"部位热阻值低，使墙体内表面温度低于露点，产生结露。调查情况表明，墙体结露主要存在于外墙窗过梁、墙梁，承重内外墙交角，悬挑等部位。而这些部位的墙体内部都嵌有保温性能远低于主体部分的钢筋混凝土梁、柱，其热损失比同面积上主体部分的热损失多，故它们的内表面温度比主体部分低。内外墙交角处多设有钢筋混凝土构造柱，同时此处又是"热桥"，其内表面温度更低。故当温度值低于室内露点温度时，其内表面就会结露。

2. 施工质量未达规范要求

(1) 砖砌体的组砌不合理，存在通缝；构造柱混凝土振捣不实，存在孔洞；砖砌体的水平和竖缝砂浆不饱满。

(2) 外墙钢筋混凝土构件施工时未按设计要求外砌 12cm 砖墙保温或由于施工质量而减少外砌砖的厚度，达不到保温要求。施工洞口封堵时由于接槎多，施工操作不便，而且季节往往已是或接近冬季，故施工质量已大不如其他外墙施工质量。内、外墙抹灰时厚度未达规范要求，同时分格缝处也可能出现分格条角度不对，抹灰面层与墙面接触不好未注分格缝密封胶等现象。

(3) 屋面女儿墙处、外墙侧卫生间地面防水未处理好，造成外墙渗水，致使该处外墙导热能力增加。外墙单层塑钢窗未按规范施工，窗框与墙体处未安保温条或安装不合格，窗框抹灰时窗框与墙体之间缝隙砂浆严重不饱满。

(4) 由于寒冷地区的季节性原因，室内抹灰、刷涂料等很多都是在冬季进行，一般在室内采取保温供暖措施后进行装修施工，内墙涂料应在墙壁干燥后施工。但一般只在表面干后便进行涂料施工，由此使内、外墙内含有大量水分，外墙的保温性能降低，室内的湿度也大大提高，室内墙体必然结露。

3. 房屋使用方面的原因

(1) 冬季室内温度过低，又不经常进行室内外换气，室内相对湿度增加，使外墙体热桥部位结露。

(2) 由于供气间隔时间太长，在供气时热气经过热桥表面不易结露，但在停气时热桥内表面温度下降产生结露现象。

(3) 由于散热器散热的热循环不同，在外墙角部热空气不易到达，而角部大多都是热桥部位，因此以上各角部最易结露和长毛。

4. 施工工期

工程开工晚，施工工期短，冬季竣工时墙体潮湿，降低墙体材料的保温性能，也是引起内墙及承重内外墙交角部位结露的原因。

5. 冬季供热

冬季室内供热温度达不到标准，供热的间歇时间过长，在相同的使用条件下，产生的水蒸气量相同，温度越低相对湿度越大，其露点温度就越高，所以外墙内表面越容易结露。

防治措施：

1. 在设计上加以重视

(1) 减小外墙的热桥数量和面积，如用保温砌块砌体减少钢筋混凝土柱周围的热桥面积。增加热桥部位的墙体厚度或采取保温措施，如采用外保温体系(如外粘 EPS 聚苯板)、内涂聚氨酯保温涂层、用保温砂浆代替普通砂浆，保证热桥部位的抹灰厚度。

(2) 加强塑钢窗与墙体间的处理，增加窗框部位的保温，如在框两侧墙体内充填 5cm 的苯板或用发泡聚氨酯充填，同时用玻璃胶把塑钢窗和抹灰之间适当增加室内换气通道，保证空气的流通，同时要处理好通风道口的保暖。

2. 提高施工质量

(1) 砌体施工严格按规范施工，无通缝、立缝，水平缝砂浆饱满，施工洞口按规范堵砌。主体砌筑过程中必须严格按操作规程施工，消除质量通病，保证墙体平、立灰缝砂浆饱满度。山墙应尽量少留或不留脚手架眼等洞口。在外墙抹灰时，注意控制砂浆的施工配合比，抹压光滑密实。

(2) 内外墙抹灰按规范要求施工，抹灰层厚度达到设计要求，分格缝必须填充密封油膏。构造柱施工前要留好根部的检查口，浇筑混凝土前将柱内部落地灰等杂物清理干净，并将砖砌体及模板浇水湿润，以免混凝土产生夹层及蜂窝麻面。为避免构造柱混凝土振捣不密实或外墙砖模胀模，沿竖向在砌体外侧备两道木方以增加其刚度。构造柱混凝土应分两次浇筑以减小对外墙的侧压力。

(3) 提高混凝土质量和屋面、卫生间的防水质量。严格控制屋面防水，厕浴间的施工质量，屋面细部要按施工图纸及标准图要求处理到位。及时准确地记录好厕浴间 24h 的注水试验记录，以免渗漏影响墙体的保温性能。

(4) 避免在冬季进行装修施工，否则应加强通风以减少墙体和室内湿度，在易结露部位采用防霉内墙涂料处理。

3. 使用方面应加以注意

(1) 加强室内通风换气，减少室内湿度。

（2）提高室内温度，保证散热器散热效果，使热空气能到达外墙壁的各角落。

4. 特殊处理方法

（1）EPS聚苯板薄抹灰保温法

其做法是在建筑物墙体外部采用聚合物胶浆直接粘贴苯板，在聚苯板的表面粘贴玻璃纤维网格布，然后在面层抹聚合物水泥胶浆饰面。由于该种外保温体系保温效果明显，导热系数低、容重小，施工操作简单，已经被广泛推广。

（2）稀土抹面防治法

其做法是将墙体的长毛处的抹灰面层铲掉，将墙面的空洞用混合砂浆抹平，浇水湿润墙体，用搅拌均匀的稀土抹面10mm厚，再用混合砂浆或水泥砂浆抹面粉刷。由于该方法简便灵活，局部也可施工。尤其在门窗过梁、圈梁、构造柱等局部比较适用，不占面积。缺点是造价比较高，工期较长。

（3）水泥伴侣防治法

其做法是用水泥伴侣直接加水、水泥拌和后，形成水泥腻子代替原来寒冷地区采用的刮大白打底的抹灰找平办法。水泥伴侣刮到墙上，干后用砂纸打磨找平，最后刷两道乳胶漆。用这种方法处理的墙体，即便是卫生间、厨房，既不长霉也没有脱落现象，效果非常好。

6.4.2　墙体发霉、涂料霉变的防治

墙体发霉、涂料霉变现象如图6.23所示。

产生的原因：

1. 房屋质量问题是造成墙体"发霉"现象的主要原因。相关的质量问题概括如下：

（1）避免"冷桥"、"透寒"现象。房屋保温问题是重要的，建筑施工过程中存在偷工减料等质量问题，或开发公司使用质量低劣的保温材料，直接影响房屋的保温效果。

①"冷桥"现象

当室内温度高于室外温度且温差较大时，由于建筑物构件的导热系数不同使热气在墙面形成水气的现象称为"冷桥"现象。北方是"冷桥"现象多发地区，大多出现在冬季，因为冬天北方天气比较寒冷，室内外温差较大，房屋易发生潮湿、霉变现象。

同时，钢筋混凝土结构的非承重墙体自身存在两方面缺陷：墙体开明、渗水、透寒而结露；梁柱、板等混凝土构件由于个别部位导热系数高，防寒保温处理不到位造成室内外温差较大，使内墙长期处于潮湿、结露、出水状态而导致发霉。

"冷桥"现象多发生于框架结构的柱子、梁和板处，而砖混结构的房屋多发

生于梁和构造柱处。房屋外墙转角、内外墙交角、楼屋面与外墙搭接角的区域范围容易出现渗水、墙皮脱落、发霉等现象。

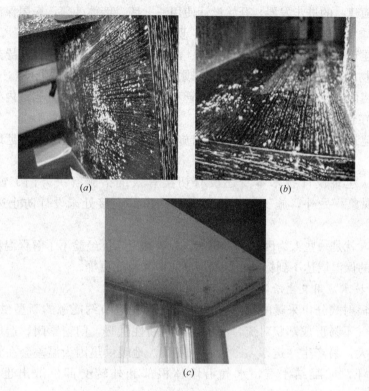

图 6.23　墙体发霉、涂料霉变

②"透寒"现象

室内空气温度高，水蒸气饱和度高而墙体保温没做好，蒸汽遇冰冷的墙体阴角、顶板(近外墙体部位)而凝结，称之为"透寒"。透寒水导致墙体潮湿、发霉。建筑物普遍存在"透寒"现象，即使墙体做了保温，外门窗户同样也会出现透寒水。由于冷空气多从门窗与墙的交接处进入室内，在门窗口周围凝结潮气甚至产生霉斑，且外门窗本身阻热传导的功能较差，里外空气温差较大也易形成透寒水。所以外保温也不能杜绝这种原因导致的室内局部发霉现象。

(2)承重墙、保温层与女儿墙根接合部位未做保温缝，女儿墙根部横向裂缝向室内产生渗透。

(3)施工中屋面防水未做好，或局部屋面保温未做好，尤其雨落管处。

(4)建筑施工中门窗口周围缝隙保温材料填塞不实造成渗透、发霉。

(5)工程施工时，外墙砌筑及饰面分项存在质量缺陷等产生墙体渗透。

(6)施工中工序衔接不合理，屋面施工时湿气过大，屋面又没有出气孔，被防水层封闭的水汽无处散发，而向室内渗透等。

2. 设计缺陷是根源

产生"发霉"现象的根本原因是建筑物在设计上存在缺陷。

(1) 随建材的进步发展，开始设计使用三七墙，墙体变薄，房屋保温性能变差，当冬季室内外温差增大时，"冷桥"现象随之出现；

(2) 建筑材质采用黏土砖、空心砖、混凝土以及钢筋等材料，其导热系数不同，建筑物的个别部位易出现"冷桥"现象；

(3) 墙体内设有暗埋的供热、供水管和雨落管设计在室内，当室内外温差较大时便会在管子外壁形成凝结水气；

(4) 建筑项目没有设计墙体保温措施，使得房屋建筑标准不满足地域气候要求；

(5) 从建筑设计技术本身还没有切实有效的措施解决外门、窗形成的"透寒"现象。另外，施工图中墙与外门、窗的交接处未设计防止边框渗透措施。

此外，就是一些人为因素了。比如：设计缺乏实际经验不了解保温材料的性能，设计的保温层达不到标准，保温层施工时私自变更等。

3. 新技术应用及生活习惯的原因。

地面辐射式分户采暖的供热方式作为一种先进节约能源的新型供热方式，使室内空气不易形成环状对流，有的用户间断性供暖，门窗紧闭，造成室内空气湿度过大，易产生"透寒"、"冷桥"现象。地暖供热因为温差会在管的外壁产生"出汗"或凝结水气，水气沿墙体根部和外转交部位散出也会返潮、发霉。

防治措施：

1. 加外保温层或做内保温。外墙外保温是由隔热保温材料通过贴、粉、喷的施工工艺，使外墙隔热性能满足节能标准的要求。它能比较彻底地消除"冷桥"的影响，减少或避免外墙裂、渗的通病。

2. 新竣工交工的房屋须晾干。因为工程大多在冬季竣工交房，住户又急于装修，刚装修的房子室内湿度较大，供暖后温度升高、水分蒸发，空气温度升高，室内外温差较大，容易在墙体的局部结露。

3. 保持室内空气流通。有的顶楼房子甚至夏天还有"出汗"的情形，这是因为施工或设计的原因造成的。夏天外界气温高，防水层温度也高，保温层底部温度较低而产生温差，保温层内水分含量较高，水蒸气凝结成水，滞留下渗从而造成天棚潮湿发霉或涂料层起皮。"发霉"现象的有效的解决方法是保持室内通风。另外，在屋顶防水层与保温层内增设排气措施。

4. 新型轻质隔墙技术和新型内墙涂料解决发霉问题。施工中可采用新型墙板等高新技术，解决墙体的"冷桥"问题和墙体的渗透现象。另外，在施工中采用新型防霉涂料防止发霉或清除基层重新刮腻子刷新防霉涂料处理发霉。

5. 在房屋建设过程中控制施工质量，从细微处解决好各分项问题。如外墙保温施工、窗框周边封堵等，主要是在施工中完善方法，杜绝可能导致发霉的质量缺陷。

6. 解决墙体发霉问题，可先清除基层的霉物，再在室内墙体内设置一道塑料隔离层，封隔墙体的潮气，再用抗裂砂浆照面处理发霉部位。或者将发霉部位剔凿，抹保温砂浆。但室内保温不能根治墙体发霉现象。

7. 降低室内空气湿度。这是防止墙体发霉的基本措施，也是室内保持通风的根本目的。分户独立，供暖应注意适当采取持续供热以保持室内温度及控制空气干燥程度。

参考文献

[1] 孙占旺. 装饰工程中抹灰工程质量通病的防治 [J]. 港工技术，2002，12(4)：30-31.

[2] 谭志超. 防治抹灰面裂缝措施及施工技术 [J]. 基建优化，2002，2(23)：54.

[3] 韩婷婷. 内墙抹灰工程与块材饰面工程的质量通病与防治 [J]. 中小企业管理与科技(上旬刊)，2009(7)：206.

[4] 孙蔚. 混凝土加气砌块粉刷开裂空鼓的防治 [J]. 山西建筑，2006，32(16)：102.

[5] 孟令志，程鹏飞，董毅. 外墙抹灰空鼓、开裂的成因及其防治措施 [J]. 施工技术，1993，(11)：10-12.

[6] 司成贵. 建筑工程抹灰开裂空鼓的防治措施 [J]. 今日科苑，2010，(8)：116.

[7] 吴永利. 混凝土表面光滑导致抹灰层空鼓开裂的防治 [J]. 工程质量，2003(7)：7.

[8] 何晔希. 房屋外墙粉刷面裂缝的防治措施 [J]. 民营科技，2011(8)：284.

[9] 陈银良，梁广祥. 抹灰工程空鼓、开裂的原因和预控措施 [J]. 建筑技术开发，2004，31(9).

[10] 王海林，李茹，张荣富. 外墙抹灰空、裂通病分析及防治 [J]. 中州煤炭，2003(1)：40-41.

[11] 白宏. 外墙抹灰裂缝的产生原因及防治 [J]. 山西建筑，2006，32(2)：140-141.

[12] 韩志鸿，黄翠华. 建筑物外墙涂饰的质量通病及防治 [J]. 民营科技，2010(3)：203.

[13] 钮扣. 谈塑料门窗工程的质量控制 [J]. 安徽建筑，2002，(8)：112-113.

[14] 钮扣. 谈塑料门窗工程的质量控制 [J]. 工程质量，2002，(11)：25-26.

[15] 刘凤华. 北方地区墙体发霉现象及防治措施 [J]. 黑龙江科技信息，2011，7.

[16] 修云江，柳仲元. 北方冬季室内墙体结露原因及防治 [J]. 黑龙江科技信息，2009，(5)：254.

[17] 宋春江. 寒冷地区墙体结露、发霉的原因分析及防治 [J]. 林业科技情报，2008，40(3)：45-46.

[18]　刘振杰. 建筑墙体发霉现象分析 [J]. 建筑知识，2009，8.

[19]　史红霞. 结构墙体结露的成因分析及防治措施 [J]. 民营科技，2011(5)：334.

[20]　罗兆山，任明龙. 墙体结露原因及其施工预防 [J]. 化工之友，2006(7)：17.

[21]　张玉玲，姜艳芝. 墙体结露原因及其施工预防 [J]. 黑龙江科技信息，2003，(4)：143.

[22]　赵彦芹. 卫生间渗漏水及墙体结露问题的处理 [J]. 建筑科技，2007，(4)：83.

第7章 楼地面及屋面工程质量通病及治理技术

在工业与民用建筑中，水泥砂浆地面应用最广泛。但如果使用材料不当，施工方法不规范，就容易产生裂纹、起砂、脱皮、麻面和空鼓等现象。现在就以上现象提出几点见解。

7.1 楼面水泥砂浆找平层起砂、空鼓的防治

水泥砂浆地面是建筑工程施工中常用的一种楼地面做法，它具有施工简便、造价低廉、使用耐久等优点。但施工时，如果施工工艺安排不当，施工材料未把好关，其面层易产生起砂、空鼓等质量通病。现就其起砂、空鼓的原因及防治措施阐述如下：

7.1.1 地面开裂的防治

现象：地面上出现的不规则裂缝或沿板缝长度方向的裂缝，主要表现在面层、垫层、基层的结合面之间，空鼓处两层之间脱离，受力后开裂严重时则有大片剥落。有通面裂、不规则的水纹裂、干缩裂以及塑性裂。水泥地面与地面面层，没有形成一个整体，一般在地面面层抹完28d 后和使用过程中逐渐出现开裂，给使用者带来许多麻烦。如图 7.1 所示。

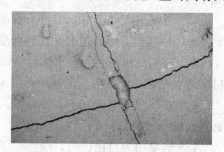

图 7.1 水泥砂浆地面的开裂

产生的原因[1-2]：

（1）这种裂缝的开展随沉降量大小而定，随时间推移裂缝不断增宽，直至结构达到稳定。

（2）落地灰、碎砖、碎模板等杂物还存留在里面。板缝没有按规定设置（不得小于3cm），灌缝所用细石混凝土没有按规定配置或没有使用试验室出具的配合比报告，施工过程中没有按操作规程要求施工，灌缝不严不实，最终导致地面的开裂。

（3）水泥品种和强度以及水泥砂浆强度未有可靠的措施进行操作控制，致使强度不足导致地面开裂，或由于过期变质水泥或不同品种、不同标号的水泥混杂使用，致使水泥安全性能较差。

（4）地面在抹完压光后未能及时洒水养护，进行成品的保护。地面终凝时和养护

期间，强度不高，如果此时受到震动则容易造成开裂。表面压光时间过早或过迟，压光时间过早，会使砂浆内部的水分重新蒸发回到面层上，降低了表面强度；压光时间过迟水泥砂浆已硬化，造成施工难度大，且容易破坏已经硬结的表面砂浆结构。

（5）由于近几年来水暖电气的管线全部埋设在地面垫层中，导致垫层在管线位置的厚度不足，承压不够，引起地面的开裂。

（6）水灰比过大，这不仅造成了砂浆分层离析，降低了砂浆强度，同时使砂浆内多余水分蒸发而引起体积收缩，产生裂缝。

（7）各种水泥收缩量大，砂子粒径过细或含泥量大，面层养护方法不正确，面层厚薄不均匀，水泥砂浆在凝固过程中，部分水与水泥经化学反应生成胶合体时，另一部分水分蒸发掉，使体积缩小而造成地面收缩裂纹。

（8）沿板缝长度方向的裂缝主要是施工灌缝不按规范操作，板缝清理不干净，混凝土标号过低，浇筑不密实，养护不好，成品保护不好，在地面强度未达到足够强度时，就在上面走动或拖拉重物，使面层造成破坏，以及地面上荷载不均匀及过量，造成各楼板变形不一样产生裂缝。

（9）当温度由高变低时，往往大面积水泥砂浆地面会产生裂缝，所以大面积的地面必须分段分块，并做成伸缩缝。

防治措施：

（1）从基础施工开始就严格按操作规程施工，避免由于人为因素造成基础沉降。

（2）板端头按规定用 C20 细石混凝土堵孔，板与板间的缝隙按规定设置不小于 3cm，用实验室出具的配合比进行灌缝，严格按操作规程施工。

（3）进场的水泥必须有出厂合格证，且应进行二次复试。对有质疑的水泥或超期的水泥应进行二次复试，现场技术人员要严格把关。

（4）水泥地面施工完毕，要有专人养护，在水泥地面强度没有达到规定时，要进行成品保护。

（5）居室门为自由门时，应在门下坎处设置分格条以免地面被拉裂。水暖，电气管道集中的部位应加铺一层钢丝网片，防止地面开裂。

7.1.2　地面起砂的防治

现象：水泥砂浆面层脱落、松动，其面积超过 $800cm^2$ 以上，严重时导致水泥地面破损。如图 7.2 所示。

产生的原因[3-4]：

（1）水泥标号过低，没有按操作规程施工，级配不合理，配合比不准。水泥作为水泥砂浆的凝结材料，其质量的好坏和强度等级的高低直接影响着水泥砂浆的质量。水泥的技术性能指标主要包括：强度、安定性、初（终）凝时间和细度等

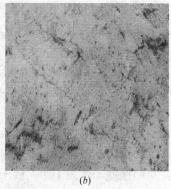

(a)　　　　　　　　　　　　(b)

图 7.2　水泥砂浆地面起砂

方面。水泥强度等级低使其与骨料不能牢固凝结，从而影响到水泥砂浆强度；水泥安定性不好，可使水泥砂浆地面易出现裂缝和"爆炸点"；水泥终凝时间过长，使砂浆中水分蒸发过多，水泥的水化作用不能充分进行，且砂浆强度降低；水泥细度过大，使骨料不能充分被包裹，影响水泥砂浆强度。总之，由于水泥不合格，使水泥砂浆强度降低，从而造成水泥砂浆地面起砂。

（2）用砂过细，含泥量太大。砂太细，充分包裹其水泥的用量就要加大，含泥量过大对于水泥砂浆的抗冻、抗渗和收缩等性能均有影响。同时还会影响到水泥的强度，进而造成水泥砂浆地面起砂。

（3）砂子颗粒级配不均，水泥在其周围不能均匀包裹，产生水泥用量较大或空隙较大现象，从而降低水泥砂浆强度，引起起砂。

（4）水泥砂浆面层抹压时间过早或过迟。水泥砂浆地面抹压应在终凝前进行，否则在其终凝后，抹压必定会扰动已凝结的水泥砂浆结构，导致水泥砂浆地面易起砂、起皮。

（5）养护过晚或养护期不足会使水泥砂浆地面在凝固过程中水化反应时缺水，从而导致水化反应不能充分进行，水泥砂浆强度降低，从而导致起砂。

（6）水泥砂浆稠度太大，其相应的水灰比就大，水泥砂浆凝固后容易在结构中形成气泡，使水泥砂浆强度降低，最终导致起砂。

（7）水泥砂浆地面强度未达到要求而上人，使水泥砂浆层结构破坏或使表面压光层损坏。

防治措施：

（1）使用的水泥必须为合格水泥并有出厂合格证且应做试验，水泥的强度等级不应低于 32.5 且不同品种、不同强度等级的水泥严禁混用。

（2）选用骨料砂，宜选用中粗砂，其含泥量不应超过 3%，云母含量不得大于 2%，对于有抗冻、抗渗及其他要求的，云母含量不得大于 1%。

（3）施工拌合用水：一般情况下，只要采用饮用水即可满足要求。如果采用水质较差的水搅拌砂浆，就可能影响水泥的凝结和强度的发展。

（4）水泥砂浆配合比：水泥砂浆面层的体积比宜为水泥：砂子＝1：2，强度等级不应小于 M15，其稠度不应大于 3.5cm。稠度过大，水灰比大，会降低砂浆强度，且砂浆泌水量大，使地表面强度降低，易于起砂、起灰。

（5）水泥砂浆铺设：水泥砂浆铺设时，应根据＋50cm 水平线，小房间在四周做灰饼、冲筋，大房间按 2m 间距做灰饼、冲筋(用干硬性砂浆做软筋)，然后立即铺水泥砂浆面层。面层砂浆厚度用靠尺板坐浆控制在不小于 20mm，面层砂浆装挡后用木抹子拍实，用大木杠靠尺刮平，用木抹子搓平，再用铁抹子抹压头遍。如表面水分过多，可略撒些干水泥于水泥砂子面，等水分被吸湿后随即压光。

（6）水泥砂浆地面宜在初凝前抹光，在终凝前压光，不准抹压过夜浆。

（7）水泥砂浆养护应在面层压完 24～48h 后且以手压砂浆不粘、无压印时盖草袋洒水养护。每天浇水三次，养护 5～7d，使草袋日夜保持潮湿，夏季 24h 后养护 5d，春秋季 48h 后养护 7d。养护要适时，浇水过早地面起皮，浇水过晚或不用草袋覆盖，易造成裂缝或起砂。

（8）应注意成品保护。在面层砂浆强度未达到 5MPa 以前不准在上面行走或进行其他作业，以免碰坏地面。

治理方法：

小面积起砂且不严重时，可用磨石将起砂部分水磨直至露出坚硬的表面，也可用纯水泥浆罩面的方法进行修补。如表面不光滑，还可以用水磨一遍。大面积起砂，可用 107 胶水水泥砂浆修补，用钢丝刷将起砂部分的浮砂清除掉，用清水冲洗干净，地面如有裂缝或明显凹痕时，先用水泥拌和少量 107 胶制成的腻子嵌补，再用 107 胶加水搅拌均匀后，涂刷地面表面，以增强 107 胶与地面的粘结力。107 胶水泥浆应分层涂抹，每层涂抹 0.5mm 厚为宜，一般涂抹 4 遍，总厚度 2mm 左右。底层砂浆的配合比可用水泥：107 胶：水＝1：0.2：0.45，一般涂抹 2～3 遍。涂抹后按水泥地面的养护方法进行养护，2～3 小时后用细砂轮或油石轻轻将抹痕磨去，然后上腊一遍，即可使用。大面积空鼓，应将整个面层凿去，消除浮砂，用清水冲洗干净。铺设面层前，凿毛的表面应保持湿润，有关新面层的重新铺设和养护等操作要求同上。

7.1.3　地面空鼓的防治

现象：地面空鼓、地面开裂即水泥砂浆地面面层与基层没有结合好，没有形成一个整体，水泥砂浆地面面层和底层相脱离。如图 7.3 所示。

空鼓原因分析[5-7]：

根据多年来的工程实践，我们归纳了以下导致空鼓的主要原因：

1. 地面基层处理不到位

（1）基层面垃圾处理不干净

经过结构施工和装饰装修施工，基层表面残留的杂质主要为结构施工漏浆产生的浆膜和装饰施工过程的落灰（水泥砂浆）。浆膜与基层粘结强度较高，不易清理，且表面光滑密实，难于与面层粘结，在面层与基层之间形成一道隔膜，使面层无法有效与基层粘结。落灰材质较为松散，强度低，与基层粘结力很小，在外荷载或面层内部应力的作用下极易与基层脱离，产生空鼓。

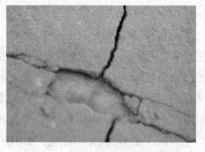

图 7.3 水泥砂浆地面的空鼓

（2）基层面清洗不到位

面层施工时，基层表面不浇水湿润或浇水不足，过于干燥。铺设砂浆后，由于基层迅速吸收水分，导致砂浆失水过快而强度不高，致使面层与基层粘结不牢。同时，干燥的基层未冲洗，表面的粉尘难于扫除，对面层起到一定的隔离作用。

基层表面冲洗后，存在的积水现象没排除。在铺设面层后，积水部分水灰比突然增大，影响面层与基层之间的粘结。同时，地面冲洗时，粉尘常聚集在板高低差部位上口及通道口等部位，易引起带状的小面积空鼓。

（3）结合层材料施工不到位

在面层施工之前，常为了增强面层与基层之间的粘结力，需涂刷结合层。若采用刷浆法，如果刷浆过早，铺设面层时，所刷的水泥浆已风干硬结，不但没有粘结力，反而起了隔离层的作用。这种现象类似于结构漏浆产生的浆膜。若采用先撒干水泥面后浇水（或先浇水后撒干水泥面）的扫浆法，由于干水泥面不易撒匀，浇水也有多有少，容易造成干灰层、积水坑，成为日后面层空鼓的潜在隐患。由此可见，地面基层处理不到位是面层空鼓产生的直接原因。

2. 作用力的影响

与面层产生空鼓有关的作用力分为两种：面层内部温度应力和外部荷载。面层施工完后，当内部温度应力、外部荷载等发生变化时，面层及基层将发生变形，这将使交接面力的平衡受到影响。当作用力超过交接面粘结应力，必将导致面层与基层脱离，形成空鼓。以下对两种作用力分析如下：

（1）外部荷载影响

外部荷载是动荷载，其作用过程是对交接面的一个扰动过程。反复的荷载作用使得面层与基层脱离。施工过程常体现为过早上人上料。

在工程使用功能没改变的情况下，外部荷载值较交接面粘结应力设计值小，正常情况是不会对空鼓产生影响。但是，若面层养护不够就上人，或因基层处理不到位而降低了粘结应力，则外部荷载将促使空鼓出现、扩大。

（2）温度应力影响

随着温度的变化，在面层内产生均匀分布的温度应力。当面层中出现较小的空鼓时，温度应力将在空鼓周边形成应力骤增现象—应力集中。致使空鼓周边力的平衡受到破坏，形成新的空鼓，从而加大了空鼓面积，直至空鼓范围内的变形（拱起、开裂）满足温度应力的变形要求。该应力导致的空鼓范围与面层分仓缝的间距有关，分仓缝间距越大，空鼓的面积也越大。若温度应力作用前，面层存在不连续的小面积空鼓，在应力作用过程中，小面积空鼓将不断贯通，形成大面积空鼓。

由此可见，作用力促进了地面空鼓的形成，在地面空鼓形成过程中起了"催化剂"的作用。同时，经过调查我们不难发现，作用力是导致空鼓面积扩大的主要原因。

3. 其他原因

（1）水暖、电气管线没有按规定固定连接，人为造成地面空鼓。

（2）材料原因：水泥砂浆地面对水泥、砂子等材料要求很严格，砂子含量过大，水泥强度等级达不到要求或存放时间过长等原因，均会使水泥砂浆地面产生开裂。

防治措施：

（1）在地面施工前一定要将基层清理干净，操作前将垫层或楼板上面松散的混凝土和砂浆等杂物清理干净。基层面垃圾多采用机械清理，由于机械本身的局限，墙脚、柱脚等凸出构件根部阴角附近的垃圾往往清理不到，形成薄弱环节，地面清理过程应认真对待。结构基层表面应坚实，如有酥松，应彻底铲除浮层，基层杂碴应清除且冲洗干净，凸出基层的杂物应剔除。基层面冲洗过程，应认真清理沉积在地面高低差部位上口的渣子。当表面光滑时，应将其划（凿）毛，如有白灰应用钢丝刷清理干净，如有油污应用火碱溶液清洗干净。在地面施工前一天，先将基层洒水渗透，但不得有积水，操作前刷水泥浆（水泥：水＝1：4），但面积一次不宜过大，应尽量一户一施工。所有工序进行完后，经技术人员和监理人员、质量检查员检查验收、合格后方可进行地面施工。面层施工前1～2h，应对基层认真进行浇水湿润，使基层具有清洁、湿润、粗糙的表面。

（2）素水泥浆结合层在调浆后应均匀涂刷，不宜采用先撒干水泥面后浇水的扫浆方法。刷素水泥浆应与铺设面层紧密配合，严格做到随刷随铺。铺设面层时，如果素水泥浆已风干硬结，则应铲去重新涂刷。抹压水泥砂浆地面面层时，应由边及中，由内及外反复压实搓平，使砂浆与基层紧贴密实。随后用铁抹子进行三遍压光。第一遍是在木抹子搓平后随机进行，应将脚印等压平。第二遍在水泥砂浆开始初凝，人踩上去虽有脚印但不至于下陷时进行，要压实压光。第三遍应在水泥砂浆终凝前抹子抹压不再有抹纹时进行，且应将第二遍压光留下的抹子纹压平、压实、压光，达到交活的程度。

（3）严格控制基槽和地面垫层素土回填质量，做到分层填方，控制厚度，要有分层干容重检验报告，干容重不合格者不得进行下道工序施工，确保地面工程的质量。

① 水暖、电气管要按规定固定好，防止松动，配合土建工程的施工。

② 合理安排施工顺序，加强成品保护，避免过早上人。

7.1.4　楼面施工质量控制

施工中的主要质量问题[8-12]：

1. 主体施工留下的隐患

在主体砌筑时，往往为抢工期而忽视一些细节部位的处理，给楼地面工程留下许多隐患。

（1）楼板吊装时没有严格控制标高，致使板面高低不平。不仅使楼地面抹灰层局部超厚，造成大量的人工、材料浪费，而且在水泥砂浆面层凝固时产生不均匀的内力，从而导致楼地面面层产生龟裂。

（2）楼板吊装后，未及时清理灌缝，使板缝内掉入碎砖、砌筑砂浆、木方块等杂物。待地面面层施工时，清理不彻底，或者虽然及时灌缝，但灌缝时不按工艺标准要求操作，使缝中混凝土未与楼地面板形成一体。在楼地面面层施工时，又未作妥善处理，均匀形成地面裂纹。它主要表现为顺楼板缝裂纹，这种裂纹同时出现在下层天棚上。

2. 不按工艺标准施工造成的后果

在地面面层施工时，如不认真按施工工艺操作，同样可以造成楼地面空鼓裂纹的后果。

面层施工之前不认真，没有把存留在楼板上的砂浆及其他杂物清理干净。在没有清理干净的地面基层上铺浇水泥砂浆面层，使得面层水泥砂浆与基层之间无粘结力面形成空鼓，或者面层施工前，基层（楼板）未充分浇水湿润。素水泥浆刷的不匀，也容易造成面层与基层之间结合不牢而分层，导致楼地面空鼓和龟裂。再者，施工用原材料不合格，达不到要求。如水泥标号低，使用过期水泥，施工中砂粒过细，含泥量大，细石混凝土地面中石子张度不足，风地岩颗多等因素均能导致地面面层张度不够，而出现地面面层发生起砂、龟裂等现象。施工中不按工艺标准施工，亦将给地面工程造成后患。如抹压时间掌握不准，抹压不实、压光时间过早容易使地面存留抹痕，过迟则又会因水泥砂浆已凝固而压不动或压不出光泽。

3. 产品保护不善的影响

产品保护同样是楼地面工程施工很重要的一个环节。浇水过早，降低地面水泥表层张度，影响表面光洁度，产生起砂现象。浇水养护过迟，则会使水泥砂浆表面面层严重失水，同样降低表面张度，形成龟裂现象。在具体施工中，常常有急于抢工期而不注意产品保护的现象，不等地面面层达到一定强度就急于上人、上车进行下道工序的施工，从而造成对产品的破坏，致使楼地面粗糙，起砂失去光洁度。

施工质量的控制：

1. 施工的准备

(1) 材料及主要机具的准备：水泥应采用硅酸盐水泥、普通硅酸盐水泥，其标号不应小于425号，并严禁混用不同品种、不同标号的水泥；应采用中砂或粗砂，过8mm孔径筛子，含泥量不应大于3%；主要机具：搅拌机、手推车、木刮杠、木抹子、铁抹子、劈缝溜子、喷壶、铁锹、小水桶、长把刷子、扫帚、钢丝刷、粉线包、錾子、锤子。

(2) 作业条件准备：地面(或楼面)的垫层以及预埋在地面内各种管线已做完。穿过楼面的竖管已安装完，管洞已堵塞密实。有地漏房间应找好泛水，墙面的水平标高线已弹在四周墙上，墙、顶抹灰已做完，屋面防水做完。

2. 施工的操作过程

(1) 基层处理：先将基层上的灰尘扫掉，用钢丝刷和錾子刷净、剔掉灰浆皮和灰渣层，用10%的火碱水溶液刷掉基层上的油污，并用清水及时将碱液冲净。

(2) 洒水湿润：用喷壶将地面基层均匀洒水一遍。

(3) 抹灰饼和标筋(或称冲筋)：根据房间内四周墙上弹的面层标高水平线，确定面层抹灰厚度(不应小于20mm)，然后拉水平线开始抹灰饼(5cm×5cm)，横竖间距为1.5~2.0m，灰饼上平面即为地面面层标高。如果房间较大，为保证整体面层平整度，还需抹标筋(或称冲筋)，将水泥砂浆铺在灰饼之间，宽度与灰饼宽相同，用木抹子拍抹成与灰饼上表面相平一致。铺抹灰饼和标筋的砂浆材料配合比均与抹地面的砂浆相同。

(4) 搅拌砂浆：水泥砂浆的体积比宜为1:2(水泥:砂)，其调度不应大于35mm，强度等级不小于M15。为了控制加水量，应使用搅拌机搅拌均匀，颜色一致。

(5) 刷水泥浆结合层：在铺设水泥砂浆之前，应涂刷水泥浆一层，其水灰比为0.4~0.5(涂刷之前要将抹灰饼的余灰清扫干净，再洒水湿润)，不要涂刷面积过大，随刷随铺面层砂浆。

(6) 铺水泥砂浆面层：涂刷水泥浆之后紧跟着铺水泥砂浆，在灰饼之间(或标筋之间)将砂浆铺均匀，然后用木刮杠按灰饼(或标筋)高度刮平。铺砂浆时如果灰饼(或标筋)已硬化，木刮杠刮平后，同时将利用过的灰饼(或标筋)敲掉，并用砂浆填平。

（7）木抹子搓平：木刮杠刮平后，立即用木抹子搓平，从内向外退着操作，并随时用 2m 靠尺检查其平整度。

（8）铁抹子压第一遍：木抹子抹平后，立即用铁抹子压第一遍，直到出浆为止。如果砂浆过稀表面有泌水现象时，可均匀撒一遍干水泥和砂（1∶1）的拌合料（砂子要过 3mm 筛），再用木抹子用力抹压，使干拌料与砂浆紧密结合为一体，吸水后用铁抹子压平。如有分格要求的地面，在面层上弹分格线，用劈缝溜子开缝，再用溜子将分缝内压至平、直、光。上述操作均在水泥砂浆初凝之前完成。

（9）第二遍压光：面层砂浆初凝后，人踩上去有脚印但不下陷时，用铁抹子压第二遍，边抹压边把坑凹处填平，要求不漏压，表面压平、压光。有分格的地面压过后，应用溜子溜压，做到缝边光直、缝隙清晰、缝内光滑顺直。

（10）第三遍压光：在水泥砂浆终凝前进行第三遍压光（人踩上去稍有脚印），铁抹子抹上去不再有抹纹时，用铁抹子把第二遍抹压时留下的全部抹纹压平、压实、压光（必须在终凝前完成）。

（11）养护：地面压光完工后 24h，铺锯末或其他材料覆盖洒水养护，保持湿润，养护时间不少于 7d。当抗压强度达 5MPa 才能上人。

3. 施工中需注意的问题

（1）防止空鼓、裂缝需注意的问题

① 基层清理不彻底、不认真：在抹水泥砂浆之前必须将基层上的粘结物、灰尘、油污彻底处理干净，并认真进行清洗湿润。这是保证面层与基层结合牢固、防止空鼓裂缝的一道关键性工序。如果不仔细认真清除，使面层与基层之间形成一层隔离层，致使上下结合不牢，就会造成面层空鼓裂缝。

② 涂刷水泥浆结合层不符合要求：在已处理洁净的基层上刷一遍水泥浆，目的是要增强面层与基层的粘结力，因此这是一项重要的工序。涂刷水泥浆调度要适宜（一般 0.4～0.5 的水灰比），涂刷时要均匀不得漏刷，面积不要过大，砂浆铺多少刷多少。但往往是先涂刷一大片，而铺砂浆速度较慢，已刷上去的水泥浆很快干燥，这样不但不起粘结作用，相反起到隔离作用。

③ 一定要用刷子涂刷已拌好的水泥浆，不能采用干撒水泥面后，再浇水用扫帚来回扫的办法。由于浇水不匀，水泥浆干稀不匀，也影响面层与基层的粘结质量。

④ 在预制混凝土楼板上及首层暖气沟盖上做水泥砂浆面层也易产生空鼓、裂缝，预制板的横、竖缝必须按结构设计要求用 C20 细石混凝土填塞振捣、密实，由于预制楼板安装完之后，上表面标高不能完全平整一致，高差较大，铺设水泥砂浆时厚薄不均，容易产生裂缝，因此一般是采用细石混凝土面层。

⑤ 首层暖气沟盖板与地面混凝土垫层之间由于沉降不匀，也易造成此处裂缝，因此要采取防裂措施。

（2）地面起砂的预防

① 水泥硬化初期，在水中或潮湿环境中养护，能使水泥颗粒充分水化，提高水泥砂浆面层强度。如果在养护时间短、强度很低的情况下，过早上人使用，就会对刚刚硬化的表面层造成损伤和破坏，致使面层起砂、出现麻坑。因此，水泥地面完工后，养护工作的好坏对地面质量的影响很大，必须要重视。当面层抗压强度达 5MPa 时，才能上人操作。

② 使用过期、标号不够的水泥、水泥砂浆搅拌不均匀、操作过程中抹压遍数不够等，都会造成起砂现象，因此应注意水泥材料的质量控制。

③ 冬期施工的水泥砂浆地面操作环境如低于＋5℃时，应采取必要的防寒保暖措施，严格防止发生冻害。尤其是早期受冻，会使面层强度降低，造成起砂、裂缝等质量事故。

7.2　楼梯踏步阳角质量通病及防治

在工程项目检查和验收过程中，发现不少楼梯踏步阳角未交付使用就缺棱掉角，有的施工企业虽进行了修补也不美观、牢固，影响了观感质量验收。

现象：楼梯踏步有高有低，踏步与休息平台间不平，梯段坡度不准确，阳角破损、掉角。如图 7.4 所示。

原因分析[13-16]：

1. 踏步尺寸问题原因

（1）结构施工阶段因模板尺寸不准造成踏步的高、宽尺寸偏差较大，粉刷面层又未认真弹线操作而是随高就低地进行抹面。

（2）粉刷面层时，虽弹了线，且踏步阳角都跟上斜坡线，但未注意将高、宽等分一致。

图 7.4　楼梯踏步阳角破损

（3）由于底模横向水平误差较大，形成踏步模板不平，又由于抹面时未认真找平所致。

（4）安装预制平台板的高度或位置尺寸偏差较大，安装固定长度的梯段改变了设计坡度。

2. 阳角破损原因

（1）踏步阳角 90°尖角。用水泥砂浆将踏步作成 90°尖角，乍一看线条笔直，简洁明了，无可非议。时间一长便出现豆粒大小的掉角现象，其形状和锯齿相似，直接影响楼梯整体形象。

(2) 用素水泥砂浆罩面。抹楼梯踏步本应用 1∶2 的水泥砂浆抹平，利用原浆压光。可有些人为了省时、省力，用素水泥浆罩面压光，从表面上看的确光可鉴人、无与伦比。但待水泥浆失去水分凝固后则一碰即掉、一磕即脱。因此，切不可用素水泥浆罩面。

(3) 抹踏步工序颠倒。用水泥砂浆抹楼梯踏步操作时应先抹立面，后抹平面，使平、立面的接缝处在水平方向，并将接槎缝压紧、压密，就不会出现踏步阳角裂缝、剥落现象。

防治措施：

1. 踏步尺寸问题防治措施

(1) 加强梯段在结构施工阶段的检查工作，使各踏步的高度及宽度尽可能一致，偏差应控制在 2mm 以内。

(2) 为确保抹灰后踏步的位置正确和宽、高尺寸正确，抹踏步面层前，应根据平台标高和楼面标高，先在侧面墙上弹上一道标准斜坡线。然后，根据踏步步数将斜线等分，斜线上的等分点即为踏步阳角。按此规矩，抹前先凿，再抹灰罩面，尺寸偏差不超过 5mm。

(3) 对于不靠墙的独立楼梯，如无法弹线，可在抹面前在楼梯两边侧上下拉线进行抹面操作，必要时可作出样板，以确保踏步高、宽尺寸一致。

(4) 底模支好后，必须有复核尺寸的程序，其中必须核对底模的横向水平，若超出允许偏差±5mm，必须调整合格，以保证踏步面长向的水平。

(5) 安装平台后，须即时复核平面位置和标高尺寸，超出允许偏差位置（水平为 10mm，标高±5mm）立即调整，以保证梯段坡度的准确。

2. 水泥砂浆面层楼梯踏步掉角的防治

(1) 若楼梯间为砖砌墙体时，可先制作一钢筋骨架。做找平层前，在楼梯间墙上打一比钢筋直径略大的孔（打孔时注意预留抹面层厚度），将钢筋骨架插入孔中，周围用水泥砂浆固定牢固，然后再做找平层和面层。做面层时，注意使面层和直径为 10mm 的钢筋抹平，即直径为 10mm 钢筋外露四分之一，其余钢筋不外露，外露钢筋不需作防锈处理。

(2) 若楼梯间为其他墙体时，墙体不便打孔，做找平层前，将钢筋骨架靠楼梯井一端与楼梯栏杆预埋件焊牢，其他操作同方法一。

(3) 若楼梯间为其他墙体，墙体不便打孔，楼梯踏步不是每个踏步都设有栏杆预埋件时，焊接钢筋骨架时应使角度略小于 90°。便于钢筋骨架牢靠地贴在踏步上，其余作法同方法一。

3. 水泥砂浆楼梯踏步阳角破损的预防措施

(1) 踏步用 1∶2 的水泥砂浆打底压实并抹平，待 24h 后（或第二天）水泥砂浆有一定的强度，人可踩上施工为宜。

（2）用铜条两直角边抹上掺有108胶水的纯水泥浆，嵌贴在踏步阳角处，两直角边上的椭圆形孔洞以挤出纯水泥浆为宜，2h后便可进行踏步抹面。

（3）水泥砂浆踏步不少于7d的合理养护。在铜条圆弧露出的部位用细砂轮一磨，踏步阳角更加光亮、美观。经过多项工程的施工，采取以上的预防措施，有效地解决了水泥砂浆楼梯踏步阳角破损的问题。

7.3　厨、卫地面渗漏水的防治

住宅工程与公共建筑工程中的厨房、厕浴间，面积小、设备管道多、形状复杂、施工困难，较易产生渗漏水。渗漏水包括楼地面渗漏、管道渗漏、卫生器具渗漏、及至相关部位墙面渗漏水，明显的滴漏，潮湿渗水，潮湿泛碱、起鼓、装饰层脱落等，它们直接影响建筑物的使用功能。这是当前建筑工程的主要质量通病之一，也是施工中较为难以解决和预防的通病。其形成有设计、施工、材质、施工管理和使用维护等方面的原因。旧房再装修越来越多，规模越来越大，对原有建筑破坏日渐增多，特别是厨房和卫生间，即使不装修，使用太久也会产生渗漏。在此，对其产生渗漏的原因和处理方法分析如下。

7.3.1　厨、卫地面渗漏水的质量控制

现象：渗漏水有楼地面渗漏、管道渗漏、卫生器具渗漏、及至相关部位墙面渗漏水，有明显的滴漏，有潮湿渗水，有潮湿泛碱、起鼓、装饰层脱落等，直接影响建筑物的使用功能。

产生的原因[17-20]：

1. 设计方面的原因

（1）楼地面无排水坡度要求或设计排水坡度过小。

（2）结构标高与设计标高不统一，形成楼地面高度反差，坡度满足不了排水要求。

（3）楼地面、墙裙及踢脚缺少防水层施工要求，或防水层施工要求不明确。

（4）地漏设置平面位置不便于施工或房间地面水流不合理，甚至有不设置地漏的现象。

（5）排水管道平面布置不合理，立管占位，横管弯曲，造成排水不畅，距离过长，管内污水积聚或滞留。

（6）楼地面结构层无防水要求，设计无阻水限制措施，无抗渗要求。

2. 施工方面的原因

建筑工程的施工，含有给排水管道安装工程施工和土建工程施工两部分。

（1）给排水安装施工方面的原因

①地漏、排水口、清扫口安装不妥，排水坡度过小或倒坡，导致管道内长期积水。

②上、下水管道，管件过楼板预留孔堵抹不当，管道套管出地面高度过短或无高度，堵抹处理粗糙，混凝土不密实，形成细微裂缝，遇有积水时造成渗漏。

③楼地面预留孔位置不准确，安装施工时再扩孔剔凿，导致过管孔壁处混凝土松裂，造成渗漏。

④大便器与冲洗管弯头处连接，用铅丝绑扎，锈蚀断裂或绑扎不牢造成渗漏。

⑤管道接口填充料不均匀，不密实，管道牙乱牙，丝扣不上紧，导致接口漏水。

（2）土建施工原因

①房间地面流水坡向单一，坡度高度不足，甚至出现返坡，形成地面积水。

②地漏标高控制错误，周围地面高于地漏，排水不畅，地面积水。

③楼地面穿越管线部位处理不细，管道洞口堵塞不密实，造成顺管线渗漏和洞口四周渗漏或滴淌。

④埋地立管底部不设支墩或支墩设置不牢，造成管道脱节和拉开缝隙渗漏水。

⑤选用卷材防水时，边角及转弯处处理不当，不饱满，坡度不够，箍接不牢，出现渗漏。

⑥墙面防水层高度不足，地面和墙面交接处缝隙处理不实，踢脚线、墙裙防水能力差，卫生瓷砖的墙裙，阴阳角不配套，缝口大，不密实，造成墙面潮湿或渗水。

⑦结构层施工不密实或预制板缝浇灌不密实，抗渗能力差。地面抹灰层不使用防水砂浆，不能有效地阻止结构层的渗漏。

⑧刚性防水层施工，工序减少，层次漏做或少做，抹压不均匀或工序间隔时间控制有误，造成空裂，防水效果不好。

3. 材料质量方面的原因

（1）管道存有砂眼，裂纹、管壁厚度不足或管壁薄厚不匀，或给水管、排水管混用。管材质量低劣。

（2）室内排水立管与横管连接使用正三通，立管与埋地排出管连接使用90°弯头。

（3）管道零件、卫生器具及配件等产品质量差，如水嘴内橡皮垫片磨损；水箱进水阀门及洁具失灵；闸门上阀盖无封垫、松动；卫生器具裂纹、结疤、砂眼等。

（4）管口填充材料和封闭胶等防水材料的技术性能差，失效或过期，或使用不当。

（5）胶皮腕有破损、裂纹，捆绑扎丝不符合要求，管件尺寸、规格不配套或材料质量不符合标准。

4. 使用维护方面的原因

（1）用户对卫生设备的使用方法和注意事项不了解，使用不当或不正确造成破损，如排水管道内乱丢杂物，堵塞管道，污水外溢。

（2）出现了"跑"、"冒"、"滴"、"漏"等问题，得不到及时维修，未及时清掏，因淤积造成管道破坏。

（3）房间内长期积水，得不到及时排除，管道堵塞得不到清理，管件及配件破损不能及时更换或维修。

厨房、卫生间渗漏水直接关系到千家万户，直接影响其使用功能，也危及到建筑物的结构安全。其形成的原因和因素是多方面的，需要综合治理。如加强设计图纸会审，材料质量控制，施工技术交底，人员素质培训，施工全过程的检查和验收方面进行控制和治理。

防治措施：

1. 严格把住材料设备质量关

（1）凡采购材料、设备，坚持质量标准和验收入库制度。材料设备出厂有产品合格证，材料进场应对照设计图纸和质量标准进行检查，严禁使用劣质管材、管件，给排水管材质量有缺陷的，一律不得用于工程。

（2）管道阀门做到先调试后使用，排水横管与立管、横管与横管连接使用45°弯头连接。与坐便器连接的存水弯应带检查门。管道和接口零件要配套使用，不得随意变更。

（3）防水材料必须有合格证和试验报告，实行"双控"。胶结材料按试验室配单进行配制，防水新产品要有法定单位的鉴定证明和出厂合格证。

2. 施工图纸设计应合理、科学

（1）设计人员应根据厨房、卫生间的具体情况，选择最佳平面布置，用水房间尽量集中。排水立管应设在靠近排水量最大处，尽量缩短横管和分支长度，不宜穿越或靠近与卧室相邻的内墙。

（2）设计中应明确管道的材质或对管道材料提出质量要求。

（3）管道设计标高与结构标高协调统一，准确无误，做到坡度符合规范要求，结构满足坡度要求。

（4）排水管道的设计计算，对管径、充满度、流速、坡度、控制在规范规定的范围内，各种管径的流量不得超出设计规范所规定的上限。

（5）厨房、卫生间的地坪及四周墙面采用防水砂浆抹面，平面范围及立面高度应明确标注。楼地面结构层现浇，四周墙体部位同现浇楼板一次浇筑，高于板面 180mm 素混凝土墙壁，使房间地坪形成混凝土水池状。

（6）钢筋混凝土现浇板采用高密度混凝土浇捣，混凝土强度等级不小于 C10，严格水灰比，一次浇捣成型，不允许留施工缝。

（7）施工单位开工前应认真看图纸，核对预留孔洞、预埋件位置、标高、坡度及其相互间位置和尺寸。发现问题及时与设计人员联系，做好图纸会审。

3. 严格按操作规程施工

（1）给水横管以 2‰～5‰ 的坡度坡向汇水装置，污水横管以 1‰～3.5‰ 的坡度设污水立管，严禁塌腰和倒坡。

（2）立管垂直安装，给排水管道尽量减少弯曲，减少水流阻力。管道一般距墙 2.5～3.5cm，管道交叉时，一般遵守小管让大管，无压管让有压管，支管让立管的原则。

（3）排水管检查口在最低层和有卫生设备的最高层必须设置中部隔层设置。竖行给水管层设置伸缩节，连接三个及以上卫生设备的排水管始端装清扫口。

（4）管道抱箍、吊环、卫生设备支托架埋设位置正确，平整牢固、间距合理，与管道或设备接触紧密。

（5）排水管承插接口按要求进行捻口，如设计无要求，应以麻丝填充，使用水泥或石棉水泥捻口，不得用一般水泥砂浆抹口。接口处要注意养护，24 小时内不准移动，管道在施工时应及时封堵管口，防止落入杂物堵塞管道。

（6）地漏安装前须认真检查其质量，特别是水封和排水扣腕高度，必须达到国家规定的 50～60mm 和 90～108mm，以防臭气上返和影响排水。

（7）蹲式大便器进水管口安装胶皮碗前，须检查胶皮碗与大便器进水管连接处是否有破漏，胶支腕用 14♯ 铜丝或不锈钢丝绑扎，分两道错开拧紧，试验有无渗漏水后，再进行下一道工序施工。

（8）大便器与存水弯的接口施工，先用油灰抹在承口内壁，将大便器找正位置后再插入存水弯承口内，将油灰挤紧，大便器固定牢固后，把挤出的油灰刮净、挤实、抹平，不得使用白灰砂浆和水泥砂浆抹口。

4. 土建工程施工须做好配合

（1）土建和安装施工人员，要统一核对预留洞、预埋件及孔洞的位置、标高及排水坡向，结合施工中的各种因素准确无误进行施工。

（2）每层楼地面施工时，均应弹出 +50 线，依此线控制垫层、防水层、饰面层的高度以及坡向地漏的坡度，给相关工序提供施工依据。

（3）卫生间、厨房楼地面施工前，先将结构层上杂物清除，冲洗干净，不留余水，用纯水泥浆均匀涂一遍，然后用 C20 细石混凝土做垫层并找平、找坡，找平时控制地漏顶标高，形成整个楼地面以地漏为最低点的斜平面。

（4）现浇混凝土楼地面使用硅酸盐水泥和普通硅酸盐水泥，水泥标号不得低于 425♯，骨料中采用粗砂，含泥量不得大于 2％。

（5）楼地面防水层施工，长平面部分可一次成活，墙面分两遍成活，每层厚度不大于 15mm，分层压实，阴阳角做成圆角。设计中如无墙主面防水要求，地面防水层应一次做到踢脚线。墙面及地面贴块材时，需用防水砂浆，防水层施工时气温不低于 5℃，凝固 12～24 小时覆盖草袋子或锯末进行洒水养护。

（6）抹面找坡以地漏及排水门为基准向周围找坡，施工中必须用 2 米长直尺刮平压紧，不得出现明显的不平顺，坡度不低于 2％，地漏边洞间外 50mm 处坡度为 3％～5％。

（7）房间地面满足排水坡度的同时，宜在墙根、管件根 200mm 范围内将地面高度提高 10mm。坡向地漏，避免积水。

（8）管件安装固定后，立管周围空隙根据大小不同分别处理。洞口小于 20mm 时用油麻或沥青麻丝塞严，再用 1：2 水泥砂浆填密实；洞口大于 20mm 时需在板底加托板用 1：1.5～2.0 干硬性砂浆捣灌密实，不论洞口大小、均仅需涂刷 1：0.5 素水泥浆一道。

（9）另凿的洞刷素水泥浆一道，然后用高于原标号一个等级的干硬性细石混凝土捣固密实，挤压出浆，或用高标号细石混凝土分两次灌实，第一次先浇灌板厚的 70％，养护数日待混凝土基本干后再浇灌上部，使上部灰浆灌满第一次的收缩缝。

改进建议和措施：

1. 设计改进

（1）《建筑地面工程施工质量验收规范》GB 50209—2002 中 4.10.8 条强制规范规定：厕浴间和有防水要求的建筑地面必须设置防水隔离层。楼层结构必须采用现浇混凝土或整体预制混凝土板，混凝土强度等级不应小于 C20。楼板四周除门洞外，应做混凝土翻边，其高度不应小于 120cm（本条应推广执行）。施工时结构层标高和预留洞部位应准确，严禁乱凿洞。打洞时必须要用钻孔机打洞，防止地板受振破坏混凝土原有结构。

（2）设计时改进卫生间布置方式，改为下沉式（卫生间降板）。传统卫生间板上留洞，管道下吊，不是预留洞口没堵好造成渗漏，就是管接口松脱滴水；不是混凝土板密实不够引起板底"冒汗"，就是面层防水层没有处理好，从四周边缝渗漏至下层，形成"水渍"。还有夏季管道冷凝水等问题，波及下一层邻近卧室，引起墙发霉。为此建议：在设计、施工时应选用下沉式卫生间，也就是把卫生底板下降 60～90mm，在结构板上做防水和垫层（如层高高于 2.8m 以上也可考虑降低 300mm，以不违反卫生间净高不低于 2.2m 的要求）。把卫生洁具管道布置在下沉的垫层里，结构板上垫层为 60mm，选用耐腐蚀、不结垢、重量轻的管材。

敷设在结构板上的垫层，在管道上铺设一层钢丝网，且超过管道两边各 50mm，然后做垫层，并在垫层上沿管道的走向做标记，标明管道位置，便于维修。今后维修（除管道以外，主管一般故障较少）就不会影响下层住户的正常生活，给物业管理也带来方便。另外，还有平板上敷式和隐蔽卫生间洁具式等。尤其在最近《住宅设计规范》中已提出："住宅污水、排水横管宜设入本层套内，当必须敷设于下一层的套内空间时，其清扫口应设于本层，并应进行夏季管道外壁结露验算，采取相应的防止结露的措施。"在《建筑给水、排水设计规范》GBJ 15—2000 中也写明"住宅卫生间、厨房卫生器具排水管道不宜穿入楼板进入他户"，对卫生间的设计提出一个"以人为本"的基本要求，以创造更适合人们居住的条件和环境。

2. 施工管理严格

推行工作表制度：谁施工谁签字，施工人负责维修，便于检查，是日后原因分析、落实责任的有效依据。

3. 防水材料选用

（1）对预埋管件，应除锈并在管外边先涂抹高标号混凝土一层，再嵌一层快凝砂浆（水泥：砂＝1：1 和水：促凝剂＝1：1），留一点空间用干硬性水泥捣固。干硬性水泥捣固后，上层再用水泥浆抹平。

（2）一般选用大面积涂刷防水涂料。

（3）增补胎体选用。通过设计改进，材料合理使用，加强管理以及细部做法严格施工，卫生间地面防渗漏问题一定能得到解决，搞优质方案，创优质工程。

7.3.2　厨卫局部位置漏水的防治措施

目前，各种公用建筑和住宅建筑的卫生间大都用水频繁，渗漏时常发生，是对建筑质量及工程回访时反映最为强烈的方面之一，特别是随着人们物质文化生活水平的不断提高，中高档装修已开始普遍被人们接受，一旦渗漏，不仅使已装修完的卫生间受到损坏，更无法使房间格调一致，甚至波及临近房间的地面与墙面装饰效果。解决好渗漏问题，除了设计采取措施外，主要是施工中采取妥善措施。卫生间渗漏归纳起来主要发生在楼板渗漏、管道渗漏、墙面渗水三个方面，不但影响客户使用，严重的还会损坏建筑物，现将厨卫局部位置漏水的防治措施总结如下[21-23]：

1. 沿穿过楼板管道渗漏

现象：在厨房、卫生间内，由于上下水管、暖气管、地漏等管道较多，大都要穿过楼板，各种管道受温度变动、振动等影响，在管道与楼板接触面上就会产生裂缝。当厨房、卫生间清洗地面、地面积水或水管跑水以及盥洗用水时均会使地面上的水沿管道根部流到下层房间中，尤其是安装淋浴器的卫生间，渗漏更为严重。如图 7.5 所示。

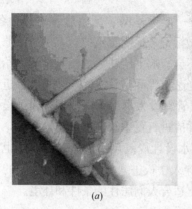

(a)　　　　　　　　　　　　　　　(b)

图 7.5　楼板管道渗漏

产生原因：

(1) 厨房、卫生间的管道常因预留孔洞不合适，安装施工时随便开凿，安装完管道后，又没有用混凝土认真填补密实，形成渗水通道。地面稍一有水，就首先从这个薄弱环节渗漏。

(2) 暖气立管、热水立管在通过楼板处没有设置套管，当管子因冷热变化、胀缩变形时，管壁就与楼板混凝土脱开、开裂，形成渗水通道。

(3) 穿过楼板的管道受到振动影响，也会使管壁与混凝土脱开，出现裂缝，导致渗漏。

处理方法：

(1) "堵漏灵" 嵌填法

先在渗漏的管道根部周围混凝土楼板上用凿子剔凿一道深 20～30mm、宽 20mm 的凹槽，清除槽内浮渣，并用水清洗干净。在潮湿条件下，用 03 型堵漏灵嵌填入槽内砸实，再用砂浆抹平。

(2) 涂膜堵漏法

将渗漏的管道根部楼板面清理干净，涂刷合成高分子防水涂料，并粘贴胎体增强材料。

2. 沿墙根部渗漏

现象：厨房、卫生间墙的四周与地面交接处，是防水的薄弱环节，最易在此处出现渗漏。常因上层室内的地面积水由墙根裂缝流入下层厨房、卫生间，而在下层顶板及四周墙体上出现渗漏。如图 7.6 所示。

原因分析：

图 7.6　墙根部渗漏

（1）一些采用空心板等梁式板做楼板结构的房间，在长期荷载作用下，楼板出现曲挠变形，使板侧与立墙交接处出现裂缝，室内积水沿裂缝流入下层造成渗漏。

（2）楼地面坡度不合适，或者地漏高出楼地面，使室内地面上的水排不出去，致使墙根部位经常积水。在毛细管作用下，水由踢脚、板、墙裙上的微小裂纹中进入墙体，墙体逐渐吸水饱和，造成渗漏。

处理方法：

（1）"堵漏灵"嵌填法

沿渗水部位的楼板和墙面交接处，用凿子凿出一条截面为倒梯形或矩形的沟槽，深 20mm 左右，宽 10～20mm，清除槽内浮渣，并用水清洗干净后，将 03 型堵漏灵嵌填入槽内，再用浆料抹平。

（2）贴缝法

如墙根裂缝较小，渗水不严重时，可采用贴缝法进行处理。具体处理方法是在裂缝部位涂刷防水涂料，并粘贴胎体增强材料将缝隙密封。

（3）地面填补法

用于厨房、卫生间楼板地面向地漏方向倒坡或地漏边沿高出地面，积水不能沿地面流入地漏。处理时最好将原地面拆除，并找好坡度重新铺抹。如倒坡轻微，地漏高出地面的高度也较小时，可在原有地面上找好坡度，加铺砂浆和铺贴地面材料，使地面水能流入地漏中。

3. 楼地面渗漏

现象：在厨房、卫生间清洗楼板或楼板上有积水时，水渗到楼板下面，对下层房间造成渗漏。尤其是在安装有淋浴设备的卫生间，因地面水较多，积水沿楼板面上的缝隙渗入下层室内，造成渗漏。如图 7.7 所示。

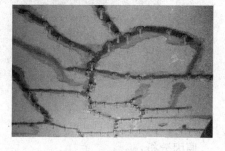

图 7.7　楼地面渗漏

原因分析：

（1）修建时混凝土、砂浆面层施工质量不好，内部不密实，有微孔，成为渗水通道。水在自重压力下顺这些通道渗入楼板，造成渗漏。

（2）楼板板面裂纹。如现浇混凝土出现干缩，预制空心板在长期荷载作用下发生挠曲变形，在两块板拼缝处出现裂纹。

（3）卫生间楼面地面未做防水层或防水层质量不好，局部损坏。

处理方法：

（1）填缝处理法

对于楼板上有显著的裂缝时，宜用填缝处理法。处理时先沿裂缝位置进行扩缝，凿出 15mm×15mm 的凹槽，清除浮渣，用水冲洗干净，刮填"确保时"防水材料或其他无机盐类防水堵漏材料。

（2）厨房、卫生间大面积地面渗漏处理法

可以先拆除地面的面砖，暴露漏水部位，然后重新涂刷防水涂料，除"确保时"涂料及聚氨醋防水涂料外。通常都要加铺胎体增强材料进行修补，等到防水层全部做完，经试水不渗漏后，再在上面贴地面饰面材料。

（3）表面处理法

厨房、卫生间渗漏，可不拆除贴面材料，直接在其表面刮涂透明或彩色聚氨醋防水涂料，进行表面处理。

4. 卫生洁具渗漏

现象：在卫生间中使用的卫生洁具及反水弯等管道，由于材料质量低劣或安装操作马虎，在卫生洁具或反水弯下部出现污水渗漏，影响正常使用。如图 7.8 所示。

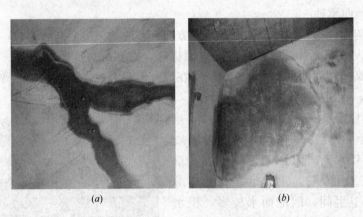

（a）　　　　　　　　　　　　　　（b）

图 7.8　卫生洁具的渗漏

原因分析：

（1）使用材料不合格。

（2）安装前未清洗干净。

（3）下水管道接头打口不严密。

（4）大便器与冲洗管、存水管、排水管接口安装时未填塞油麻丝，缝口灰嵌填不密实，不养护，使接口有缝隙，成为渗水通道。

（5）横管拉口下部环状间隙过小，容易发生滴漏。

（6）大便器与冲洗管用胶皮碗绑扎连接时，未用铜丝而用铁丝绑扎。年久后铁丝锈蚀断开，污水沿皮碗接口处流出，造成渗漏。

处理方法：

（1）重新更换法

当渗漏纯属管材与卫生洁具本身的质量问题，拆除、重新更换质量合格的材料。

（2）接头封闭法

对于非承压的下水管道因接口质量不好而渗漏时，可沿缝口凿出深 10mm 的缝口，然后将自黏性密封胶等防水密封材料嵌填入接头缝隙中，进行密封处理。PVC 管可补粘或外贴补粘。

（3）如属大便器的皮碗接头绑扎铁丝锈断，可将其凿开后，重新用 14 号铜丝绑扎两道。试水无渗漏后，再行填料封闭。

5. 卫生间墙体及地面大面积潮湿

现象：在空气湿度较大的地区，卫生间的湿度较大。尤其是有淋浴设备时，在卫生间墙面、地面（以及下一层的预制板）上会出现大面积潮湿现象。如图 7.9 所示。

原因分析：

在进行淋浴时，水和水蒸气很多，房间又是封闭的，水蒸气等一时不能及时排出，逐渐被地面和墙体吸收，使其逐渐饱和而出现大面积的潮湿。

图 7.9　卫生间墙体及地面大面积潮湿

处理方法：

出现楼板、墙体大面积浸湿，应首先查清浸湿的原因。如系楼板裂缝、墙根渗漏等原因所造成，则应按以上方法进行处理；如其他方面均无问题，只是单纯湿度过大、毛细管渗水造成的渗漏，可用以下方法进行处理。

（1）配制Ⅰ、Ⅱ号浆料。Ⅰ号浆料配比为 02 型堵漏灵：水＝1∶0.7～0.8，搅拌均匀，静置 30min 后即可使用；Ⅱ号浆料配比为 02 型堵漏灵：水＝1∶0.8～1，搅拌均匀，静置 30min 后即可使用。处理时用Ⅰ号浆料和Ⅱ号浆料在墙面或地面上刮压或涂刷两层（Ⅰ号一层，Ⅱ号一层）每层 3～5 遍，待每层做完有硬感时，用水养护，以免裂缝。

（2）墙及地面有大面积缓慢出水时，可先用 03 型堵漏浆料：水＝1∶0.3～0.4 配制，搅拌均匀，静置 20min 后使用。操作时先刮涂一遍止水，再用 02 型堵漏灵刮涂，即可使墙面、地面干燥。

7.4　屋面渗漏水的防治

屋面是房屋建筑的重要组成部分，屋面渗漏直接影响房屋使用功能。几十年来屋面从刚性防水到柔性防水，发展到今天，已有几代的防水材料和防水方法，但仍未彻底解决屋面渗漏问题。有的工程竣工不到一年就出现渗漏，更有甚者还未竣工屋面就有裂缝，须进行补救处理后才能交付竣工验收，这成为建筑工程的主要质量通病之一。屋面渗漏与屋面所用的防水材料和施工操作方法有直接关系。此外，防水质量亦与建筑设计有关，设计不合理，也会影响到屋面防水的耐久性和材料性能的充分发挥。因此，有的人提到："设计是前提，材料是基础，施工是关键"不无道理。下面就对屋面防水工程渗漏和防治进行阐述[24-31]。

(a)

现象（如图 7.10 所示）：

（1）屋面泛水，女儿墙根部裂缝渗漏，上人屋面楼梯间外墙与屋面交接处渗漏。

（2）高低跨相邻处与变形缝防水层渗漏。

（3）预制屋面板缝嵌缝开裂引起防水层裂缝渗漏。

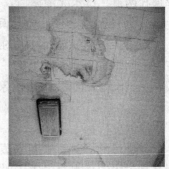
(b)

（4）伸出屋面的烟囱、管道根部、雨水管口渗漏。

屋面渗漏水的主要原因：

1. 混凝土裂缝

（1）由温差引起的变形裂缝。屋面板在使用过程中，由于受到大气温度、太阳辐射、风、雨、雪以及室内热源作用等影响，引起混凝土热胀冷缩，产生温度裂缝。特别是骤冷骤热时，更加严重。

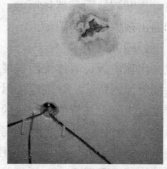
(c)

（2）结构变形引起的裂缝。建筑物在长期使用中，地基的不均匀沉降，结构支座的角变、找平层的裂缝、不同建筑材料的收缩差异、吊车的频繁振动等，都能引起结构的裂缝。

（3）混凝土硬化过程中的收缩，形成裂缝。混凝土施工所需要的掺水量大大超过水泥水化所需要的用水量，多余水的蒸发造成混凝土或砂浆收缩而引起收缩裂缝。

(d)

图 7.10　屋面渗漏

（4）施工裂缝。施工时混凝土振捣不密实，面层压光不好以及早期干燥脱水，后期养护不当，都会产生施工裂缝。

2. 设计、施工方面的原因

（1）由于屋面防水设计方案不当，如屋面坡度过小，防水层未设分隔缝或分隔缝设置不合理，卷材防水未考虑排气措施等。另外，荷载计算错误，防水材料选择不当等，均可引起屋面渗漏。

（2）屋面防水施工没有严格按操作规程及设计要求精心施工，局部防水措施不当。如山墙、女儿墙、檐口、天沟、屋面板缝、烟囱或雨水管穿过防水层处，施工时未采取严密的防范措施而导致屋面渗漏。屋面落水洞口和出屋面立管根部未修补密实。

3. 防水材料质量的缺陷

由于一些防水材料没有达到国家规定的质量标准，基层裂缝导致防水卷材的零延伸而破坏；由于没有按照当地气温等条件选用防水材料，防水层在低温时脆裂破坏，最终导致屋面渗漏。

4. 年久老化，油毡开裂，发生渗漏。

防治措施：

1. 避免引起结构裂缝

（1）尽量避免使用 L 型异形板，对 L 型异形板应加设小梁，使之成为矩形、四边形等比较规则的形状。由于刀把形等异形板块拐角处应力比较复杂，如配筋不当，容易出现裂缝。

（2）屋面板的厚度，应不小于 $L/(30\sim35)$（L 为单向板跨度或双向板短向跨度）。一般屋面板厚度宜不小于 120mm。

（3）适当提高配筋率，应不小于 $0.20\%\sim0.25\%$。

（4）钢筋间距不应大于 150mm。

（5）受力钢筋宜采用Ⅱ级钢筋，而不宜采用Ⅰ级钢筋。因为Ⅰ级光圆钢筋与混凝土的握裹力不及Ⅱ级变形钢筋。当受力钢筋直径不小于 10mm 时，更应采用Ⅱ级钢筋。

（6）双向板周边支座为墙、梁、圈梁时，支座弯矩宜按四边嵌固板计算。负弯矩钢筋按四边嵌固板计算，正弯矩钢筋将弯矩增大 $1.2\sim1.5$ 倍配筋。

（7）屋面板应采用双层双向配筋。

（8）板块不能太大，不宜大于 4500mm×6000mm，否则应设置梁予以分割。

（9）对跨度较大的板块，应进行挠度验算。

（10）在阳角、阴角板块及较大板块的四角部位板上、下侧增设与对角线平行的 $\Phi8\sim\Phi10@100$ 钢筋，其范围为 $L/(4\sim3)$（L 为板短向计算跨度），以防止屋面板四角部位出现 45°裂缝。

2. 在建筑设计中要重视屋面节点的处理

（1）严格遵照《屋面工程质量验收规范》GB 50207—2002 对建筑物防水等级规定的设防要求选用防水材料，必须由有防水设计经验的人员承担，并应根据工程特点、地区自然条件等进行防水构造设计。

（2）重视屋面构造，使各层面的构造合理。如处理好保温层与防水层的关系，保温层采用憎水或吸水率低的材料等。设计人员特别要掌握和处理好细部构造，如檐口、女儿墙、泛水、穿过防水层管道周边、内排水的漏斗等部位的处理。采用高分子片材或高聚物改性沥青卷材做防水层时，应增铺防水涂膜增强层。

（3）防水，首先要做好排水。因此，要搞好屋面和各部位的坡度，尤其是天沟、排水口的坡度。

（4）檐口。防水层收头压入槽内钉牢，用密封材料封固，水泥砂浆抹压。钉子四周用嵌缝膏密封，外露部分压入保护层内起固定保护层作用。

（5）泛水。泛水做法大多在收头处留凹槽，将收头压入凹槽，金属压条钉压，再用密封材料将端头封固，最后用水泥砂浆抹压。

（6）穿过防水层管道。在管道与基层交接处预留 20mm×20mm 槽，填入性能较好的密封材料。管道周围找平层应按要求放坡，防水层和管道绑扎牢固后需用密封材料封口。

（7）阴阳角、屋脊、天沟。对于阴阳角处基层需用水泥砂浆做成圆角或倒角，以利于铺贴防水层。对于阴阳角、屋脊、天沟等复杂节点部位，可采用密封材料涂 2mm 厚或采用高分子卷材作为附加层，也可采用涂膜防水打底。

（8）在大坡度基层上施工时，为防止防水层和保护层在重力作用下滑移，需采用机械固定措施。在防水层施工完毕后采用带压条或垫片的钉子固定，钉距视坡度大小而定，一般为 0.5～1.0m。构造为外露式防水钉时，钉子可露出防水层 8～10mm，四周用密封材料密封，外露部分浇入保护层内，也可采取在保护层内加钢丝网片、钢筋弯勾锚固的方法固定。

3. 选择合适的防水材料

防水工程质量的优劣，防水寿命的长短取决于防水材料本身的质量。如果某地区冬季的最低温度是－18℃，却选择耐低温－15℃，甚至－10℃、－5℃、0℃的防水材料去应付，一旦有变形应力产生，防水层就会逐渐开裂而失去防水功能。目前，国内中西部、中北部地区屋面工程防水材料选用 SBS 卷材最多，该卷材执行《弹性体改性沥青防水卷材》GB 18242—2008 标准，属于弹性体改性沥青防水卷材，低温柔性有－20℃和－25℃两种。通过对北方地区生产企业的调查显示，实际销售量较大的防水卷材是非国标产品，国标产品销量占总销量不到10%。有些厂家的库存现货甚至根本没有国标产品，购买者必须提前预订才安排生产。为什么会出现这种怪现象？毫无疑问，主要还是价格因素在作怪。在激烈的市场竞争中，很大一部分施工单位为了降低工程成本，不惜以牺牲防水工程质量和寿命为代价，认为只要能交工就行，以后工程出现渗漏大不了再维修，不去考虑一旦渗漏所造成的严重后果。因此就狠命压价，防水施工单位迫不得已，不得不靠采用低价位劣质材料进行施工才勉强保住微薄的利润空间。还有一种现象是：屋面防水工程整个做下来就用一种主材料 SBS 卷材来承担防水任务，刨开节点部位发现根本找不到密封膏和涂膜防水材料等辅助防水材料的施工迹象。有些工程甚至连底油界面剂也不用。可想而知，一旦卷材屋面稍稍有一点施工纰漏或意外破损，漏水钻到卷材下面，就会很容易通过某个节点空隙发生渗漏。如果到屋面去查找渗漏源，卷材表面整整齐齐，根本不知道从哪里下手。

对于防水材料应注意如下问题：

（1）上人屋面或倒置式屋面。由于在防水层上还要做贴铺地砖等处理，对防水层有保护作用，防水层不直接暴露在外，提高了防水层的使用寿命。因此可选用耐紫外光老化性稍差但延伸性、不透水性好的材料，如 SBS、APP 卷材、高聚物防水涂料和聚氨酯防水涂料等。

（2）非上人屋面。防水层可直接暴露，可选用彩砂、矿物粒料或铝箔覆面的卷材，防水层表面可不作保护层。

（3）种植屋面。对土层下的防水层除要求防水性好之外，还需要耐腐蚀性好、耐穿刺，能防止植物根茎的穿透。

（4）有振动的工业厂房屋面。对大型预制混凝土屋面，除设计结构的考虑外，首先要选用延伸性好的材料，如厚度为 1.5mm 以上的高分子防水片材或 4mm 厚高聚物改性沥青防水卷材（聚酯胎），不宜选用延伸性能差的卷材。

4. 精心施工，加强防水施工管理

首先，《屋面工程质量验收规范》GB 50207—2002 明确规定：屋面工程的防水层应由资质审查合格的防水专业队伍进行施工，作业人员应持有当地建设行政主管部门颁发的上岗证。但通过对多家建筑工地的调查，发现进入施工现场80％的施工队是借用的防水资质。分析其原因，主要是由于大部分防水工程标的小、工期短、工程不连续、现场管理混乱。大规模的专业防水施工单位不积极介入，而小规模的施工单位没有固定的专业施工人员，往往是接到工程后临时招募施工人员，造成大量施工技术不熟练的新手上岗，无法保证施工队伍素质，这就必然做不出高质量的防水工程。

其次，防水最关键的施工重点在一些特殊部位，比如出屋面的排气管口、穿楼板管道、水落口、转角、收头等。正是由于施工队伍不专业，不知道重视这些部位，不严格按照要求进行处理。设计往往是只提供所用材料及所用图集做法，没有提供详细的节点图，正好给这些本就想偷工减料的非专业施工单位可乘之机。通过对大量已渗漏的屋面工程进行现场解剖查验，发现水落口部位、墙角部位、穿楼板排汽管道周围根本没有按照《屋面工程技术规范》GB 50345—2004中细部节点配合涂膜防水材料进行处理的作业方法进行施工，而是全部用卷材做的附加层，从而留下了渗漏隐患。

再者，由于黏土砖已经限制使用，屋面女儿墙设计使用空心砌块或者空心砖，也是造成屋面渗漏的一个原因。由于屋面防水一般做到屋面上翻 25～30cm，此高度以上墙面一旦开裂，雨水就会很容易通过裂缝渗入空心砖、空心砌块，也就同样会很顺畅地向下流入防水层造成屋顶渗漏。

具体防水工程施工技术如下：

(1) 对天沟、女儿墙、进排风口根部阴角、采光窗、楼侧边阴角等节点部位，做卷材条铺贴须加强处理，然后进行满铺。高聚物改性沥青防水卷材铺贴要求基层干燥平整，无浮尘，铺贴要平整，无鼓泡、折皱、翘边张口，封口要严密。搭接缝要错开 1/3 幅以上，搭接边长为：长边≥150mm，短边≥100mm。APP 沥青卷材在基层无凹头部位用铁皮条钉压后用 PVC 油膏封口。

(2) 屋面防水施工时，应先做好节点、附加层和屋面排水比较集中部位的处理，然后由屋面最低标高处向上施工。

(3) 对突出屋面上的结构和管道根部等细部节点应做圆弧、圆锥台或方锥台，并宜用 C20 细石混凝土制成，利于粘实粘牢，避免节点部位卷材铺贴折裂。

(4) 采用热熔满粘法施工。平行屋脊的搭接缝应顺流水方向搭接。

(5) 在保温层及找平层内部设置排气道。排气孔可设在檐口下或屋面排气道的交叉处。排气道间距宜为 6m，纵横设置，屋面工程每 $36m^2$ 时设置一个排气孔，排气孔应做防水处理。分格缝兼作排气道时，分格缝下保温层或找坡层应用大粒径大孔洞炉渣处理，并纵横连通，不得堵塞。铺防水层时，应避免各种胶粘物流入。

(6) 用石油沥青铺贴底层卷材时，应采用条粘法或点粘法。而其余各层卷材则需采用满粘法铺贴。这种"底层卷材脱开，面层卷材密贴"的方法，可以减少卷材防水层的起鼓，同时也可以抑制卷材开裂。

(7) 立面卷材收头的端部应裁齐，压入预留凹槽内，并用压条或垫片钉压固定。钉距均匀，最大钉距≤900mm，然后用密封材料将凹槽封严。

(8) 高聚物改性沥青防水，严禁在雨天、雪天施工。气温低于 0℃时不宜施工，热熔法施工时气温也不宜低于－10℃。

(9) 女儿墙、砖烟道、水箱间墙体的根部先铺节点附加层，附加层在屋面上的宽度≥250mm，贴在墙根立面上的高度≥250mm，再用屋面卷材层覆盖，收头高度≥250mm，收头裁割平直，并用压条钉压。钉距均匀并≤900mm。

渗漏的治理：

屋面工程渗漏水的治理原则应从屋顶上面处理。根据多年的现场经验，室内的渗漏处理效果不是很理想，不能从源头上解决问题。因为屋面卷材防水层极易空鼓，卷材下面自然就形成互相连通的蹿水通道，渗漏的水不论从哪一处破损的漏水口进入到卷材下面，都会四处流窜，造成多处渗漏点。如堵住一个地方，防水层下的水还会从其他地方渗漏。

对于非上人屋面，防水层裸露在外面，应先检查防水卷材的质量，必要时可裁下一块防水卷材做试验分析。经过检查，如果是卷材问题，如卷材胎基不合格被撕裂、低温柔性太差脆裂等，则必须把卷材全部揭掉重做。如材料没问题，就没有必要全部重做而浪费资源和费用，这就应该从细部入手，仔细检查卷材搭接封边，女儿墙压边，出屋面管道，水落口、压边以上女儿墙裂缝以及其他设备基础做法等。如确实难以找到渗漏水位置，可逐块做蓄水或淋水试验，逐渐缩小查找范围，重点检查局部节点等环节是否没处理好，比如可对卷材搭接边重新热熔封边，意外开裂缝隙处选用合适材料打补丁修补，水落口、墙角及出屋面管道等部位凿开重新按技术规范要求进行细部处理等。

如果对屋面经过以上处理，做蓄水试验时仍然漏水，应该考虑可能是由于水电穿墙管道，或者女儿墙外孔隙或者缝隙造成的。可以从下面把渗漏位置局部凿开检查，并拿水电图纸比对，确认哪根管子，找到渗漏点后从源头处理管子。如确认不是管子，可对女儿墙做防水处理。总结大量的工程案例，通过以上步骤的检查处理，渗漏问题基本都得到了有效的解决。

如果是上人屋面，比如屋面是面砖，要检查所有的面砖拼缝，面砖有无空鼓；要检查所有屋面泛水收头，出屋面管子细部做法。对所有可疑位置进行处理，空鼓面砖可重新粘贴，泛水收头和出屋面管子周围可用密封材料再密封，女儿墙裂缝可用防水乳胶涂刷。处理过后如果还有问题，可以对屋面整体包括女儿墙可疑部分喷纳米级防水剂处理。如果局部处理渗漏，可把渗漏位置先清理，然后涂抹水，不漏后再涂刷防水乳胶处理。屋面如果不是有特别疑难问题，一般不用注浆法处理。因为注浆法费用一般较高，甚至可能会超过重做一次的费用。

参考文献

[1]　何建伟. 分析水泥地面的空鼓、起砂、开裂 [J]. 黑龙江科技信息，2003，(2)：114.
[2]　于志鹏，李洪峰. 浅谈水泥砂浆地面质量病害在施工中的防治 [J]. 黑龙江科技信息，2008，(6)：207.
[3]　鲍杰，杨志兴. 浅谈住宅楼地面空鼓裂纹起砂的原因及防治 [J]. 黑龙江科技信息，1999，(2)：53-54.
[4]　郑瑞义. 浅谈住宅楼地面空鼓裂纹起砂的原因及防治 [J]. 住宅科技，1990，(10)：33-34.

[5] 潘利民，郭长龙. 试论对住宅水泥地面空鼓裂缝问题的处理 [J]. 黑龙江信息，2004，(11)：265.

[6] 张红旺. 水泥砂浆地面开裂、空鼓、起砂的原因与防治 [J]. 山西焦煤科技，2004，(8)：23-25.

[7] 魏仲文. 水泥砂浆地面起砂空鼓的原因及防治措施 [J]. 山西建筑，2002，28(3)：75-76.

[8] 朱冬坤，林远. 水泥砂浆地面质量通病分析与预防 [J]. 福建建筑，2008，1(115)：71-72.

[9] 李文斌，崔斌. 水泥砂浆地面质量通病及防治措施 [J]. 黑龙江科技信息，2010，(5)：252.

[10] 谷延平. 谈水泥地面的起砂、空鼓现象的防治 [J]. 黑龙江科技信息，2004，(3)：68.

[11] 陈志钦. 住宅工程水泥砂浆地面质量通病产生原因及其防治措施 [J]. 中国高新技术企业，2008，(7)：221.

[12] 金广库. 住宅工程水泥砂浆地面质量通病产生原因及其防治措施 [J]. 林业科技情报，2005，37(2)：51-52.

[13] 戴树章. 楼梯踏步质量的常见问题. 铁路标准设计 [J]，1993，(5)：25.

[14] 王国安，王柯. 水泥砂浆面层楼梯踏步掉角的预防 [J]. 建筑工人，2000，(2)：7-8.

[15] 戴美云. 水泥砂浆楼梯踏步阳角破损的预防措施 [J]. 工程质量，2003，(4)：52.

[16] 王关同，陈钧杰. 抹楼梯四忌 [J]. 建筑工人，2000，(10)：9.

[17] 周旭峰. 厨房、卫生间渗漏的原因及处理 [J]. 川化，2001，(1)：27-30.

[18] 李步田. 厨房与卫生间渗漏防治 [J]. 彭城大学学报，1996，11(2)：70-72.

[19] 孙金利. 卫生间地面渗漏的原因及预防 [J]. 低温建筑技术，1991，(2)：34.

[20] 陈怀耀. 卫生间地面渗漏水问题探讨 [J]. 山西建筑，2006，32(24)：135-136.

[21] 刘守堂. 卫生间渗漏防治 [J]. 建筑工人，1995，(7)：10-11.

[22] 李云生. 怎样消除厕浴间地面隐蔽腔内部积水 [J]. 建筑工人，1995，(2)：4.

[23] 周连床，唐志辉. 建筑施工中防止卫生间渗漏的方法与措施 [J]. 黑龙江科技信息，2000，(3)：31.

[24] 潘琦. 屋面渗漏原因及预防措施 [J]. 新型建筑材料，2002，(12)：35-36.

[25] 李春满. 屋面渗漏原因及防治措施 [J]. 山西煤炭管理干部学院学报，2000，(4)：74-75.

[26] 段常智. 屋面渗漏水原因分析及防治措施探讨 [J]. 建筑工人，2010，(9)：20-23.

[27] 徐承服. 屋面渗漏的原因及防治措施 [J]. 建筑工人，2000，(4)：28-29.

[28] 朱礼林. 屋面渗漏分析与防治方法 [J]. 福建建材，1997，4(58)：39-41.

[29] 林国根. 屋面渗漏水的通病须标本兼治 [J]. 工程质量，1998(5).

[30] 曹华清. 刚性屋面渗漏水原因及改进措施 [J]. 施工技术，1983，5.

[31] 王中馨. 屋面渗漏水治理浅见 [J]. 浙江建筑，1997，(5)：42-43.